基于MBD的三维装配工艺设计技术

倪中华　刘晓军　著

科学出版社
北　京

内 容 简 介

本书对基于 MBD 的三维装配工艺建模方法进行了阐述和探索，全面、系统地讲解了基于 MBD 的三维装配工艺设计相关技术知识。

本书结构体系是基于 MBD 的建模原理和理念，深入阐述基于 MBD 的三维装配工艺设计技术，并讲解作者团队研发的三维装配工艺设计软件原型系统。

本书主要内容包括：基于 MBD 的三维装配工艺建模方法，基于人机交互的装配路径与工艺序列设计，基于三维模型的装配路径与序列智能生成技术，三维装配工艺仿真验证技术，三维装配工艺设计中资源的使用，装配工艺流程自动生成，三维装配工艺发布与展示技术，基于人机交互的三维装配工艺设计原型系统，装配工艺智能设计原型系统。

本书可供数字化设计与制造技术相关专业的技术与管理人员参考使用，也可作为高校学生的教材和学习指导用书。

图书在版编目（CIP）数据

基于 MBD 的三维装配工艺设计技术 / 倪中华，刘晓军著. — 北京：科学出版社，2023.3

ISBN 978-7-03-075148-5

Ⅰ. ①基… Ⅱ. ①倪… ②刘… Ⅲ. ①机械制造工艺－计算机辅助设计 Ⅳ. ①TH162

中国国家版本馆 CIP 数据核字(2023)第 044344 号

责任编辑：邓 静 / 责任校对：王 瑞
责任印制：张 伟 / 封面设计：迷底书装

科 学 出 版 社 出版
北京东黄城根北街 16 号
邮政编码：100717
http://www. sciencep. com
北京虎彩文化传播有限公司 印刷
科学出版社发行 各地新华书店经销
*
2023 年 3 月第 一 版 开本：720×1000 1/16
2024 年 1 月第二次印刷 印张：13 1/2
字数：300 000

定价：98.00 元

（如有印装质量问题，我社负责调换）

前言

装配作为产品全生命周期的重要环节之一，是实现产品最终功能的重要过程，装配效率和装配质量将直接影响产品的研制成本和使役性能。在当前各大企业激烈竞争、快速响应需求等市场环境的大背景下，缩短产品装配周期、降低产品装配成本、提高产品装配质量将是保障企业具有竞争力的关键手段之一[1]。据统计，在产品的制造过程中，装配作业时间占生产时间的53%，装配成本占制造总成本的40%～60%[2]。装配工艺设计的目标就是保证产品装配能够按设计要求顺利完成，并在此基础上，力求合理使用装配资源，最大限度地降低成本，及时高效地完成装配任务，同时提高装配质量。

目前除部分航空航天、军工等单位外，大多数制造企业仍然沿用传统的二维装配工艺设计方法，主要依靠经验丰富的装配专家手工来完成。这种传统的工艺设计方法存在如下几个问题[3]：①容易产生对装配工艺理解的二异性，造成装配错误；②导致装配过程中工艺细节和知识的淡化，工艺信息难以规范和重用；③缺乏定量、定性的科学分析手段，工艺设计优化困难；④无法对装配工艺设计进行可行性验证；⑤缺少直观的三维可视化动态装配过程，不便于操作的理解和实际装配指导；⑥设计效率低且成本高。

显然，传统装配工艺设计水平已落后，与装配在产品全生命周期中的重要地位不相称，不能满足快速多变的市场需求，降低了装配与产品开发过程中其他环节的集成度和并行度。为了克服传统装配工艺设计模式的不足，突破并行工程中的装配技术瓶颈，打通从概念设计到产品原型样机快速开发这一并行工程技术道路，基于MBD 的三维装配工艺设计技术应运而生。其相比传统装配工艺设计的主要优势表现在：①包含产品制造信息的全三维模型成为产品数据的唯一载体，所有下游环节的设计工作都基于此 MBD 模型进行，保证了产品设计数据的唯一性；②基于 MBD 的全三维模型以“所见即所得”的表达方式来存储和表示产品信息，这种三维数据表达方式更为准确直观地反映了设计者的设计意图，减少了理解偏差导致出错的可能性；③辅助装配工艺设计人员方便高效地进行工艺规划，预见装配工艺的合理性及易操作性，并进一步完善产品的装配工艺，以期达到工艺的最优化；④通过可视化装配过程仿真以及生成的装配工艺文件，指导装配工人装配、拆卸和检修，减少了工人的工作量，降低了装配过程所需要的时间；⑤提早确定装配方案，更快地进入工艺计划与准备阶段，提早进行工装设计与生产，为设计与工艺生产的并行提供条件，加快了产品研制进度。

到目前为止，全面系统地阐释基于 MBD 的三维装配工艺设计原理和原型系统设计与开发的书籍尚不多见，不能满足国家大力推进“智能制造 2025”的需求。为此，我们基于课题组在三维装配工艺设计技术方面的相关研究成果，组织力量，参考了大量的研究论文和国内外相关书籍，听取了多位专家的指导意见，完成了本书的编写。

本书的亮点主要包含以下三点：

(1)全面系统地阐述了基于MBD的三维装配工艺设计技术中涉及的三维装配工艺建模、路径与序列规划、工艺仿真、装配工装应用、工艺流程生成、工艺发布与展示等技术；

(2)全面系统地阐述了基于 ACIS 和 HOOPS/3dAF 内核的三维装配工艺设计原型系统的研发方案，并通过实例对原型系统功能进行了详细的验证；

(3)探讨了装配路径与装配序列的智能生成技术，阐述了三维装配工艺智能设计原型系统的研发方案，并通过实例对原型系统功能进行了详细的验证。

本书共 10 章，详细地阐述了基于 MBD 的三维装配工艺设计技术。第 1 章综述了装配工艺设计技术，第 2 章讲解了基于 MBD 的三维装配工艺建模方法，第 3 章讲解了基于人机交互的装配路径与工艺序列设计，第 4 章讲解了基于三维模型的装配路径与序列智能生成技术，第 5 章讲解了三维装配工艺仿真验证技术，第 6 章讲解了三维装配工艺设计中资源的使用，第 7 章讲解了装配工艺流程自动生成，第 8 章讲解了三维装配工艺发布与展示技术，第 9 章讲解了基于人机交互的三维装配工艺设计原型系统，第 10 章讲解了装配工艺智能设计原型系统。

本书第 1 章由倪中华、刘晓军、张意编写；第 2 章由倪中华、杨章群、刘晓军、程亚龙编写；第 3 章由倪中华、刘羚、刘晓军、程亚龙编写；第 4 章由刘晓军、徐小康、倪中华、易扬编写；第 5 章由倪中华、刘羚、刘晓军、程亚龙编写；第 6 章由刘晓军、张杨、倪中华、程亚龙编写；第 7 章由倪中华、张杨、刘晓军、程亚龙编写；第 8 章由倪中华、孔炤、刘晓军编写；第 9 章由倪中华、刘晓军、蒋玉坤、邹建明、易扬编写；第 10 章由刘晓军、倪中华、徐小康、易扬编写。

本书得到国家重点研发计划项目“制造系统在线工艺规划与产线重构软件工具(2018YFB1701300)”的支持。在本书写作与修改过程中，很多专家提出了很多宝贵的修改建议，对提高本书质量起到重要作用；在本书出版过程中，科学出版社编辑付出了辛苦劳动。谨在此对他们表示衷心的感谢。由于作者水平有限，书中缺点和疏漏之处在所难免，敬请各位专家和学者批评指教。

作　者

2022 年 7 月

目　录

第1章　综　　述

1.1　装配工艺设计技术

装配指根据技术要求将若干零件接合成部件或将若干零件和部件接合成产品的劳动过程。装配工艺的基本任务就是研究在一定的生产条件下，以高生产率和低成本装配出高质量的产品。

产品的装配工艺过程包括装配、调整、检验、实验四个过程。其中装配的主要步骤包括：①确定装配工作的具体内容，根据产品的结构和装配精度要求确定每个装配工序的具体内容；②确定装配工艺方法及设备，选择合适的装配方法及所需的设备、工具、夹具和量具等，当车间没有对应的设备、工具、夹具、量具时，还得提出设计任务书，所用的工艺参数可参照经验数据或计算确定；③确定装配顺序，各级装配单元装配时，先要确定一个基准件进行装配，然后安排其他零件、组件或部件进入装配顺序；④确定工时定额及工人的技术等级，目前装配的工时定额大都根据实际经验估计，工人的技术等级并不做严格规定。

除此之外，在装配过程中还应该保证产品的装配精度，保证装配精度的装配方法有互换装配法、修配装配法、选择装配法以及调整装配法。采用互换装配法时，被装配的每一个零件不需做任何挑选、修配与调整就能达到规定的装配精度要求，其装配精度主要取决于零件的制造精度，可分为完全互换法和部分互换法。修配装配法就是将装配尺寸链中的各组成环按经济加工精度制造，通过改变尺寸链中的某一预先确定的组成环尺寸的方法来保证装配精度。选择装配法是将装配尺寸链中组成环的公差放大到经济可行的程度，然后选择合适的零件进行装配，以保证装配精度达到要求。调整装配法通过改变调整零件在机器结构中的相对位置或选用合适的调整件来达到装配精度。

1.2　MBD技术简介

MBD(model based definition)即基于模型的定义[4]，是一个用集成的三维实体模型来完整表达产品定义信息的方法，它详细规定了三维实体模型中产品尺寸、公差的标注规则和工艺信息的表达方法。MBD 改变了传统由二维工程图纸来描述几何形状信息的方法，它是采用三维实体模型来定义形状、尺寸、公差和工艺信息的产品数字化方法。同时，MBD 使三维实体模型成为生产制造过程中的唯一依据，改变了传统以工程图纸为主而以三维实体模型为辅的制造方法。

目前，在 MBD 技术的应用领域中，波音公司率先在波音 787 飞机的设计和制造过程中应用了 MBD 技术，实现了真正意义上的全三维数字化和无纸化，极大地提高了飞机的生产和管理效率，充分体现了 MBD 技术的优越性[5]。洛克希德 · 马丁公司提出了 3DPMI 计划，通过将具有 PMI 的三维产品模型应用于产品研制阶段的各个环节，改善了企业的业务流程[6]。Zhu 等[7]构建了一个扩展的 MBD 模型，使中国航空工业的集成设计和制造系统成为可能。田富军等[8]将零件制造的中间状态作为基本单元，建立了 MBD 工艺信息模型，模型的几何信息和工艺信息通过加工特征进行集成。田富军等[9]还基于过程模型、过程中模型和过程参考模型的定义，提出了基于 MBD 的三维加工工艺规划模型。赵鸣和王细洋[10]提出了基于体分解的最大加工特征识别和工艺路线生成方法，实现了 MBD 工艺模型的快速生成。Xiong 等[11]将 MBD 工艺模型作为工艺规划与优化的基础，建立了评价方法。Geng 等[12]利用 MBD 技术成功地将维护、维修和大修规划数据集成到产品 3D 模型中，其中，扩展的 MDB 数据集被认为是产品生命周期中交付文档的唯一来源。

1.3 装配关键技术

基于 MBD 的三维装配工艺设计技术是以产品三维模型为基础，融入工艺内容、工艺参数、工艺尺寸标注、工装模型、操作语义等信息的工艺技术，其中工艺信息不仅以三维形式表达，还关联于产品的三维模型，可在产品装配的动态演变过程中基于三维模型进行工艺信息展示，操作者能够非常直观地了解设计意图和工艺要求。基于 MBD 的三维装配工艺设计采用集成化三维数字模型来完整表达产品定义信息，并使其作为装配过程的唯一依据，其不仅定义了传统装配模型的三维模型、BOM 信息、层次关系，还完整定义了特征、约束关系、公差信息等。为实现基于 MBD 的三维装配工艺设计，需要开展基于三维模型的装配工艺建模技术、三维装配工艺路径设计技术、三维装配工艺序列生成技术、三维装配工艺仿真验证技术、装配资源规划技术、工艺流程生成技术以及三维模型轻量化演示技术的研究，并基于上述方法，围绕三维装配工艺设计、装配工艺过程优化、装配工艺发布等方面开发三维装配工艺设计软件工具。

1. 装配工艺建模技术

装配工艺建模是装配工艺设计的重要环节，完整、准确地表达装配信息是装配工艺建模的首要条件。装配工艺信息模型应具备完整清晰的层次信息，零部件、机构之间的连接关系信息，以及装配操作信息。另外，构建的信息模型需要能为装配工艺的设计及评价过程提供所有必备信息。信息模型的质量好坏会对 CAPP (computer aided process planning)系统后续设计工作的效率产生直接影响，因此构建一个集成度丰富、信息完备的装配信息模型具有重要的意义。当前，中外学者主要研究的装配建模方式有四种：基于图的装配模型、层次模型、语义模型及混合模型等。Bourjault和 Lambert[13]提出了采用二维拓扑结构来建立装配模型，该装配模型可表达为 $G = < E, V >$，其中，G 表示总装配体；E 为边集，表示装配体中零件之间的装配连接关系；节点集合 V 为非空节点集，用来表示装配体中子装配体或零件。由于该模型只包含了基础的连接关系，因此并不能完整表达装配信息。20 世纪末，Homen de Mello 和 Sanderson 和 Lambert[14]在 Bourjault 和 Lambert 模型基础上提出了五维拓扑结构表达方法，该方法能够较为直观地表达装配体零部件间的接触连接关系，其表达式为 $G = < P, C, A, R, F >$。Lee 和 Yi[15]提出了在层次模型中引入虚链(virtual link)的建模方法，虚链描述了装配体的配合特征、约束条件等信息。该方法清晰地反映了父子装配体、零部件间的从属关系。Shah 和 Tadepalli[16]提出了一个包含 5 种关系、基于特征划分层次结构的装配模型，关系构成分别是从属关系、自由度、运动约束、结构关系和尺寸约束，并通过实体的类型、方向、位姿和自由度构建了一个求解表来求解最终的装配约束。语义模型是一种特殊的自定义描述性语言，是在对研究对象进行深入探究后开发的，这种语言描述了装配体和装配体结构之间的关系。宋玉银等[17]提出了广义键的理论，并通过广义键描述了零部件之间的装配关系，以此为基础构建了零部件之间装配关系模型。Zhao 等[18]基于 MBD 建立了装配精度信息模型，模型包含装配关系层、部件连接层、特征元素层和公差信息层。该模型用于提高飞机的装配精度。中国空间技术研究院的孙连胜等[19]从航天产品数字化研制流程出发，为了提高三维模型的数据保密性及数据传输效率，建立了一种装配体模型的轻量化数据结构模型，并应用于航天装备的数字化研发过程。江苏科技大学的吴家家[20]针对装配工艺规划过程所需，分别构建了产品的装配层次模型、零件信息模型和基于矩阵表达的装配关系模型，并应用于船用柴油机的装配规划中。

2. 装配路径设计技术

装配路径设计是三维装配工艺的另一项关键技术。装配路径是指在将零件从起始位置移动到装配目标位置时无碰撞的最短路径。比较经典的装配路径规划方法有位姿空间法、单元分解法、人工势场法、可视图法等。位姿空间(configuration space)法是由 Lozano-Perez 和 Wesley[21]提出并逐渐完善的一种无碰撞路径规划方法，实际是用空间中的一个点简化代替运动零部件的位姿。单元分解法[22]是将规划空间表示为均等的栅格网单元，并把这些单元标记为满、空和混合三种状态的方法。如果单元完全在障碍物内则标记为满，不与障碍物相交为空，否则标记为混合。该方法不能在复杂的装配环境中有效搜索到最佳装配路径。人工势场法是由 Khatib[23]提出的一种虚拟力法，该方法是在一个力场运动中，目标位姿被看作规划部件的一个引力极，障碍物则是斥力面，然后基于目标位姿和所有障碍物计算人工势能总和，取最小值来规划运动路径。可视图法[24]是从球面图(spherical map)法中总结出的求解空间位姿的方法，将三维空间中的物体投影到单位球上来确定可视性，该方法求解方法简单，但计算量较大。随着计算机技术的快速发展，在路径规划领域，出现了较多的智能启发式算法，如交互式拆卸引导以及启发式算法被应用于装配路径规划中，利用四叉树或八叉树表示工作空间，使用启发式算法在单元内搜索安全路径。海军装备部的李刚等[25]提出了人机交互式拆卸引导的装配路径规划优化方法。该方法以人机交互为主导，记录在拆卸过程中不同状态下关键点时零部件的位姿信息。通过拆卸引导的方式获取各个零部件的装配路径，最终实现装配的最优路径生成。刘检华等[26]提出利用有效采样点来优化装配路径、基于几何约束实现虚拟三维空间环境下的零件运动方法，提出了包含几何约束自动识别、交互式约束定义和位置约束的零部件的精确混合定位方法。崔汉国等[27]为了避免路径最短优化方式的局限性和随机选择起始路径的缺陷，提出利用遗传算法求解多目标虚拟装配路径方法，利用大量初始化的方法得到具有代表性的初始样本，从而获取多条具有不同特点的路径，来优化装配路径。何磊等[28]针对飞机总装过程中装配路径仿真在狭窄空间存在困难的情况，将A*算法由二维平面推广到三维空间，对装配空间和零部件进行网格化表示，形成地图映射；根据零部件在三维空间中的转移成本，构建评价函数，采用改进A*算法完成启发式搜索，生成装配路径节点信息。

3. 装配序列生成技术

装配序列规划(assembly sequence planning，ASP)是产品数字制造中组装计划的关键步骤，是具有强约束的组合优化问题。装配序列规划的主要目标是基于产品的设计信息、几何信息，综合考虑装配成本、装配环境、装配过程等约束因素，生成较优且合理的零部件装配顺序，为装配路径规划、装配资源规划、装配过程仿真及实际生产等提供指导，优化的装配序列能够提高产品的装配质量和降低装配成本。用于求解装配序列规划问题的方法一般分为三种：图的方法、知识的方法和启发式算法。Bahubalendruni等[29]通过考虑装配稳定性关系来识别可并行装配的子装配体，并提出了一种高效的计算方法来生成最优装配序列。Baldwin[30]使用反汇编来解决装配问题，并通过Cut-Set求解装配关联图来生成产品的装配图。另外，Karjalainen等[31]提出了一种基于精确装配建模和邻接矩阵生成装配序列的算法。通过组件的几何建模和经验来定义组件之间的优先关系，然后基于邻接矩阵检测不同子组件来创建装配树以及其他限制因素。通过回溯算法生成可行的装配序列。魏小龙等[32]针对传统装配序列规划不考虑非单调因素的问题，提出了一种基于知识规则和几何推理相结合来推导非单调装配顺序的方法。钟艳如等[33]基于装配信息模型构建装配信息本体，以本体规则的方式表达知识和经验的语义。在此基础上，通过本体推理判断装配顺序是否合理，从而归纳自动生成装配序列的方法。随着计算机科学和人工智能的发展，启发式算法越来越多地被用来解决装配序列问题。Li等[34]提出了一种动态参数控制的和谐搜索(DPCHS)算法，用于解决ASP问题。Zhang等[35]提出了一种双种群搜索机制的离散萤火虫算法，通过使用可行解决方案和不可行解决方案的并行发展，该机制可以保证人口多样性并增强本地和全局搜索能力，提高了ASP问题的求解效率。

4. 装配工艺仿真验证技术

干涉检测是构成虚拟现实系统的基本要素，也是进行数字化装配工艺设计与仿真验证的前提。在数字化装配环境中，工艺师所设计的装配工艺应能指导实际装配生产的顺利实施，而不应该在装配的过程中出现零部件间相互阻碍装配或装配工具的可操作空间不足等问题。要实现这一点，就需要在进行三维装配工艺设计时，对装配序列和装配路径进行几何可行性分析，确保整个装配仿真过程中无干涉情况发生。碰撞检测的分类以及各类所涉及的主要相关算法可以用图1-1进行简要概括。

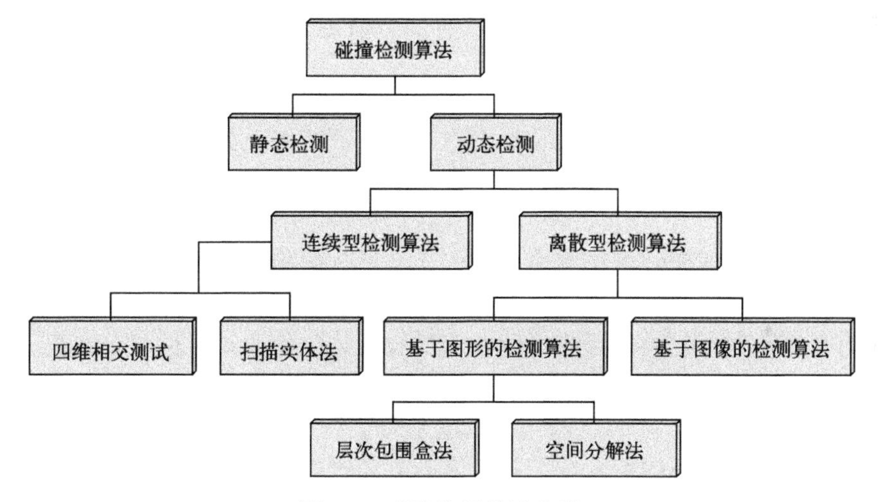

图1-1　碰撞检测算法分类

静态检测是指当场景中物体的空间位姿不随时间变化时，用来检测该静止状态下各物体之间是否发生碰撞；动态检测是检测零部件在装配或拆卸运动过程中，各零部件在其装配路径上是否与装配环境中的其他对象发生碰撞干涉，即检测产品的可装配性或装配工艺的可行性。动态检测从时间连续性的角度可分为连续型检测和离散型检测。其中连续型检测是在一个连续的时间段内，判断运动中的零部件是否与其他零部件相交。用于连续型检测的算法主要有四维相交测试[36]和扫描实体法[37]，实质就是求物体被时间维延伸后在给定轨迹上移动过程中所占有的体积空间。鉴于连续型检测要考虑到四维时空问题或结构空间的精确建模，计算速度通常比较慢，学者提出了离散型检测算法。离散型检测算法又可分为基于图形和基于图像[38]的检测算法，两者的区别在于前者利用物体的三维几何模型进行分析计算，后者利用二维投影及深度信息进行求交计算。虽然国内外学者对基于图像的检测算法进行了大量研究，但迄今还没有成熟的理论和算法，未能较好地应用于碰撞检测系统中。基于图形的检测算法目前较为成熟，主要包括空间分解法和层次包围盒法两类主流碰撞检测算法，其核心思想都是尽可能减少需要相交测试的几何面片对数。空间分解法将整个虚拟空间划分成体积相等的小单元，只对占据同一单元的几何对象进行相交检测，比较有代表性的空间分解法有八叉树[39]、BSP 树[40]和 K-D 树[41]。层次包围盒法是目前应用较为广泛且稳定的一种快速干涉检测方法，它使用体积略大但几何形状相对简单的包围盒来近似描述复杂的几何对象，通过对包围盒间的逐层相交测试来进行几何对象的碰撞检测，比较典型的包围盒类型有轴对齐包围盒(AABB)[42]、方向包围盒(OBB)[43]、包围球(Sphere)[44]以及离散有向多面体(K-DOP)[45]等。空间分解法适用于环境稀疏、几何对象分布均匀的场景，对于庞大而复杂的模型对象，如果进行空间分解，将会产生数目巨大的待处理数据单元，内存耗费极大，实时性差，相比而言，层次包围盒法更适用于复杂环境的干涉检验[46]。

5．装配资源规划技术

装配资源规划技术主要分为装配资源建模以及装配工具定位，国外对装配资源建模的研究始于 20 世纪 90 年代，随后引起了广泛的关注，许多学者在这方面进行了大量的研究和探索，并取得了长足的发展。Tran 和 Grewab[47]以工具适用的装配任务进行建模，在装配规划过程中，通过定义工具的相关参数，分析了工具对装配工艺的影响。Diaz-Calderon 等[48]专注于工具操作空间的研究，引入信息论，通过设置零件的空间位姿、工具的操作特性、工具与待装配件的相对位置等参数，研究工具的操作难度。Jayaram 等[49]在自主开发的 VADE 系统中，提出了操作者-工具、工具-零部件的作用模型，并利用该作用模型完成了工具的操作。国内也有很多高校学者投入到装配工装建模的研究中，并取得了丰富的成果，杨润党[50]提出了基于几何推理的虚拟工具建模方法，根据工具的几何特征、工具与待装配零部件的连接关系以及工具的使用特点来表达和推理装配工具。程奂翀等[51]基于显示模型、碰撞模型和逻辑模型 3 个层次的信息构建工具模型，实现了虚拟工具的装配操作和仿真操作。吴燕[52]提出了以几何和操作特征构建工具信息模型，分析了装配工具的定位操作特性，通过分解工具定位操作并定义操作中的约束集合来构建定位过程。顾寄南等[53]提出了基于工程语义的装配工具信息建模策略、基于约束的装配工具信息建模策略、基于行为特点的装配工具信息建模策略。

装配工具定位的本质是装配约束的求解问题，其过程是：根据零件所受的装配约束，求解其空间变换矩阵，调整零部件位姿，实现工具的定位操作。Ahmad 等[54]运用立体视觉、环绕声生成模型，在用虚拟现实软件构建的虚拟现实环境中，开发了涡轮发动机的虚拟样机，并对零部件的运动进行了仿真。Dewar 等[55]提出近似捕捉和碰撞捕捉的方法来实现虚拟环境中零部件的运动和精确定位。Gome de Sa 和

Zachmann[56]提出了基于定位捕捉的装配运动导航方法，实现了待装配零部件的拟实运动和精确定位。Kitamura 等[57]探索了导航触发器和运动修正等技术，根据装配操作动态识别约束条件，提出了基于实体表面约束进行定位求解。种勇民[58]提出了基于约束识别与求解的装配操作，通过装配特征之间的几何约束自动识别，以及几何约束的求解，实现了装配定位。夏平均[59]提出了层次式碰撞检测算法和基于几何约束求解的精确定位方法，该算法为实现虚拟环境下约束的自动识别提供了依据，实现了零部件在几何约束作用下的快速准确定位。高瞻等[60]基于自由度归约方法进行约束分析，在识别装配意图和装配操作的基础上，根据装配约束关系树，实现了虚拟现实环境下零部件的装配运动导航和精确定位。

6. 工艺流程生成技术

工艺流程图是用图表符号形式，表达产品在工艺过程中的部分或全部阶段所完成的工作。国内相关单位对工艺流程进行了研究，主要集中在工艺流程图的创建、流程节点对工艺信息的集成、工艺流程在装配流程控制和装配进度控制中的应用以及工艺流程对装配现场的生产指导，取得了有益的成果。李曼丽等[61]提出了采用装配工艺流程图的方式加强对总装现场的指导，利用工艺流程图直观地展示了产品的装配过程，管理装配过程中消耗的物料、装配资源、技术文件等信息。刘检华等[62]提出一种新型的面向手工装配的计算机辅助装配过程控制方法，把产品的装配过程控制转化为对产品装配流程的控制，实现了基于装配流程的数据统一管理，能够有效控制复杂产品装配过程的时间进度、技术状态及装配质量。张家朋等[63]提出一种嵌套式的装配工艺流程图生成技术，利用该技术生成的流程图允许由子流程图构成更高层次流程图的模型，从而实现对流程图的层次划分。利用该装配工艺流程图实现了对装配过程中庞大的数据信息进行有效组织和管理。

7. 三维模型轻量化演示技术

由于各种三维 CAD 模型格式不能相互兼容，为了满足三维模型共享与浏览的需求，国外的相关机构对通用轻量化三维模型技术进行了大量的研究，并由多方机构分别制定出多种轻量化文件格式。1993 年在第一次 WWW 大会上发布了 VRML 格式，并在 1996 年通过 VRML2.0 规范，成为业界较广泛认可的三维轻量化格式[64]。由欧洲计算机制造商协会共同推出了通用的 3D 文件格式，即 U3D 格式，该格式由于其开放性强并易于拓展而受到 CREO 等软件厂商的支持[65]。许多主流 CAD 软件厂商，几乎都专门设计了其轻量化格式，如达索公司的 3DXML 格式、UGS 公司的 JT 格式、Cimmetry 公司的 AutoVue 等[66]。Schroeder 和 Helman 等[67,68]通过对三维模型中的网格与顶点进行简化，使几何模型的三角面片数据文件的复杂度得以简化。

国内在轻量化技术方面同样做了大量研究，并取得了许多令人欣喜的成果。张小兵[69]通过对大装配体的轻量化进行研究，设计并提出一套针对装配体模型的轻量化细节流程。殷明强和李世其[70]就三维装配体模型在隐藏特征的轻量化简化方面进行了研究，并获得了高效且鲁棒的特征简化算法。于小龙等[71-74]就三维装配工艺模型文件的轻量化建模进行了研究，并分别提出相关工艺轻量化模型文件结构解决方案。刘荣来和吴玉光[75]对轻量化模型的三维标注问题进行了研究，并提出以三维标注信息的关联关系图为基础的信息管理方案，从而解决了三维标注中存在的标注杂乱如“刺猬”的问题。在轻量化技术的具体实践上，武汉天喻软件股份有限公司通过对主流 CAD 实体模型格式进行总结与归纳，开发了 InteVue 软件，该软件能对大部分主流三维实体造型软件生成的实体模型进行轻量化格式转换[76]。山东山大华天软件有限公司为了实现三维模型在上下游部门间交流与重用，开发了 SView 三维轻量化浏览器，满足了产品从设计、工艺至后期维护全过程的三维可视化需求。

第 2 章　基于 MBD 的三维装配工艺建模方法

本章阐述基于 MBD 技术定义装配工艺模型的方法，建立基于 MBD 的三维装配工艺模型，具体研究方法如下：①对 CAD 产品模型信息进行解析、关联与管理，建立应用于三维装配工艺设计的产品信息模型；②在构建产品三维模型的基础上，基于产品层次结构进行装配工艺建模，从工艺模型信息详述、拆卸工艺模型的创建以及装配工艺模型的信息完善三个步骤详细介绍装配工艺建模机制。

2.1　三维装配工艺模型结构

装配工艺设计本质上就是 EBOM 向 PBOM 的映射过程，整个产品的装配过程可以分为整装、部装，大型产品装配过程需要分成多个级别的部装。为了适应实际装配过程中层次性的需要，可以采用多层次三维装配工艺设计模式，将整个装配过程按照 EBOM 的树形层次分解为多个子装配过程，最终生成产品、部件、子部件的装配工艺节点，并将其作为模型的属性节点添加到相应的节点下，从而将 EBOM 映射为 PBOM。产品/部件/子部件的装配工艺节点分别为一个完整的装配工艺模型，装配工艺模型中包括了装配步骤、装配对象、装配活动、工艺资源、装配尺寸、装配工艺要求等信息，其信息结构如图 2-1 所示。

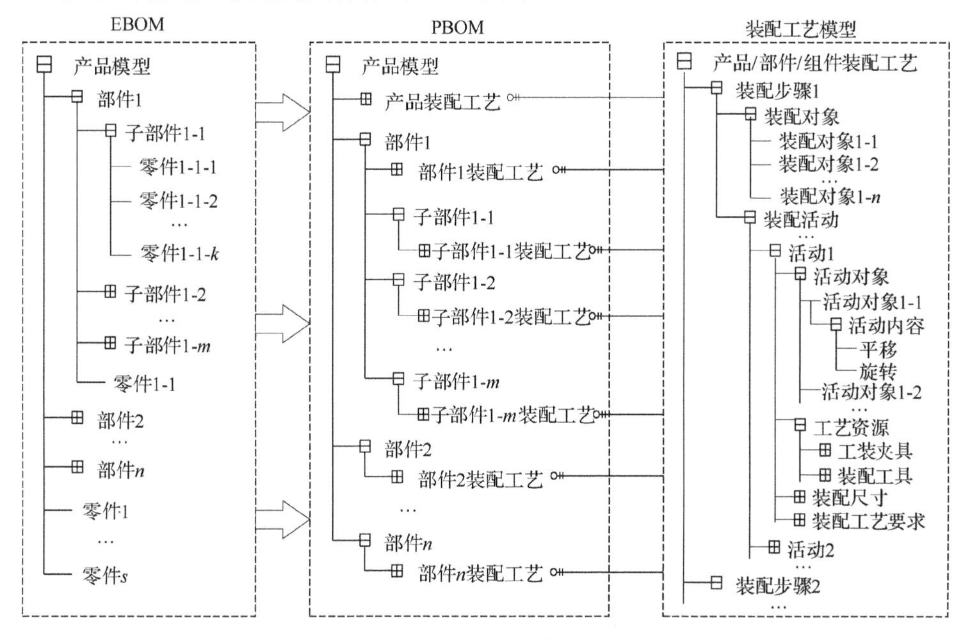

图 2-1　多层次三维装配工艺模型构建过程

2.2　面向三维装配工艺的产品信息建模机制

2.2.1　产品信息模型概述

三维装配工艺设计系统的核心功能是用于辅助设计人员进行装配工艺设计。为了便于实现功能，系统需要在内存中构造和存储产品模型，为工艺设计提供操作对象。软件系统在内存中构造和存储的产品对象称为产品信息模型，该模型是系统中产品设计信息的集合。

企业一般使用商业 CAD 软件(如 CREO、SolidWorks、UG 等)进行产品设计，不同 CAD 软件对应着不同格式的设计文件。为了提高装配工艺设计软件的兼容性，系统需要提供文件转换接口，用于读取不同类型的产品设计文件，并将其转换成系统中的产品信息模型。

由图 2-2 可知，产品信息模型主要包含产品结构树、零部件三维模型及产品标注信息等，其中产品结构树及零部件三维模型是产品信息模型的核心，分别由装配体文件解析模块(assembly file parsing module，AFPM)及零件文件解析模块(part file parsing module，PFPM)从产品设计文件中提出相关信息，并通过进一步解析构造而成。产品标注信息是通过设计人员手动添加到产品信息模型中的。

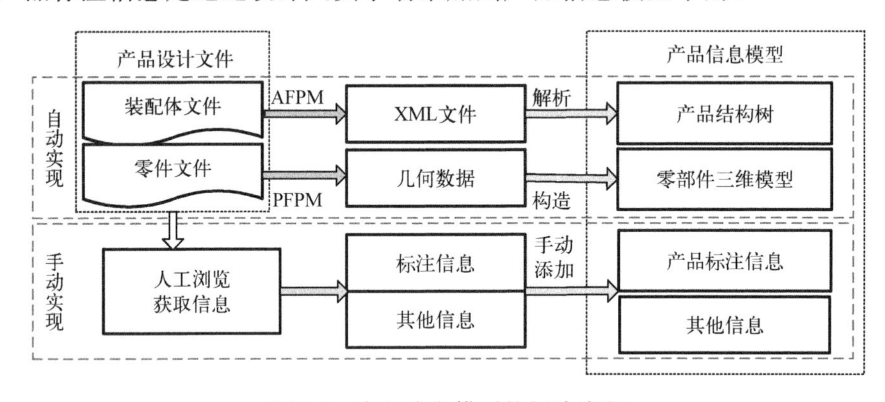

图 2-2　产品信息模型的创建流程

2.2.2　产品结构树的创建

1. 产品结构树的表达方法

三维装配工艺设计系统中用于描述产品层次关系的树形数据结构称为产品结构树，产品结构树是产品信息的组织框架，对装配工艺设计有指导作用。

使用主流 CAD 软件(如 CREO、SolidWorks、UG 等)设计的产品一般包含两种类型文件：零件文件及装配体文件。零件文件主要用于记录产品底层零件的几何信息、材料信息、设计信息等；装配体文件主要用于描述产品中各零部件之间的组织及位姿关系。

基于装配体文件提供的信息，将系统中的产品信息模型的层次关系描述为结构树，如图 2-3 所示。该结构树以零件单元(DocPart)及子装配体单元(DocAssembly，或称为部件单元)为基本组成单元，通过基本组成单元之间的相互关联来表达零部件之间的组织关系。

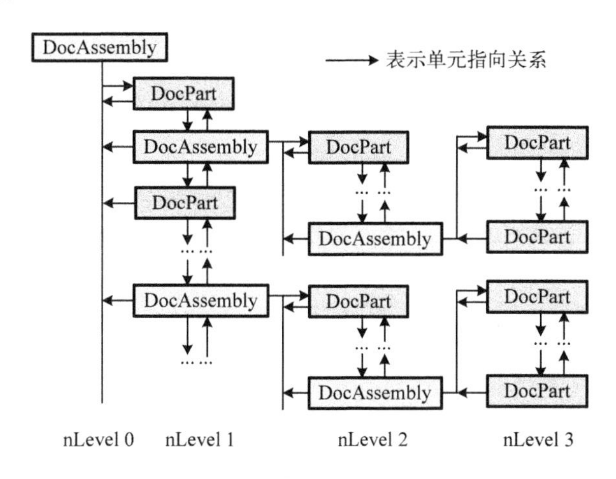

图 2-3　系统中的产品结构树

定义 DocComponent 为零部件的基本类型，零件单元(DocPart)与子装配体单元(DocAssembly)均是该基本类型的扩展类型。为了便于对信息进行统一管理，将产品(对应装配体根节点)与部件、组件(对应子装配体节点)均视为子装配体单元(DocAssembly)类型。

零部件在装配体中的层次关系包括指向关系、子零部件列表及在产品中的层数，可具体描述为

```
typedef struct StructureInfo
{
    int    nLevel ;                        /*该零部件在装配体层次结构中的层数*/
    DocComponentListpChildrenList; /*零部件列表用于存储其子零部件*/
    DocComponent  *pParentCompo;    /*指向父级部件*/
    DocComponent *pFirstChildCompo; /*指向子级第一个零部件*/
    DocComponent  *pPreviousCompo; /*指向同级上一个零部件*/
    DocComponent  *pNextCompo;      /*指向同级下一个零部件*/
}
```

其中，指向关系可为空(null)，例如，产品对应的装配体根节点没有父级部件，

则 pParentCompo 为 null；零部件没有子级零部件，则 pFirstChildCompo 为 null。零部件在产品结构中的层数用变量 nLevel 表示。装配体根节点记为第 0 层，装配体直接分解所得的子节点属于第 1 层，由此类推。DocAssembly 中还包含一个零部件列表，用于存储该零部件的子零部件。

通过各节点的指向关系，将零部件节点有机结合起来，形成产品结构树。使用该方法来表达产品的层次关系，具有如下优点。

(1) 该结构树能直观地表达装配体、子装配体及零件之间的从属关系、层次关系，使得产品组成部件之间的复杂逻辑结构规则化、直观化。

(2) 结构树中各节点之间的关系明确，能够快速准确地查找节点在装配树中的位置及与之相关联的其他节点，有利于层次关系的快速查询。

(3) 可以利用产品结构树检查产品的可装配性。子装配体可以看作产品功能的承载体。产品可装配的前提是：所有的子装配体都具有可装配性，并且总体装配可行。因此可以通过分层验证各级子装配体的装配可行性来验证产品的装配可行性，这样就将复杂的问题层次化分解开。

(4) 产品结构树能很好地服务于产品装配工艺设计。

2．系统中产品结构树的创建流程

产品结构树是产品信息模型的信息组织框架，创建产品结构树是构造产品信息模型的首要任务。创建过程中使用了可扩展标记语言(extensible markup language，XML)，XML 是一种用于数据交换的公共语言。其具体创建流程可分为两步，如图 2-4 所示。

Step 1：从装配体文件中获取层次关系，以 XML 标签的格式描述，保存为 XML 文件。

Step 2：解析 XML 文件中的产品层次关系，并在系统中创建产品结构树。

1) 解析产品装配体文件生成 XML 文件

利用 AFPM 可以从产品的装配体文件中提取产品的层次关系，并使用可扩展标记语言(XML)进行描述，最终记录到 XML 文件中，其具体流程如图 2-4 所示，可描述如下。

(1) 根据打开的文件判断其类型，调用对应的 AFPM 进行解析。

(2) 指定路径用于存储 XML 文件，将解析装配体时得到的信息以 XML 文件格式保存。这里不是直接保存到内存中，主要原因有如下几点。

①解析所得的信息繁多，包含了层次关系、零件清单及零件的存储路径等，需要进一步筛选，若都存储到内存中将造成系统资源浪费。

②使用 XML 标签能够清晰地记录层析关系，且 XML 文件属于中性文件，便于信息共享。

③将提取的零件清单及零件的存储路径保存到 XML 文件中，便于用于后期零

件几何信息解析。

(3) 设置解析选项。AFPM 为用户提供了可定制的解析选项，其中装配体解析选项包括转换信息的选择、转换日志的记录、转换过程中的错误修复等。

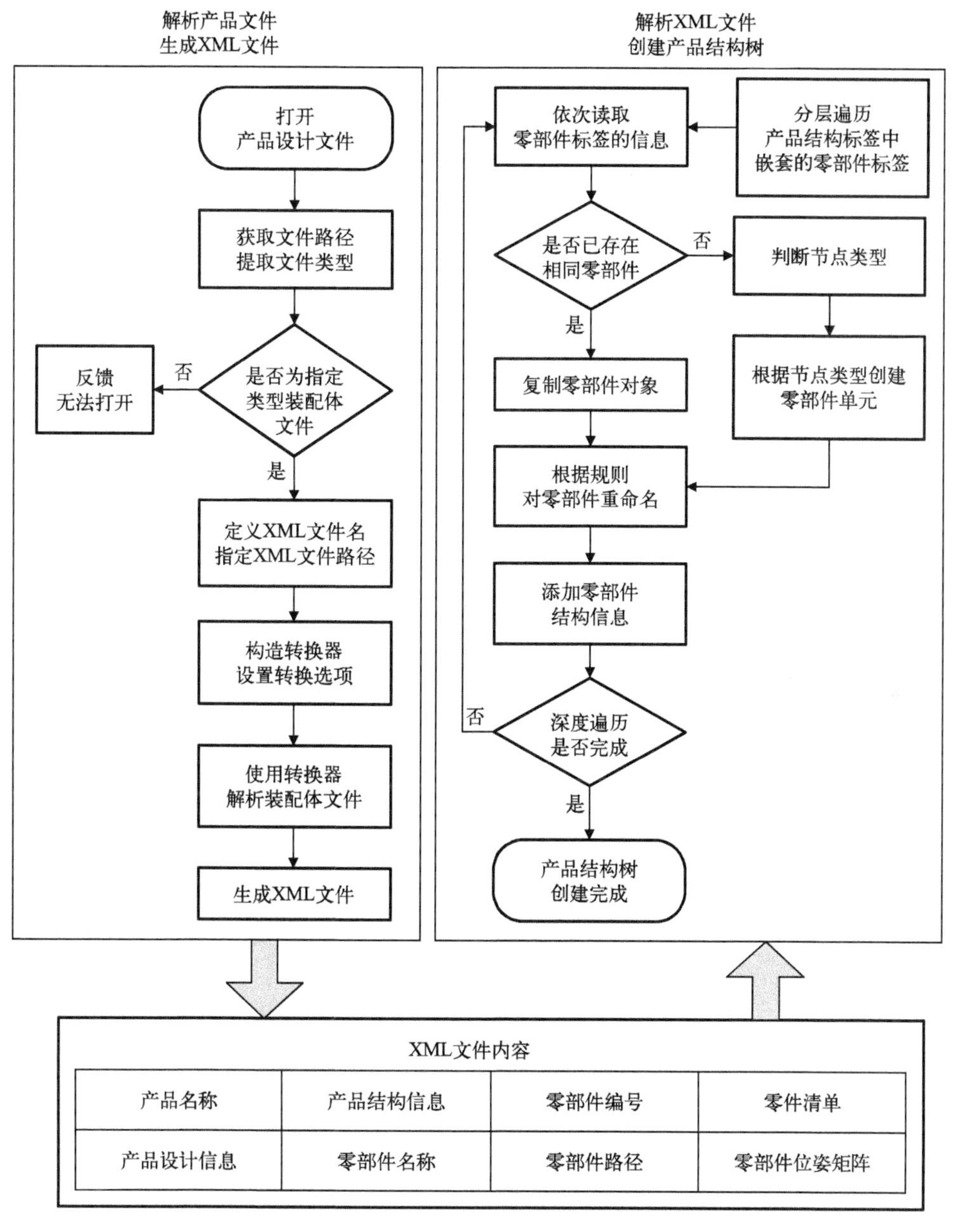

图 2-4　产品结构树的创建流程

(4)解析生成 XML 文件。文件中主要包含的信息有产品的名称、设计信息(设计作者、时间、版本号等)、产品结构层次关系，以及零部件的名称、编号、存储路径、位姿矩阵等。用户还可以提取产品的零件清单，为后期零件解析做准备。

2)解析 XML 文件创建系统中的产品结构树

XML 文件中产品的层次关系描述如图 2-5 所示，其中 Structure 为产品结构标签(< Structure >为起始标签，</Structure>为终止标签)，Root 标签表示整个产品，Child 标签标示产品的零部件，并将 Root 及 Child 标签统称为零部件标签。利用标签嵌套使得产品结构标签成为一个包含了整个产品的层次关系的数据结构。

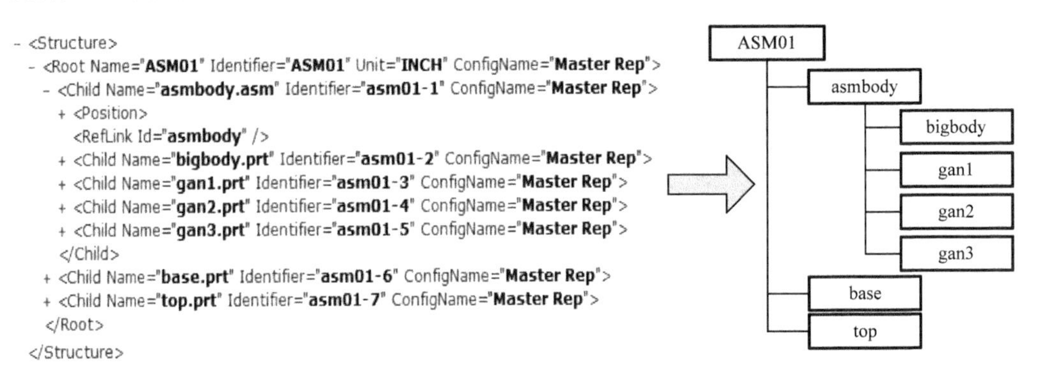

图 2-5　产品结构标签与产品结构树的映射关系

通过提取 XML 标签记录的产品层次关系可以创建系统中的产品结构树。XML 文件的解析工具及方法很多，具体流程如图 2-4 所示。为了保证不重复不遗漏地获取有效节点信息，需要采用深度遍历的方法，步骤如下。

Step 1：分层依次读取产品结构标签中嵌套的零部件标签，获取零部件标签所记录的零部件的名称及类型。

Step 2：根据零部件的名称，在已创建的产品结构树中查找是否存在相同的零部件单元。

Step 3(a)：若存在，则将该零部件单元深度复制，生成新的零部件单元。深度复制是指复制该零部件单元的子部件单元及子部件单元的指向关系，而将该单元的同级指向关系及父级指向关系置为空。

若某一个零部件标签对应的零部件单元是由深度复制生成的，则该标签的内嵌标签就不需要再访问。通过该方法可以大大缩短深度遍历的路径，有效地提高构造效率。

Step 3(b)：若不存在，则利用零部件的名称及类型创建新的零部件单元。

Step 4：对刚构造的(新创建或深度复制生成的)零部件单元需要进行统一命名，命名规则为：<“零部件节点名称”+“编号”>。第一次新建的零部件单元编号都为“.1”，复制所得的零部件单元编号依次增加。

Step 5：需要为刚构造的零部件单元添加结构信息(StructureInfo)。

重复上述步骤，直至所有的零部件标签都被访问过，则产品信息模型的结构树创建完成。

2.2.3　产品零部件三维模型的构造技术

系统提供的人机交互方式是基于三维模型显示实现的，所以需要提供零部件三维模型的构造功能。

1. 零部件三维模型的信息管理机制

在产品信息模型中，零部件三维模型由零部件的几何信息及显示实例构成。由于部件是由零件构成的，因此可作如下规定：部件不包含具体的几何信息，且部件的显示实例由所含零件的显示实例构成。

零件的几何信息是系统内存中用于描述零件几何形状的数据，而零件的显示实例是在系统视图区显示出的实体模型，供用户操作使用。零件的几何信息可细分为实体几何信息及显示几何信息。其中实体几何信息是指零件几何图元(点、线或面)的尺寸信息及拓扑关系，显示几何信息是指几何图元经过离散化、面片化处理所得的信息。

1)零件几何信息的管理机制

零件的实体几何信息及显示几何信息分别由实体几何库和显示几何库管理。

实体几何数据是指对零件实体的描述。现阶段主流的实体描述方法有构造实体几何表示法(constructive solid geometry，CSG)、边界表示(boundary representation，B-Rep)法及混合模式(hybird model)表示法，其对比情况如表 2-1 所示。

表 2-1　实体表示法的对比

表示法名称	构造实体几何表示法(CSG)	边界表示(B-Rep)法	混合模式表示法(CSG 与 B-Rep 相结合)
具体的表示方法	利用布尔运算(并、交、差)把简单的体素(方块、圆柱、圆锥、球、棱柱等)修改成复杂形状的形体	用点、边、环、面及其相互邻接关系定义三维实体	用 CSG 作为高层次抽象的数据模型，且用 B-Rep 作为低层次的具体表示形式
特点	(1)不能直接获取有效的零件表面、表面交线及顶点信息 (2)可表示的形体有较大的局限性	(1)显式地给出了形体表面、边界线、交线及顶点 (2)能支持所有类型的曲面作为形体表面 (3)无法表示实体生成过程的信息	(1)CSG 结构起主导作用，B-Rep 的使用减少了中间环节的计算量 (2)可以完整地表达实体的几何、拓扑信息

在装配工艺设计系统中，零件几何信息的用途主要体现在：为零件显示实例的构造提供数据信息；为装配过程中零件之间的干涉检测提供判断依据；为尺寸、公差等标注提供数据信息。用户关注零件三维模型的显示渲染效率，而无须了解零件实体的生成方法；对零件的操作局限于零件整体的旋转拖动，而不需要改变其几何

形状。因此，使用 B-Rep 法就可以满足系统的基本需求。

系统中制定了实体几何库，用于统一管理所有零件的实体几何信息。实体几何库由实体几何单元串联而成，实体几何单元可以表示为

<GraphicInfoUnit> = (< ID>, <PartName>, <EntityData>)

其中，ID 是标识；PartName 用于记录零件名称；EntityData 是 B-Rep 法描述的零件实体几何数据。

零件的显示几何信息主要是指对零件实体进行处理得到的面片信息，是实现零件在视图区显示的数据基础。

与实体几何信息的管理方法相似，使用显示几何库对所有零件的显示几何信息进行统一管理。显示几何库由显示几何单元串联而成，显示几何单元可以表示为

<DisPlayInfoUnit> = (< ID>, <PartName>, <MeshData>)

其中，ID 是标识，与零件实体几何单元 ID 一致；MeshData 是零件实体几何数据(EntityData)进行离散化、面片化处理后得到的显示几何数据。

通过上述方法，将实体几何信息与显示几何信息分别建库管理，具有以下几点好处。

(1)实体几何信息与显示几何信息是在不同阶段获得的。实体几何信息是显示几何的基础，分别建库管理更能体现出产品信息模型的逻辑性。

(2)实体几何信息与三维造型引擎相关，显示几何与显示渲染引擎相关。当更换造型内核或显示内核时，独立的库不会因为耦合而相互影响。

(3)实体几何信息与显示几何信息使用的场合不同，一般情况下不会同时使用，分别建库可以节省系统资源。

(4)在进行自定义工艺演示文件输出时，只需要保存显示几何信息，分开建库便于快速地提取所有的显示几何信息。

2)零件显示实例的定义

将模型视图区显示的每一个独立的零件三维模型称为一个零件的显示实例。零件显示实例与实体几何信息、显示几何信息之间的关系可以这样理解。

实体几何数据是零件的设计尺寸，而显示几何数据可以看作该零件的加工工艺，显示实例则可以看作最终加工出的实体零件。根据显示几何数据构造显示实例这一过程可以看作根据零件的加工工艺加工出实体零件的过程。在现实加工过程中，即使两个相同的零件也需要加工两次才能得到。与此类似，系统中相同零件的实体几何信息及显示几何信息是相同的，但显示实例却是不同的。

产品中的每一个零件都有唯一的显示实例，即使是实体几何数据相同的零件，它们在产品中所处的位置不同，其显示实例也不相同。系统中将零件的显示实例作为核心信息保存在对应的零件单元(DocPart)中，且零件单元与显示实例一一对应。

显示渲染引擎一般都通过段(Segment)的形式来管理显示几何数据，段具有层次结构。通过操作系统底层图形驱动，可以将插入段中的显示几何数据显示在模型视图区。零件的显示实例可以看作利用显示渲染引擎构造的零件段。为了便于理解，现提出以下定义。

(1)几何图元段。

每一个点、线或面称为一个几何图元。将单个几何图元对应的显示几何数据插入显示渲染引擎的段结构中，可以构造成一个几何图元段。根据显示渲染机制可知，几何图元段中的几何图元可以在模型视图区实时显示。

(2)零件段。

零件离散化可以得到一系列几何图元，将这些几何图元分别构造成独立的几何图元段，并将同一个零件的所有几何图元段有机组合在一起就构造成了零件段。零件段中的所有几何图元段在视图区同时显示便形成了零件三维模型。

(3)零件显示实例。

零件的显示实例是以零件段为核心构造的，添加了零件相对于父级部件的位姿矩阵，该矩阵可以将零件显示实例显示在产品指定的位置。

(4)部件显示实例。

将部件包含的子零部件所对应的显示实例有机组合在一起，并添加该部件相对于父级部件的位姿矩阵，便构成了部件显示实例。

3)零件实体几何、显示几何、显示实例之间的关联

零件几何信息与显示实例的关系如图 2-6 所示，零件的实体几何数据与显示几何数据通过“实体-显示网格关联模块”(entity-mesh associated module，EMAM)实现双向关联，即根据零件的几何图元(点、线或面)可以得到具体的显示几何数据；根据指定的显示几何数据也可以获得零件的几何图元(不只是图元的尺寸，还包含拓

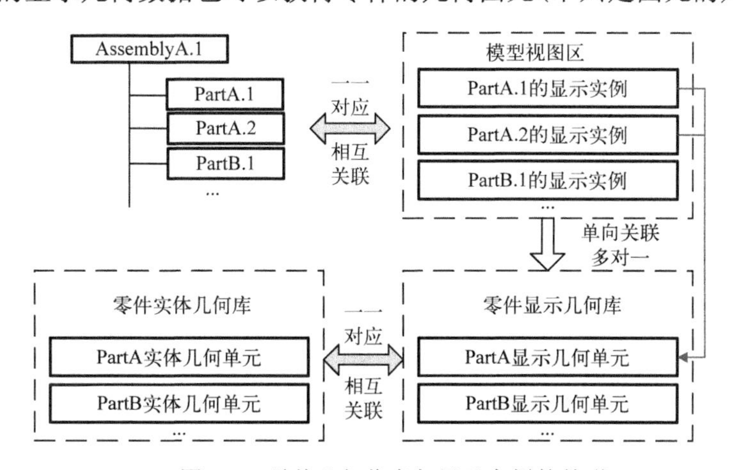

图 2-6　零件几何信息与显示实例的关联

扑关系)。同时，零件的显示实例与显示几何数据是多对一的关系，显示实例与显示几何信息通过显示渲染引擎的段结构实现单向连接，即根据显示实例可以获得对应的显示几何数据，反向则不可以。

用户直接选择或操作的对象是零件的显示实例，通过选择过滤器的筛选过滤，用户可以实现对零件的图元或整体进行操作。根据上述关系可知，用户选择操作零件的显示实例时，可以获取对应的实体几何数据。

2. 几何信息的解析与关联技术

在系统中创建产品信息模型的核心技术是构造产品零件的三维模型。当产品结构树创建完成后，需要将零件几何信息导入系统中，构造出零件的显示实例，并与结构树的零件单元(DocPart)相关联，从而实现零件三维模型的构造。

零件三维模型的构造过程可分为两步：导入零件几何信息、构造零件显示实例。其具体流程如图 2-7 所示。

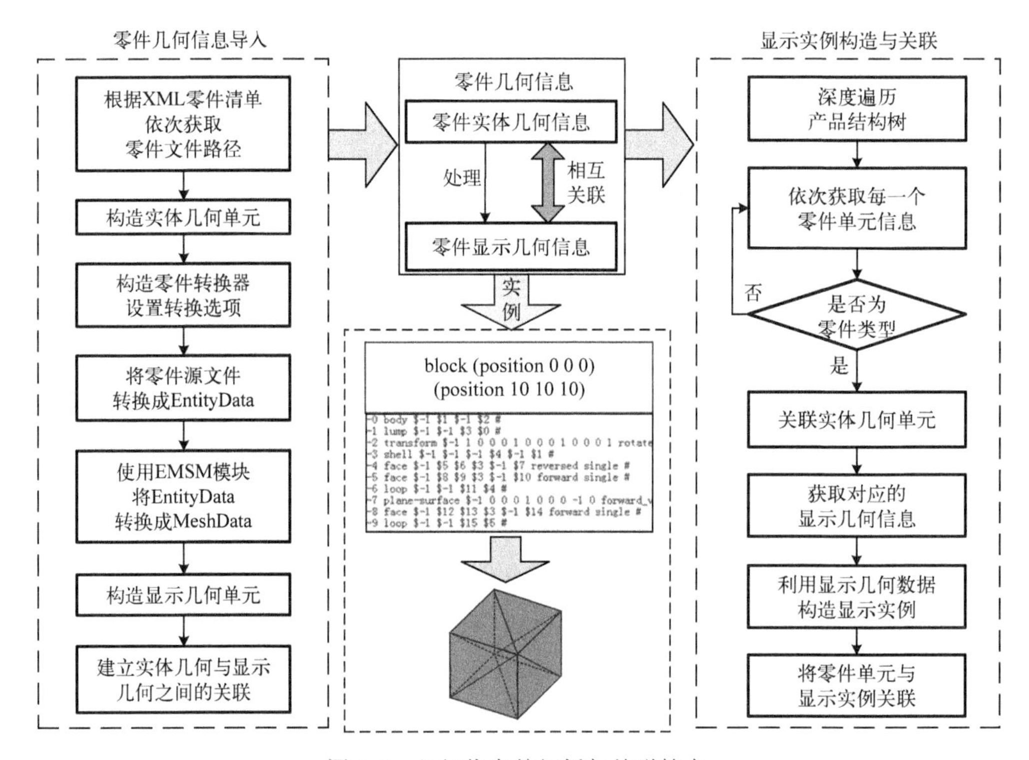

图 2-7　几何信息的解析与关联技术

1) 零件几何信息的导入

由前面产品结构树创建过程的介绍可知，使用装配体文件解析模块(AFPM)解析装配体文件得到的 XML 文件中包含了产品的零件清单。该清单中记录了产品零件的信息，具体包括零件名称、具体路径等。根据该零件清单，可以将产品包含的所有零件无重复且无遗漏地转换成系统所需的几何信息。

系统利用 PFPM 可以从零件文件中获取几何信息，将其转换成与系统三维造型引擎相一致的实体几何数据(EntityData)，并保存到内存中。其具体流程如图 2-7 所示，可描述为如下几步。

Step 1：获取清单列表中的零件信息，主要获取零件名称及零件文件路径。

Step 2：根据零件名称构造实体几何单元(GraphicInfoUnit)。初步构造的实体几何单元内并不含有零件的实体几何数据(EntityData)，而需要通过解析零件文件后添加。

Step 3：使用 PFPM 构造零件转换器，并设置转换选项。同样，在解析零件时，PFPM 也为用户提供了可定制的解析选项，包括转换日志的记录、模型的修复、工作平面的保留或剔除等。

Step 4：根据先前获取的零件文件路径，读取对应的文件，并进行零件几何信息的解析。将得到的实体几何数据(EntityData)保存到对应的实体几何单元中。

Step 5：将实体几何数据转换成显示几何数据(MeshData)。实体-显示几何数据关联模块(EMAM)同时提供了实体几何数据与显示几何数据之间的转换功能。使用该模块可以将 B-Rep 表示的实体几何数据离散化，得到面、线、点，再将面转换为面片，线转换成多义线，这样就将实体几何数据转换成了显示几何数据。

Step 6：基于显示几何数据构造显示几何单元，使零件的实体几何与显示几何相对应。

重复上述步骤直至零件清单中所有的零件都被解析完，则产品的几何信息解析完成。

2)零件显示实例的构造与关联

零件显示实例构造的流程如图 2-7 所示，具体步骤如下。

Step 1：获取零件单元的相关信息，主要是获取零件的名称。

Step 2：根据零件名称在实体几何库中查找对应的实体几何单元，并将零件单元与对应的实体几何单元相关联。

Step 3：根据实体几何单元的 ID 在显示几何库中查找出对应的显示几何单元，并提取显示几何数据(MeshData)。

Step 4：利用零件的显示几何数据构造显示实例(Instance)。

Step 5：将零件单元与显示实例相关联。

对产品结构树的每一个零件单元采用上述步骤构造显示实例，就可以将整个产品的三维模型显示在模型视图区。

2.2.4　产品标注信息的管理机制

设计人员在进行产品详细设计时，会根据经验及产品需求，在设计文件中标注出重要的设计信息，主要包括尺寸、表面结构要求、尺寸公差、形位公差、基准要素等。这些标注信息有利于提高产品的装配质量，需要将其添加到产品信息模型中。

现阶段主要使用语义描述的方法从产品设计文件中提取标注信息，技术并不成熟，在此不作详述。本节主要讲述系统中标注信息的管理机制。

1．标注信息的分类

1) 产品标注信息按照标注类型分类

(1) 尺寸标注：包括零件的长度、角度、直径、半径及装配体中的装配尺寸、尺寸链等的标注。

(2) 公差标注：包括尺寸公差(配合公差)、几何公差(形位公差)(包含基准要素)、表面结构要求等的标注。

(3) 注释标注：一般是文本信息的标注，如技术要求等。

2) 标注信息根据最小标注体的类型来分类

对单个标注信息而言，包含所有被标注对象的最小零部件称为该标注信息的最小标注体。根据最小标注体的类型，可以将标注分为如下几种。

(1) 零件内部标注：零件内部标注是指标注在单独零件上，包括零件的各类尺寸(直径、距离、角度等)、形位公差、表面粗糙度等。该类型标注的最小标注体是单个零件。

(2) 零部件之间的标注：零部件之间的标注一般指装配参数的标注。装配参数常用于表示零部件之间的装配关系，如装配基准、轴孔配合公差、装配尺寸链等。该类型标注的最小标注体是一个部件，它包含了标注涉及的所有零件，如轴孔配合公差的最小标注体是该轴和孔的最小公共父级部件。

(3) 无关联标注：无关联标注是指标注不与任何几何元素关联，一般采用文本形式，如装配技术要求、补充说明等。本书中指定与标注内容相关的部件作为无关联标注的最小标注体。

2．标注信息管理器

为了增强标注信息与零部件的关联性，提高标注信息的使用效率，系统中使用标注信息管理器来统一管理各种标注信息。标注信息以标注信息单元的形式存储在标注信息管理器中。标注信息单元的基本组成如下：

<PMIInfoUnit> = (< ID>, <DocComponentList>, <MinDocComponent>,
<PMIAttribute>, <PMIElement>)

其中，ID 是标注库中每个单元的编号。

DocComponentList 是一个零部件列表，用于记录与标注相关联的零部件。

MinDocComponent 是指该标注的最小标注体。记录标注的最小标注体，可以便于在装配工艺设计工程中，根据当前操作的对象查询相关的标注信息。

PMIAttribute 表示标注的显示属性，包括是否隐藏、显示颜色、字体、线条宽度等。

PMIElement 是标注元素。不同的标注类型都有各自对应的标注元素，并由标注规则库统一管理。设计人员也可以自定义标注元素，标注元素的基本组成为

<PMIElement> = (<Type>, <GeomList>, < Symbol >,
<DataList>,<BaseList>,<Method>)

其中，Type 表示具体的标注类型，如直径、角度、表面粗糙度、同轴度等。

GeomList 是一个列表，用于记录与标注相关联的几何图元段的内存地址。例如，角度标注时，关联的图元是两条直线；直径标注时，关联的图元是圆的轮廓；面距离标注时，关联的图元是两平面。

Symbol 表示标注符号，每一种类型的标注都有各自的标注符号。

DataList 记录了标注值，标注值是指标注变量。

BaseList 用于记录该标注的基准元素，在形位公差中经常需要将零件的某一个或几个几何特征作为该标注的基准，而标准本身也可以看作一种标注。在管理标注信息时将基准元素与标注变量及标注符号区分开，可便于将该标注与对应的基准相关联。

Method 记录了该标注元素的显示方法。

常见的标注信息具体的存储方式如表 2-2 所示。

表 2-2 标注信息存储实例

<table>
<tr><th>标注实例</th><th colspan="2">标注信息单元</th></tr>
<tr><td rowspan="8"> 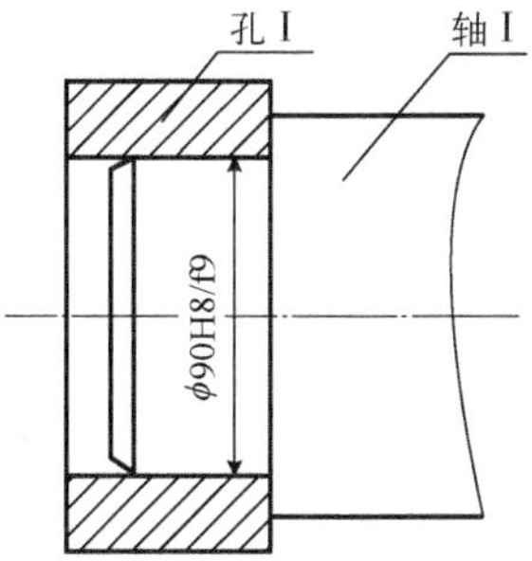孔 I　轴 I
ϕ90H8/f9
轴孔配合公差标注</td><td>DocComponentList</td><td>孔 I 、轴 I</td></tr>
<tr><td>MinDocComponent</td><td>包含孔 I 及轴 I 的最小部件</td></tr>
<tr><td>Type</td><td>直径配合公差</td></tr>
<tr><td>GeomList</td><td>孔 A 的圆柱面、轴 A 的圆柱面</td></tr>
<tr><td>Symbol</td><td>ϕ a H b f c</td></tr>
<tr><td>DataList</td><td>a：90；b：8；c：9</td></tr>
<tr><td>BaseList</td><td>无</td></tr>
<tr><td>Method</td><td>标注符号框架隐藏、显示指引线等</td></tr>
<tr><td rowspan="8"> 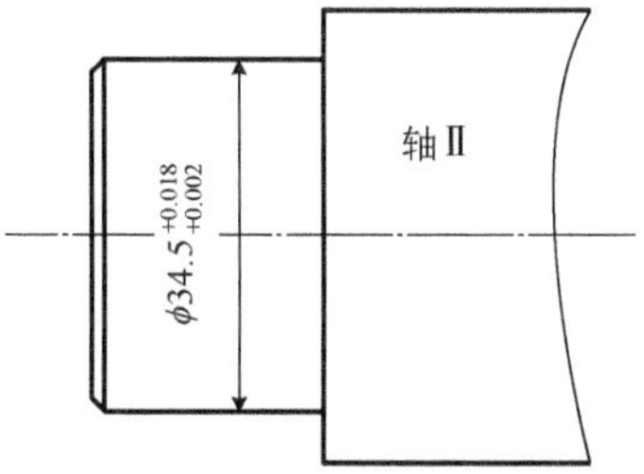轴 II
$\phi 34.5^{+0.018}_{+0.002}$
零件尺寸公差标注</td><td>DocComponentList</td><td>轴 II</td></tr>
<tr><td>MinDocComponent</td><td>轴 II</td></tr>
<tr><td>Type</td><td>直径尺寸公差</td></tr>
<tr><td>GeomList</td><td>轴 II 的圆柱面</td></tr>
<tr><td>Symbol</td><td>ϕ a + b + c</td></tr>
<tr><td>DataList</td><td>a：34.5；b：0.018；c：0.002</td></tr>
<tr><td>BaseList</td><td>无</td></tr>
<tr><td>Method</td><td>标注符号框架隐藏、显示指引线等</td></tr>
</table>

续表

标注实例	标注信息单元	
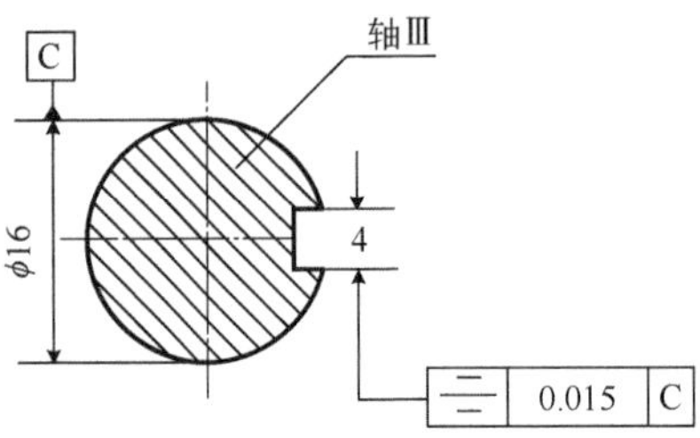 零件几何公差标注	DocComponentList	轴III
	MinDocComponent	轴III
	Type	对称度
	GeomList	键槽的两侧面
	Symbol	⌯ a 基准
	DataList	a：0.015
	BaseList	记录了基准 C 的 ID
	Method	显示标注符号框架、指引线等

将标注元素插入显示渲染引擎的段结构中，并在段中设置对应零部件的位姿矩阵，就可以将标注在三维模型中显示，并且可以实现三维标注的拖动、更改等操作。

2.2.5 产品信息模型的处理技术

1. 特殊零部件的处理

基于“可拆即可装”的原则，通过拆卸来进行装配工艺设计时，需要满足以下条件：构成产品的零部件都是刚体零件，且零部件之间的配合属于刚性接触配合，不存在较大的塑性变形或不可逆的装配方式，如铆接、焊接等。但是实际情况中，大部分产品的装配都不属于上述理想情况。

为了提高系统装配工艺设计方案的通用性，可以在装配工艺设计前，对产品信息模型进行预处理，使其理想化。常见的特殊零部件类型有如下几种。

1) 物理性质丢失的零件

将 CAD 文件导入系统中时，由于零件的实体几何信息只记录了 B-Rep 法表示的实体几何数据，这样会造成零件物理性质的丢失。例如，当零件是柔性体时，使用 B-Rep 法只能描述当前零件的状态，零件丢失了柔性，同样当零件是弹性体时，其导入系统中也会失去弹性。很多学者研究过基于物性的实体建模方法，通过引入物性内核或构造物理模型的方法，使三维模型恢复物性。

2) 塑性变形的零部件

产品在装配过程中利用塑性变形实现装配的情况很多，其中以连接件装配最为常见，如铆钉铆接、各种金属紧固件等。产品信息模型中的这类零件一般都处于塑性变形后的状态，失去了零件原有的几何模型。

上述这些类型的零件对装配工艺设计的影响主要表现在：拆卸或装配过程中会跟其他零部件存在明显干涉，且拆卸得到的零件与装配之前相比，几何形状发生了改变。

系统中处理这些零件的方法可以概括为：设置特殊标记并创建操作语义。特殊标记便于在装配工艺设计过程中提醒工艺人员，也便于提醒现场装配人员。创建物性零件的操作语义，包括设置显示属性、干涉机制以及运动方案，可以将这类复杂的零件简化处理。这种方法从一定程度上失去了直观性，但是可以解决工艺设计过程中的相关问题，提高工艺设计的效率。

2．产品结构树的调整

除上面所述的特殊零部件外，产品的层次关系也会直接影响系统总体方案的可行性。根据系统总体方案可知，设计人员在进行工艺设计时，首先基于产品结构树创建任务结构树，然后再按指定顺序完成各个任务。但在实际工程应用中，由于设计人员的习惯，或者存在一些特殊的情况，设计 BOM 并不是严格的层次关系。针对这种情况，系统需要提供产品结构树的调整功能，从而保证产品的部件能映射出合理的任务节点。产品结构树的调整包括零部件层次关系的改变或增加虚拟件等。

根据系统中产品结构树的创建机制，可以得到具体调整方法，如表 2-3 所示。

表 2-3　产品结构树的调整方案

修改方案	具体操作
移出零部件 (被移出的零部件称为移出体)	(1) 保留移出体的子零部件的层次关系 (2) 将移出体同级的上下零部件互相指向 (3) 若移出体为其父级的第一个子零部件，则将移出体同级的下一个零部件作为其父级的第一个子零部件 (4) 改变移出体父级部件的子零部件列表 pChildrenList (5) 改变移出体及其子孙零部件的层数 nLevel
插入零部件 (被插入的零部件称为插入体)	(1) 保留插入体的子零部件的层次关系 (2) 断开被插入位置的两同级零部件之间的指向关系，并分别建立与插入体之间的相互指向关系 (3) 若插入体被插入某层第一个位置，则需要改变父级 pFirstChildCompo 的指向 (4) 改变插入位置的父级部件的子零部件列表 pChildrenList (5) 改变插入体及其子孙零部件的层数 nLevel
调整零部件的层次关系 (被调整的零部件称为调整体)	(1) 调整零部件的层次关系可以分成两步：将该零部件从原来的位置移出，插入新的指定位置 (2) 通过上述两种基本操作即可实现零部件层次关系的调整
创建虚拟零件	(1) 创建 DocPart，并完善该零件单元信息 (2) 将新创建的零件单元作为插入体插入指定位置
创建虚拟部件	(1) 创建子装配体单元 DocAssembly (2) 将新创建的子装配体单元作为插入体插入指定位置 (3) 将虚拟部件应包含的零部件作为调整体，插入该部件中

3．零部件三维模型的组合与简化

1) 模型的组合

在进行装配工艺设计时，通常会将部件视为一个整体。浙江大学的一位学者在其论文中称为“超零件”[77]，即将构成该部件的所有子零部件视为单一实体。在装配工艺设计的拆卸阶段，使用了由顶层至底层的拆卸顺序，这样会导致某一个拆卸任务中的超零件会在其子拆卸任务中被拆散。因此，超零件并不是绝对的，而是相对拆卸任务而言的。对此，他提出了用部件单元的“锁定状态”属性来表示该部件当前是否为超零件。若部件单元处于锁定状态，则部件视为一体，不可拆；反之，则部件可拆。

将部件锁定，是为了在装配工艺设计时便于选择整个部件进行操作，让被锁定的部件整体与其他零部件进行配合及碰撞检测。由于被锁定的部件不考虑内部组成关系，从而剔除了大量的冗余信息，能够显著地提高显示效率及碰撞检测的速度。

2)模型的简化

很多零件具有复杂的造型特征，为了提高模型显示渲染的效率，可以对其进行简化处理。常用的零件简化处理方法是使用包络体代替零件显示实例在模型视图区显示。包络体一般为规则形状的拉伸体或旋转体，可以通过快速参数造型生成。

本书中提出了零件分层简化处理的方法，可以对零件整体进行简化，也可以对零件的某些特征表面进行简化。

工艺设计人员可以根据需要对精度要求不高且形状复杂的零件进行简化处理，如弹簧、螺钉、粗糙不平的防滑表面。表 2-4 中列举了几种常见的零件简化方法。

表 2-4　常见的零件简化方法

简化类型	简化方案	示例
弹簧的简化	(1)选择圆柱筒作为简化后的模型 (2)通过算法获取圆环内外径及柱体高度 (3)构造圆环拉伸体，代替原零件的显示实例	
螺纹柱的简化	(1)选择局部简化的方案 (2)将螺纹柱简化为圆柱	
复杂表面处理	(1)初步判断零件的作用及能否进行简化 (2)若能简化，确定简化后的模型 (3)通过参数造型构造简化后的模型	

2.3　基于产品层次结构的装配工艺建模机制

2.3.1　装配工艺建模过程概述

产品信息模型所描述的产品对象处于“已装配”状态，且系统提供的装配工艺设计方案为“先拆后装、拆后重装”[78,79]。根据该方案，可以将装配工艺设计过程分为两个阶段：拆卸工艺设计阶段、装配工艺完善阶段，其具体流程如图 2-8 所示。

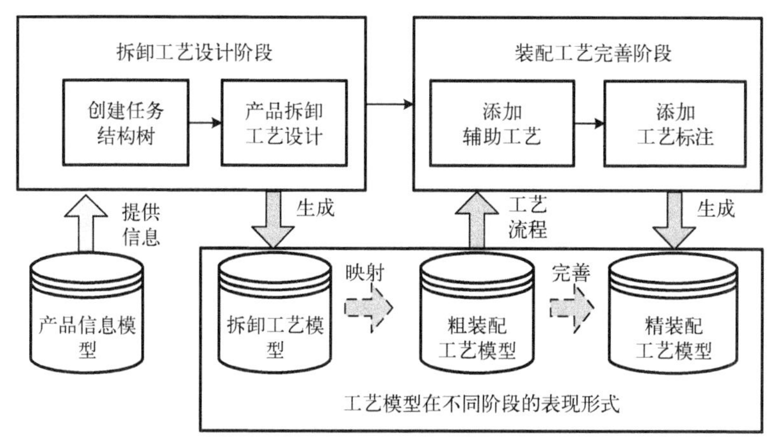

图 2-8　装配工艺建模流程

1．拆卸工艺设计阶段(下面称为第一阶段)

拆卸工艺设计阶段的主要任务是创建拆卸工艺模型，并映射成粗装配工艺模型，其步骤可概括为：

Step 1：根据调整后的产品结构树，将需要进行装配工艺设计的部件(或整个产品)映射成对应的任务节点，保留部件之间的层次关系，得到拆卸工艺模型的任务结构树。

Step 2：按照由顶层至底层的顺序，分别对任务结构树的各任务节点进行拆卸操作，记录合理的零部件拆卸顺序及路径。

Step 3：待所有的零部件拆卸完成后，便得到了拆卸工艺模型。通过指定的算法将拆卸工艺模型映射成粗装配工艺模型，该模型主要记录了零部件的装配序列及路径。

2．装配工艺完善阶段(下面称为第二阶段)

装配工艺完善阶段的主要任务是通过对粗装配工艺模型进行工艺信息的添加，最终得到精装配工艺模型，其步骤可概括为：单步演示粗装配工艺，在演示过程中添加辅助工艺及工艺标注等信息。

待粗装配工艺工步编辑完善后，便得到了精装配工艺模型。该模型具有较完善的工艺信息，既包含了装配序列及路径，同时包含了装配辅助工艺及标注信息，可以用于装配仿真或直接生成工艺文件。

为了节约系统资源，提高工作效率，上述的拆卸工艺模型、粗装配工艺模型及精装配工艺模型是同一个工艺模型在不同阶段的表现形式，它们有着相同的框架结构。为了便于表达，下面将拆卸工艺模型、粗装配工艺模型及精装配工艺模型统称为工艺模型。

2.3.2　工艺模型信息详述

1. 工艺模型的整体表达

1) 工艺模型的任务结构树

产品中的每一个部件都是由零部件装配而成的，该装配过程可以看作一个任务。根据系统采用的装配工艺设计方案可知：系统中的任务在第一阶段体现为拆卸任务，在第二阶段体现为装配任务。

任务结构树是由任务节点按照一定层次关系构成的，其创建方法可以概述为：将调整后的产品结构树中的每一个部件单元(包括产品本身)映射为一个任务节点，并保留部件之间的层次关系。

如图 2-9 所示，拆卸工艺模型与粗(精)装配工艺模型的任务结构树相同，只是在进行任务遍历时顺序不同，前者是 Top-Down(自上而下)的顺序，而后者是 Down-Top(自下而上)的顺序。

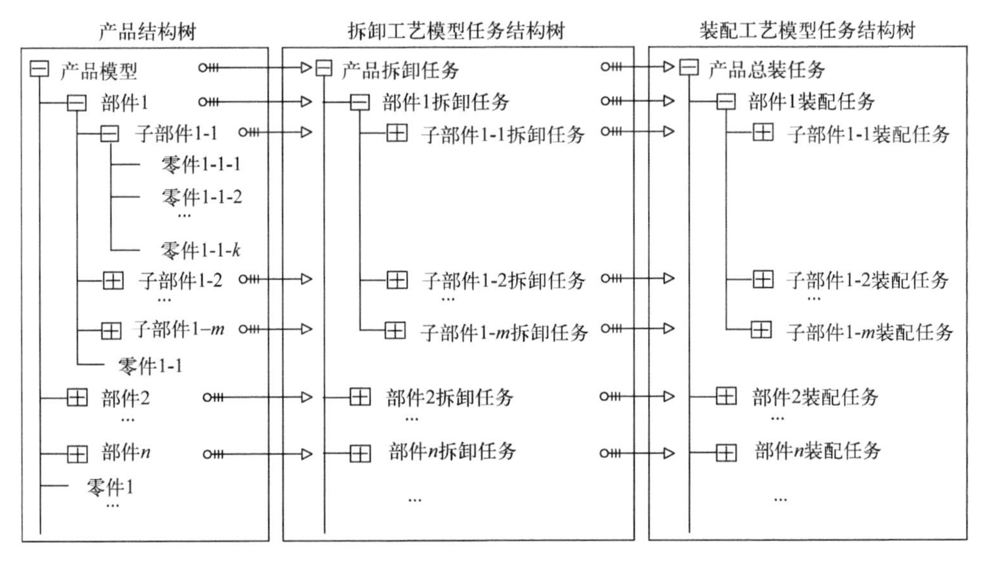

图 2-9　产品结构树与工艺模型任务结构树的映射关系

工艺模型的任务结构树在一定程度上体现了装配序列，能够大大降低工艺规划难度。

2）任务节点信息

工艺模型的任务结构树主要用于表达任务之间的顺序关系，每一个任务节点都记录了具体的工艺过程。任务节点主要包含的信息有任务对象列表、关联任务列表及工序列表。

任务对象列表与映射出该任务节点的部件单元的子零部件列表（pChildrenList）相同，为该任务所包含的具体工序提供操作对象。列表中的子部件均处于锁定状态（即子部件不可拆，视为超零件）。

关联任务列表记录了任务对象列表中部件对应的任务。在装配任务中，需要先完成关联任务列表中的任务，所以称为预先装配任务列表，同理，拆卸任务中称为后续拆卸任务列表。

工序列表由一系列工序组成，描述了子零部件的具体操作过程，是任务节点的核心内容。工序可细分为工步、活动。其中工序、工步与实际工程中的定义相同，而活动是指对零部件的基本操作的组合。在同一个工步内，同时被选中的一个或多个零部件的连续运动视为一个活动。引入活动的概念能够表达出最底层的零部件运动，且活动中记录了零部件的运动路径。

拆卸任务与装配任务具体包含的信息及其相互关系如图 2-10 所示。

拆卸任务与装配任务之间的映射关系可以表达如下。

（1）拆卸任务与装配任务中的对象列表一致。

（2）预先装配任务列表与后续拆卸任务列表相对应。

（3）在对应的装配任务和拆卸任务中，工序的顺序相反。

（4）同样，工步、活动及活动内具体的运动方案都满足反序规则。

（5）操作语义列表中的语义可以视为工步的活动。当工步中同时存在语义及活动时，语义与活动之间的顺序也要相应变换。

3）精装配工艺模型所包含的信息

精装配工艺模型与拆卸工艺模型并非完全对应，如图 2-11 所示。精装配工艺模型中的任务节点包含两种工序：装配工序及辅助工序。前者用于记录装配操作信息，由拆卸工序模型映射而成；后者用于记录辅助工艺，是工艺设计人员在第二阶段手动添加的，具体包含的信息将在 2.3.3 和 2.3.4 节介绍。与拆卸工步相比，装配工步中添加了标注信息列表，用于记录工艺标注信息。

2．零部件操作信息的表达

1）工艺模型中操作的语义

很多学者将装配关系进行了分类，并使用语义来描述。如图 2-12 所示，装配关系主要包括零部件之间的层次关系、连接关系、运动关系、位置关系及配合关系。

前三种关系体现出产品的功能及设计思维，属于高级关系；后两种关系直接与零部件几何特征相关，体现了零部件之间的几何约束，属于基础关系。

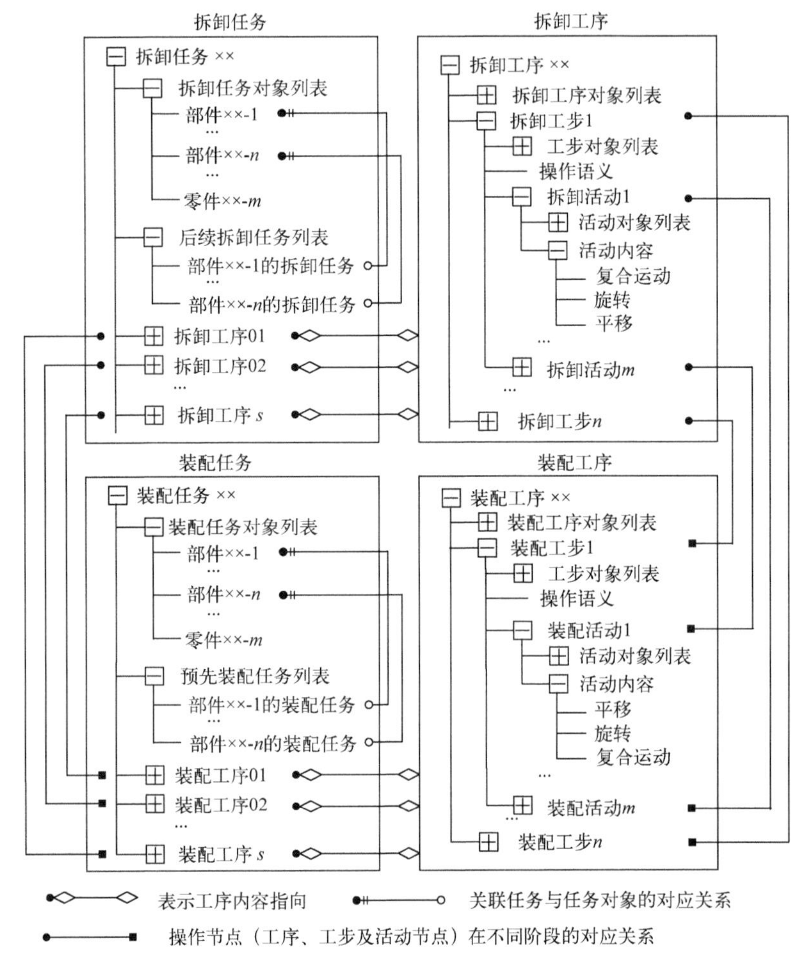

图 2-10　拆卸任务与装配任务的具体信息及映射关系

使用装配语义可以抽象地描述零部件之间的装配关系及装配过程信息。根据装配关系的分类，装配语义也可分为配合语义、连接语义、传动语义等几类。

(1) 配合语义：用于描述零部件之间几何特征之间的配合关系，如面面贴合、孔轴配合等。

(2) 连接语义：用于描述连接关系，一般都使用连接件，如螺钉螺孔连接、键槽连接、销孔连接、铆接、焊接、粘贴连接等。

(3) 传动语义：用于描述装配零部件之间的传动关系，如齿轮传动、蜗轮蜗杆传动、链传动、带传动等。

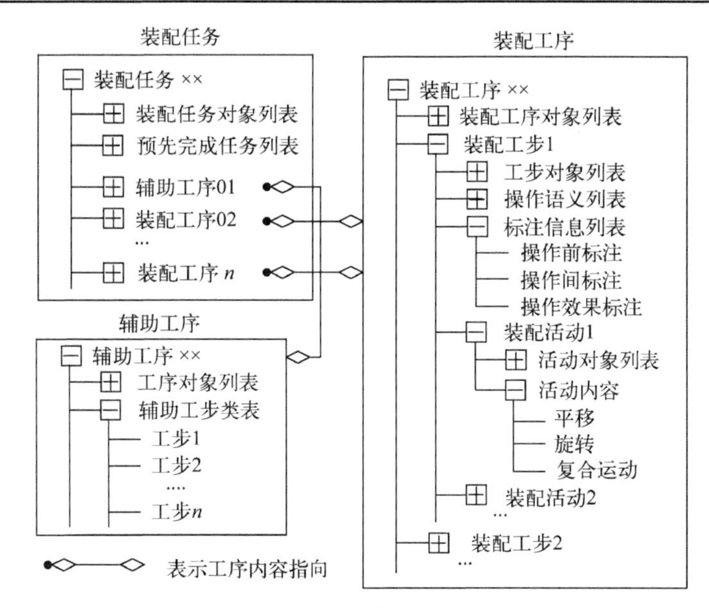

图 2-11 装配任务及装配工序

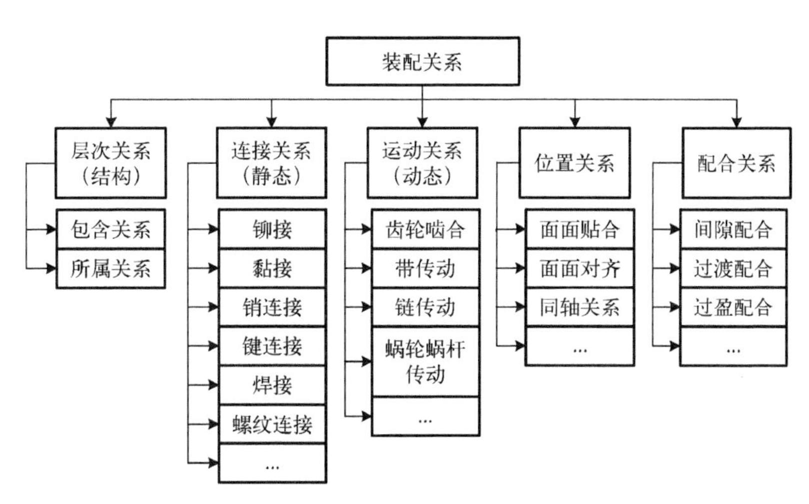

图 2-12 装配关系

很多学者对“基于约束关系的装配语义”[80-83]进行了研究，其基本思路为：通过装配语义来描述零部件之间的物理约束，建立装配约束模型来指导零部件的装配。该方案更偏向于应用在对离散的零部件进行装配工艺设计的系统中。而系统中产品处于“已装配”的状态，装配工艺设计采用“已拆代装”的方法，对零部件的操作以拆卸操作为主。所以，上述装配语义在该系统中并不适用。

为了提高装配工艺设计效率，系统中使用了一种类似的语义，称为操作语义。操作语义是对某一类零部件进行的各种操作的描述。操作语义中记录了零部件常用的操作方法及特殊零部件的处理方法。操作语义中还包含了设计人员的经验及工艺信息。

在装配工艺设计的第一阶段，操作语义可用于指导拆卸，并辅助记录拆卸的相关信息；在第二阶段，操作语义可以用于单步演示，辅助实现装配工艺信息的完善。

为了提高语义的使用效率，系统中使用语义信息管理器来管理操作语义。操作语义以操作语义单元(OperSemUnit)的形式存储在管理器中。操作语义单元的基本组成如下：

<OperSemUnit> = (<ID> , <SemName> ,<DocComponentList> , <OperSemRulerIns>)

其中，ID 是语义单元的标识，具有唯一性。

SemName 表示操作语义的名称，具有直观性，能简要概括语义单元的作用。其基本组成可以表示为

<SemName> = (<ObjectType> , <StateModel> , <AuInfo>)

其中，ObjectType 是指操作对象的类型，与规则库中操作对象类型对应；StateModel 是指当前的工艺设计阶段；AuInfo 表示辅助信息，用于提示操作对象的数量及环境。

DocComponentList 是操作对象列表，用于记录操作语义包含的所有零部件对象。

OperSemRulerIns 是根据语义规则创建的操作实例，记录了具体的操作信息，是操作语义单元的核心内容。

根据操作对象类型及具体操作方案的不同，可以对操作语义进行分类。系统对每一种类型的操作语义都制定了相应的规则，称为语义规则。语义规则的基本组成如下：

<OperSemRuler> = (<ObjectType> , <OperMethod> , <Discretion>)

其中，ObjectType 表示操作对象的类型，是用户选择语义规则的依据。

OperMethod 是语义规则的核心内容，用于记录语义对应的操作方法。常见的操作方法包括添加工艺标注，设置干涉机制，添加专用操作手柄，设置操作对象的显示方案，自定义操作活动等。

Discretion 详细解释了语义规则中的 OperMethod，为用户选择语义提供参考。

语义规则用于记录通用的操作方法，其操作对象是一个虚拟对象。创建语义单元时，需要根据语义规则创建操作实例(OperSemRulerIns)，其目的是将规则中的虚拟对象与当前被激活的操作对象(集)关联。

操作语义单元是在装配工艺设计的第一阶段创建的，初始记录的是零部件的拆卸方法。在第二阶段，会根据算法将操作语义单元的信息进行变换，主要包括更改语义名称、调整操作实例(OperSemRulerIns)中的操作顺序。操作实例中具体的显示

方案及自定义活动在两个阶段中的顺序相反。

下面列举了几个实例用于说明操作语义在不同阶段的具体内容。

【实例一】铆钉的操作语义。

铆钉的铆接属于形变安装，需要在工艺设计过程中指出，并制定出特定的表现形式。具体信息如表 2-5 所示。

表 2-5　铆钉的操作语义单元

拆卸工艺设计阶段			装配工艺完善阶段		
SemName		铆钉(组)拆卸	SemName		铆钉(组)安装
DocComponentList		铆钉_1, …, 铆钉_n	DocComponentList		铆钉_1, …, 铆钉_n
OperSemRulerIns 中的具体操作			OperSemRulerIns 中的具体操作		
S1	注释	此操作为铆钉操作	S1	注释	此操作为铆钉操作
S2	干涉机制	忽略与其他零部件的干涉	S2	干涉机制	忽略与其他零部件的干涉
C1	显示方案	将被操作的铆钉高亮，然后慢慢透明直至消失	C1	显示方案	单个铆钉及铆钉个数的指示从当前的放置处消失
C2	自定义活动	将所有铆钉的位姿矩阵设为统一值(即将模型重叠并远离产品处)	C2	自定义活动	恢复各铆钉原先的位姿矩阵(使铆钉出现在需要铆接的位置，仍处于不显示状态)
C3	显示方案	显示单个铆钉模型及被拆卸铆钉的个数	C3	显示方案	所有铆钉慢慢显示，并高亮渲染提示

【实例二】螺钉的操作语义。

螺钉的操作是一个简单的旋出(或旋进)操作，且属于基本操作，可以使用平移代替，从而节省系统资源。具体信息如表 2-6 所示。

表 2-6　螺钉的操作语义单元

拆卸工艺设计阶段			装配工艺完善阶段		
SemName		螺钉(组)拆卸	SemName		螺钉(组)安装
DocComponentList		螺钉_1, …, 螺钉_n	DocComponentList		螺钉_1, …, 螺钉_n
OperSemRulerIns 中的具体操作			OperSemRulerIns 中的具体操作		
S1	注释	此操作为螺钉操作	S1	注释	此操作为螺钉操作
S2	干涉机制	忽略与其他零部件的干涉	S2	干涉机制	忽略与其他零部件的干涉
C1	显示方案	将被操作的螺钉高亮	C2	显示方案	单个螺钉及螺钉个数的指示从当前的放置处消失，并将所有的螺钉高亮(此时螺钉仍然重叠放置)
C2	自定义活动	将所有螺钉沿着轴线并指向螺钉帽的方向平移一倍螺钉身长	C1	自定义活动	恢复各螺钉原先的位姿矩阵(使螺钉出现在需要安装的位置)

续表

OperSemRulerIns 中的具体操作			OperSemRulerIns 中的具体操作		
C3	自定义活动	将所有螺钉的位姿矩阵设为统一值(即将模型重叠并远离产品处)	C3	自定义活动	将所有螺钉沿着轴线并逆向螺钉帽的方向平移一倍螺钉身长
C4	显示方案	撤销高亮渲染，显示单个螺钉模型及被拆卸螺钉的个数	C4	显示方案	撤销螺钉的高亮

【实例三】轴(孔)的操作语义。

孔轴配合一般会涉及配合公差，且需要辅助工具，可以在轴(孔)操作语义中给予提示。具体信息如表 2-7 所示。

表 2-7　轴(孔)的操作语义单元

拆卸工艺设计阶段			装配工艺完善阶段		
SemName		轴(孔)拆卸	SemName		轴(孔)安装
DocComponentList		××轴	DocComponentList		××轴
OperSemRulerIns 中的具体操作			OperSemRulerIns 中的具体操作		
S1	注释	此操作为轴(孔)操作，需要辅助工具，并保证配合精度	S1	注释	将注释添加到装配工步标注信息列表中，并记为“操作前标注”
S2	标注	在标注信息管理器中查询关于该孔和轴配合的公差，并与该语义关联	S2	标注	将标注添加到装配工步标注信息列表中，并记为“效果标注”
S3	干涉机制	忽略与它配合的零部件的干涉	S2	干涉机制	忽略与它配合的零部件的干涉
S4	操作手柄	获取轴零件的轴线，并在轴线上添加专用的操作手柄(沿轴线拖动)	S4	操作手柄	无

在实际操作时，工人有可能需要同时对同一类型不同部分的零部件进行操作，如常见的螺栓螺母的安装，需要将螺栓螺母同时相对旋进。在这种情况下，工艺设计人员可以为同一类零件创建单独的操作语义单元，然后将所有的操作语义单元设置为“必须同步”。例如，可以分别对螺栓(组)及螺母(组)创建操作语义单元，然后将这两个操作语义单元设置为“必须同步”，这样就实现了同时操作所有被选中的螺栓螺母。

2) 工艺模型中的操作活动

在实际情况中，一个工步可能涉及多个零部件的操作，而这些操作中有些必须按照一定的先后顺序，也有些可以同步进行。针对这种工步内零部件操作情况的复杂性，本书提出一种解决方法：使用操作活动管理具体动作，并对操作活动进行排序。操作活动的具体形式可以细分为表 2-8 所示。

表 2-8　操作活动的具体形式

方案	操作活动对象	运动类型	具体运动形式	备注
方案一	单个零部件	单一运动	(1)轴向平移 (2)绕轴旋转 (3)平面移动 (4)旋转、平移的复合运动	复合运动是指同时进行平移旋转，在记录活动时记录了两个动作，但它们被设置为“必须同步”
方案二	单个零部件	连续运动	多个单一运动的串联	多个单一运动的串联是指将单一的运动形式按照先后顺序连接在一起，中间没有间断
方案三	多个零部件	单一运动	(1)轴向平移 (2)绕轴旋转 (3)平面移动 (4)旋转、平移的复合运动	多个零部件的操作活动与单一零部件类似；且同一活动中所有操作对象的路径都相同
方案四	多个零部件	连续运动	多个单一运动的串联	

在拆卸工步中，操作活动表现为拆卸活动，记录了拆卸的路径；在装配工步中，操作活动表现为装配活动，为零部件的装配提供了路径。

3. 工艺辅助信息的表达

1)装配工艺模型中的标注信息

系统中使用了标注信息管理器来存储管理产品信息模型的标注信息。工艺人员在工艺设计过程中添加的标注信息也是以标注信息单元的形式存储在信息管理器中的。

为了有效地增强标注信息与工艺流程的关联性，提出了如下解决方案：将标注信息单元添加到装配工步的标注信息列表中，并设置标注信息显示及隐藏的时刻。通过该方法可以使得标注信息在适当的时刻显示在适当的位置。根据标注信息在工艺流程中的作用，可以将其分为三类：操作前标注、操作间标注及操作效果标注，具体描述见表 2-9。

表 2-9　标注信息分类

工艺标注类型	显示策略		用途	主要包含信息
	显示时刻	消失时刻		
操作前标注	工步开始时	工步结束后	提前告知相关信息，为具体装配操作做准备	简易预处理 辅助材料 技术要求
操作间标注	装配活动中设置的起点	装配活动中设置的终点	实时反映操作对象之间的位置关系；记录装配中间状态	中间尺寸 预紧力 装配预留量
操作效果标注	工步结束后	工序结束后	用于验证装配质量	配合公差 尺寸标注 尺寸链标注 装配功能注释

(1) 操作前标注：在装配工步进行之前显示，用于提示操作环境、技术要求等，让装配人员对装配操作有详细的了解，为具体操作做好准备工作。一般以工艺注释的形式展现。

(2) 操作间标注：在装配操作过程中，用于实时反映操作对象之间的位置关系，或用于标注装配过程中的重要参数。为了保证装配质量，很多情况下并非一步安装到位，需要先安装至某一中间状态，使用操作间标注便可以直观地描述这一状态。例如，安装螺栓螺母时的预紧力及安装轴承时的预留量，都可以以操作间标注的形式记录到工艺模型中。

(3) 操作效果标注：在装配工步结束后显示，标注在零部件之间，是装配质量检测的依据。一般包括配合公差、尺寸标注、尺寸链标注、装配功能注释等。

使用上述三种标注形式，可以将常见的装配工艺信息内容以标注的形式集成到装配工艺模型中。产品信息模型中的标注信息一般都属于操作前或操作效果标注。操作间标注是工艺设计人员在装配工艺设计的第二阶段添加的，是工艺设计人员根据经验及产品需求制定的，对装配操作有很好的指导作用。

2) 装配工艺模型中的辅助工艺

在实际工程中，零部件装配之前一般需要进行预处理，主要包括零件去毛刺与飞边、清洗、防锈、防腐、涂装、干燥等。当部件安装完成后，有时还需要进行一些后处理，主要包括对装配体的性能检测、公差检测、分级等。

上述的预处理及后处理不会涉及零部件的装配操作，但会影响产品的装配质量，是装配工艺不可或缺的信息。粗装配工艺模型中并不包含这些信息，需要工艺设计人员手动添加。

工艺设计中一般对同一种处理方法制定一道辅助工序。辅助工序包括的信息主要有工序对象列表、辅助工步列表。工序对象列表中记录了待处理的零部件，辅助工步列表一般以工艺注释的形式记录了工步所需设备、辅助材料等。辅助工序在装配任务中的位置与操作工序平级。

为了能够实现辅助工艺信息重用，可以制定辅助工艺库来管理常见的处理方法。设计人员可以根据实际需求，从库中选择合适的工序进行快速添加。

2.3.3 拆卸工艺模型的创建

1. 任务结构树的创建

工艺设计的首要任务是创建任务结构树，该结构树可以为装配工艺设计的两个阶段服务，其具体创建流程如图 2-13 所示。

1) 单个任务节点的创建步骤

Step 1：设计人员选中需要进行装配工艺设计的部件。

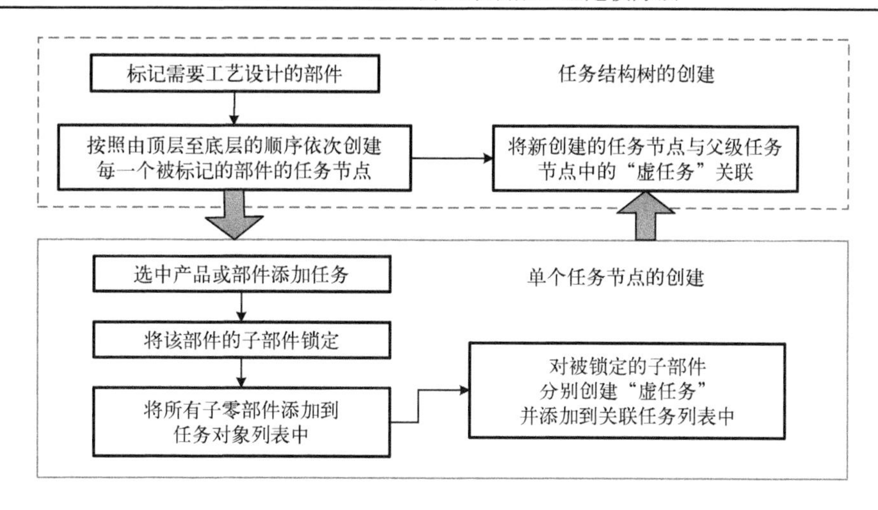

图 2-13　任务结构树的创建流程

Step 2：将该部件所有的子部件锁定，并将所有子零部件添加到任务对象列表中。

Step3：对每一个被锁定的子部件分别创建对应的任务，并添加到关联任务列表中。注：此时子部件的任务是“虚任务”，任务节点并未创建，需要与后续创建的“实任务”关联。

2) 任务结构树的创建步骤

工艺设计人员可以对整个产品或其中某些部件进行装配工艺设计，因此，任务结构树可以是由整个产品结构树或其中部分部件单元映射而成的。任务结构树的创建过程可分为三步。

Step 1：标记出产品结构树中需要进行装配工艺设计的部件单元。若待拆部件 A 中包含子部件 B 和 C，其中，子部件 B 需要进行装配工艺设计，而子部件 C 不需要，则只须标记出部件 A、B。

Step 2：深度遍历产品结构树，按照自顶层至底层的顺序，依次为每一个待拆部件创建任务节点。

Step 3：将新建的任务节点与父级任务节点的关联任务列表中对应的“虚任务”相关联。

2．拆卸任务的详细设计

上述映射方法所创建的任务节点中只包含了任务对象列表及关联任务列表，并不包含具体的工序，需要通过后续对任务进行具体设计来实现工序的添加。

1) 拆卸任务设计的流程

在装配工艺设计的第一阶段，任务设计是指拆卸任务的设计。如图 2-14 所示，拆卸任务设计的具体流程可以描述如下。

Step 1：从拆卸任务对象列表中选择对象，进行拆卸工序设计，并将拆卸工序添加到拆卸任务的工序列表中。

Step 2：直至任务对象列表中所有的零部件都被拆卸完，则该拆卸任务设计完成。

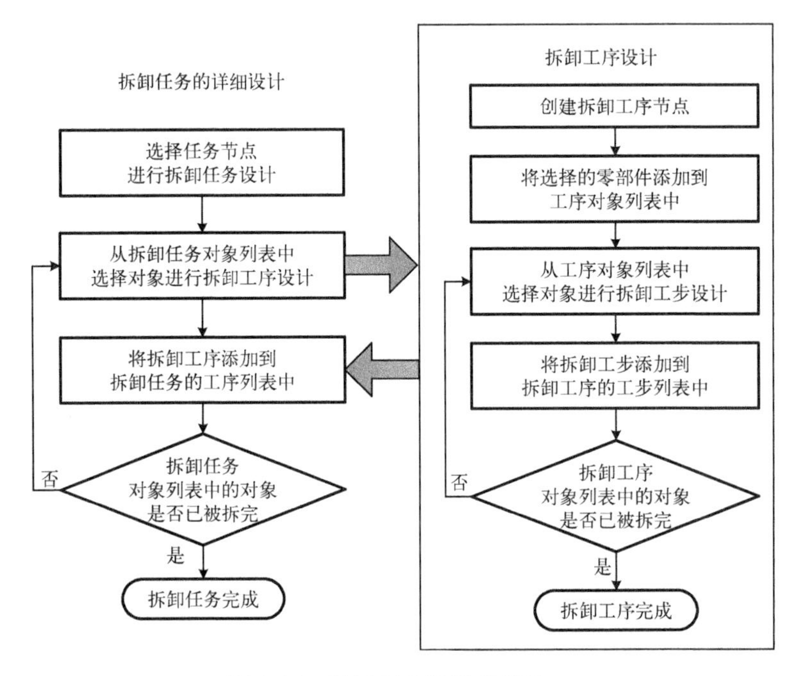

图 2-14　拆卸任务的详细设计

2) 拆卸工序设计的流程

由上述流程可以看出：拆卸工序是拆卸任务的核心内容，拆卸工序设计的具体流程可以描述如下。

Step 1：创建拆卸工序节点。

Step 2：将选中的零部件添加到工序对象列表中。

Step 3：从工序对象列表中选择对象，进行拆卸工步设计，并将拆卸工步添加到拆卸工序的工步列表中。

Step 4：直至工序对象列表中所有的零部件都被拆卸完，则该拆卸工序设计完成。

3) 拆卸工步设计的方法

同样，由上述流程可以看出：拆卸工步是拆卸工序的核心内容。因此，拆卸任务的设计可以最终归结为拆卸工步的设计。根据是否使用操作语义，将拆卸工步设计的方法分为两类。

(1) 直接拆卸。

如图 2-15 所示，若拆卸工步不使用操作语义，则流程可描述如下。

Step 1：选择拆卸对象，添加操作手柄(操作手柄是三维系统中常用的工具，形状类似三维坐标系，用户可以利用它对零件进行操作)。由于在实际工程中，可能需要同时操作多个零部件，所以，系统必须提供对象多选的功能。

Step 2：操作手柄的默认放置位置是所选零部件集的包围盒中心。实际拆卸时，零部件的拆卸方向不一定完全按照局部坐标系的坐标轴方向。因此，需要提供操作手柄的调整功能。可以通过捕捉零部件的特征平面或特征轴来放置操作手柄。

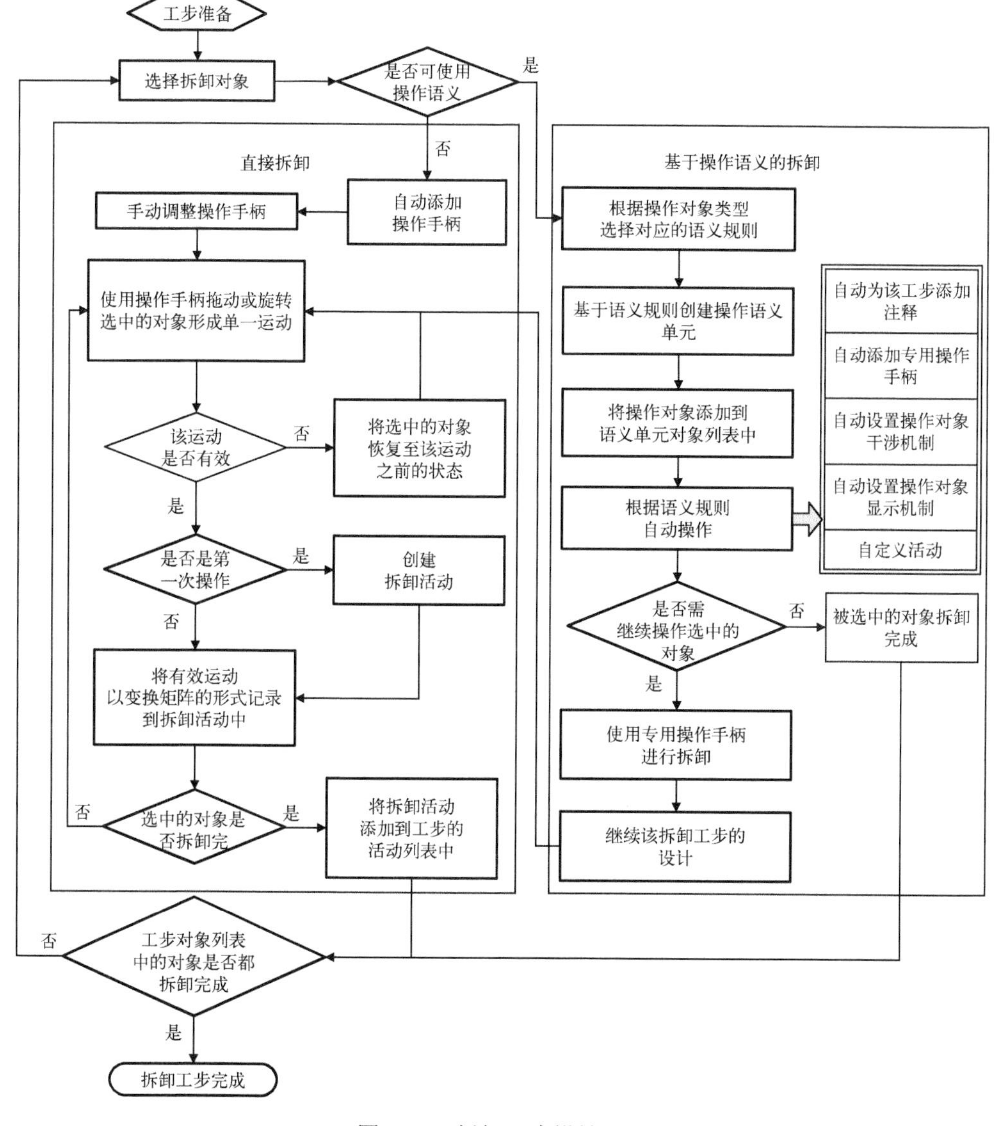

图 2-15　拆卸工步设计

Step 3：待操作手柄位置调整后，工艺人员便可使用操作手柄来拆卸零部件。零部件的运动方式在上面介绍操作活动时已经详述。当零部件发生运动时，可以与静止的零部件之间进行动态干涉检测。设计人员根据实际情况判断干涉是否可以忽略。若能忽略，则该运动有效，否则该运动被认为无效。零部件的每一个有效的单步运动(复合运动除外)都会记录下对应的位姿变换矩阵。当运动无效时，零部件将返回前一个有效运动后的状态。

Step 4：当新的拆卸对象发生运动后，需要创建拆卸活动，并将运动对应的位姿变换矩阵添加到该拆卸活动中。当拆卸对象保持不变时，所有的连续有效运动都以位姿变换矩阵的形式记录到同一个拆卸活动中。这样就形成了单个拆卸活动。直至拆卸对象发生变化时，才创建新的拆卸活动。

Step 5：所有的拆卸活动都会添加到拆卸工步的活动列表中，并根据实际情况，为可以同步或需要同步的拆卸活动设置同步性。

在实际过程中，虽然有些零部件的拆卸活动不同，但仍可以或需要同时被拆卸。例如，拆卸螺栓螺母时，螺栓跟螺母运动方向相对，按照拆卸活动的定义规则，需要对螺栓和螺母的操作分别创建拆卸活动。但实际操作时，螺栓跟螺母是同时被拆卸的。因此，需要拆卸工艺模型提供设置拆卸活动同步性的功能，以允许不同的拆卸活动同时发生。

为了能保证所有拆卸活动之间互不影响，被同步的拆卸活动之间需要满足一定的约束：在同一个拆卸工步内，不包含同样的零部件，且在拆卸活动列表中的顺序相邻。

(2) 使用操作语义进行拆卸。

工步设计的过程中，如果使用操作语义，可以提高设计效率，还能解决一些特殊问题。其流程如图 2-15 所示，具体步骤可描述如下。

Step 1：设计人员首先根据操作对象的类型选择或制定合适的语义规则。

Step 2：基于语义规则创建操作语义单元。操作语义单元由语义信息管理器统一管理，同时与当前工步关联。

Step 3：将新建的操作语义单元添加到工步语义列表中，同时记录该操作语义在操作活动中的顺序位置。

Step 4：设置操作语义的名称，并将操作对象添加到操作语义单元列表中。

Step 5：根据语义规则的具体方案自动操作对象。具体操作包括添加注释、创建专用操作手柄、设置干涉及显示机制、定义具体运动方式等。

Step 6：一般连接件根据操作语义可以完全拆除，但有些零部件需要将操作语义与拆卸活动相结合来完成拆卸。当使用操作语义创建专用操作手柄时，一般都需要后续拆卸活动。

操作语义单元具有较强的使用灵活性，可以在拆卸工步设计的任意阶段进行创建。每一个语义单元等同于一个拆卸活动。工步中的所有语义单元与活动都有特定的顺序。单个工步中可以包含多个操作语义单元。

3. 粗装配工艺模型的映射方法

在拆卸工艺设计阶段将部件拆卸完成后，得到了拆卸工艺模型。该模型的层次结构体现了零部件的拆卸序列，工步信息记录了零部件的拆卸路径。基于“先拆后装”的原则，保持任务节点不变，将任务所包含的工序反序，将工序包含的工步反序，将工步包含的活动反序，将同一活动内的连续运动反序且对位姿变换矩阵求逆，就形成了粗装配工艺模型。

粗装配工艺模型的层析结构记录了装配的顺序，工步信息记录了零部件具体的装配路径。

2.3.4 装配工艺模型的信息完善

传统的装配工艺信息一般以工序作为最小的组织单位。一个完整的产品装配工艺由多个工序组成，且每个工序中包含了大量的工艺信息。而粗装配工艺模型中的工序只包含了装配的顺序及路径，缺少大量的工艺信息。为此，需要进行装配工艺信息的完善。

装配工序的完善主要包括辅助工序的添加、工艺标注信息的添加、同级节点的同步性设置。

1. 辅助工序的添加

辅助工序的添加可以在装配工艺完善阶段的任何时刻，且只与装配工序节点位置及工序对象列表相关。其步骤可以描述如下。

Step 1：选中装配工序中的操作对象，为其添加预处理工序或后处理工序。在装配任务的工序列表中，会将辅助工序添加到该装配工序之前或之后。

Step 2：将选中的对象添加到辅助工序的对象列表中。

Step 3：依次选中列表中的对象，添加相应的辅助处理说明。辅助处理说明以文本注释的形式展现，详细记录了辅助材料、处理方法等，且每一个辅助处理说明记为一个辅助工步。

2. 工艺标注信息的添加

工艺标注信息被添加到工步的标注信息列表中，具体方法为：按顺序逐步演示工步包含的操作语义单元及拆卸活动，检查装配的合理性，并在演示过程中添加标注信息。操作语义和拆卸活动的信息管理机制不同，在信息完善过程中采用了不同的处理方法，具体流程如图 2-16 所示。

1）操作语义中的标注信息提取

操作语义中包含了较完善的工艺信息，为了便于标注信息的统一管理，需要将语义单元中的标注信息提取出来，添加到工步标注列表中。语义单元中的文本注释一般都属于操作前标注，而尺寸公差标注一般都属于操作效果标注。

单步演示时，语义单元中的操作对象(集)需要根据具体操作方案进行演示，包括显示方案及自定义活动。

2)拆卸活动中的标注信息添加

根据演示流程，将工步分成三种状态：工步演示前、工步演示过程中及工步演示完。同样提出操作活动的三种状态：活动演示前、活动演示过程中及活动演示完。工步演示前是指工步的第一个活动或语义单元演示之前，工步演示完是指最后一个活动或语义单元演示完成。其他的活动状态都属于工步演示过程中。

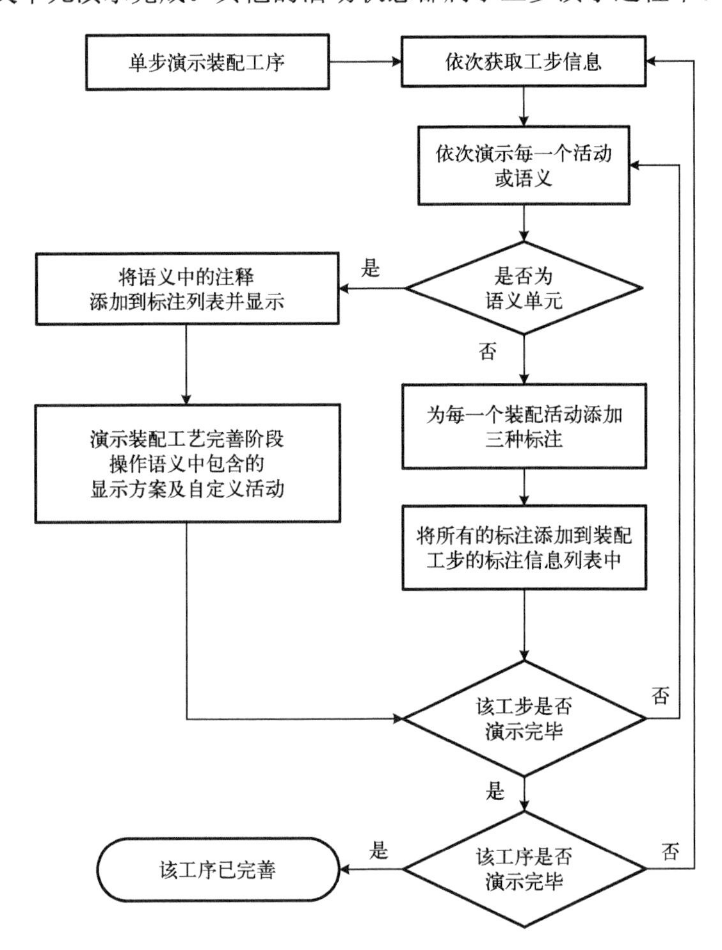

图 2-16　工艺标注信息的添加

由于拆卸活动中可能包含多个具体运动，因此，可以将拆卸活动的演示拆分为多个具体运动的演示。每一个具体运动演示完成后，默认进入工艺编辑状态。此时，工艺设计人员可以添加工艺标注信息。设计人员也可在整个活动或工步演示完成后再添加标注信息。此外，设计人员需要指定标注的显示及隐藏时刻，即指定该标注在哪一个具体运动之后显示，又在哪一个具体运动之后消失。

为了方便设计人员操作，系统对操作前标注及操作效果标注制定了默认的显示及隐藏时刻，工艺设计人员只需为操作间标注添加显示及隐藏时刻即可。

3．同级节点的同步性设置

在装配工艺模型中，装配任务、装配工序、装配工步及装配活动之间满足严格的先后顺序，但有些情况下，同级的节点之间是可以同时或必须同时进行的。例如，螺栓和螺母的装配是需要同时进行的，不同螺栓螺母组之间是可以同时进行的。

为了能在工艺模型中描述同级节点之间的这种关系，本书提出了同级节点的三种关系：不可同步、可以同步、必须同步。

任务结构树中同一层的任务节点之间默认是可以同步的，同一个装配任务的工序之间、同一个装配工序的工步之间默认都是不可同步的。

通过同步性的设置，可以实现非线性的装配流程。

第3章　基于人机交互的装配路径与工艺序列设计

装配工艺序列设计就是定义所有零部件装配的先后顺序，得到装配序列的过程。装配路径规划是工艺规划的一部分，是为装配元件寻求一条从装配起点到装配目标点的无碰撞空间运动路径，该零件沿此路径装配时不会与装配环境中的其他物体发生碰撞。基于“先拆后装、拆后重装”的设计原则，基于人机交互的装配路径与工艺序列设计实质上是通过工艺人员操作零部件模型时同时完成的，首先工艺人员对装配体模型进行观察分析，确定将要拆卸的零部件，然后再通过三维模型操纵手柄调整被拆卸零部件的位置和姿态，得到可行拆卸路径。通过这样的反复操作，就可以得到所有零部件的拆卸序列和路径。

3.1　装配元件位姿和运动描述

在装配模型的三维空间中，零部件的位姿是由一个4×4的齐次变换矩阵决定的：

$$\boldsymbol{M}=\begin{bmatrix}\boldsymbol{X}_{v1} & \boldsymbol{X}_{v2} & \boldsymbol{X}_{v3} & 0\\ \boldsymbol{Y}_{v1} & \boldsymbol{Y}_{v2} & \boldsymbol{Y}_{v3} & 0\\ \boldsymbol{Z}_{v1} & \boldsymbol{Z}_{v2} & \boldsymbol{Z}_{v3} & 0\\ X_t & Y_t & Z_t & 1\end{bmatrix} \tag{3-1}$$

式中，$\boldsymbol{X}_{vi}$、$\boldsymbol{Y}_{vi}$、$\boldsymbol{Z}_{vi}$ $(i=1,2,3)$ 分别为装配件位姿的控制坐标系(即建模坐标系)在参考坐标系3个坐标轴上的单位方向向量；(X_t,Y_t,Z_t)为控制坐标系原点在参考坐标系上的位置坐标。该矩阵是一种相对矩阵，描述了零部件相对其父部件的位姿，因此零部件在三维环境中的绝对矩阵为

$$\boldsymbol{M}_{绝}=\boldsymbol{M}\times\boldsymbol{M}_1\times\boldsymbol{M}_2\times\boldsymbol{M}_3\times\cdots\times\boldsymbol{M}_n \tag{3-2}$$

式中，$\boldsymbol{M}_1$ 为 $\boldsymbol{M}$ 的父部件齐次变换矩阵；$\boldsymbol{M}_2$ 为 $\boldsymbol{M}_1$ 的父部件齐次变换矩阵，以此类推。

根据运动复杂程度的不同，零部件在空间中的运动具体可分为如下几种。

(1)基本运动：三维空间中的基本运动为沿坐标轴的平移及绕坐标轴的旋转，各运动对应的矩阵变换如表3-1所示。

表3-1　三维空间中基本的运动变化

平移变换	绕 X 轴的旋转变换	绕 Y 轴的旋转变换	绕 Z 轴的旋转变换
$\boldsymbol{T}_{\text{trans}}=\begin{bmatrix}1&0&0&0\\0&1&0&0\\0&0&1&0\\\boldsymbol{M}_{tx}&\boldsymbol{M}_{ty}&\boldsymbol{M}_{tz}&1\end{bmatrix}$	$\boldsymbol{R}_x=\begin{bmatrix}1&0&0&0\\0&\cos\theta&\sin\theta&0\\0&-\sin\theta&\cos\theta&0\\0&0&0&1\end{bmatrix}$	$\boldsymbol{R}_y=\begin{bmatrix}\cos\theta&0&-\sin\theta&0\\0&1&0&0\\\sin\theta&0&\cos\theta&0\\0&0&0&1\end{bmatrix}$	$\boldsymbol{R}_z=\begin{bmatrix}\cos\theta&\sin\theta&0&0\\-\sin\theta&\cos\theta&0&0\\0&0&1&0\\0&0&0&1\end{bmatrix}$

(2)绕过原点任意轴的旋转变换：见式(3-3)所示。

$$\boldsymbol{T}_R = \begin{bmatrix} n_1^2+(1-n_1^2)\cos\theta & n_1n_2(1-\cos\theta)+n_3\sin\theta & n_1n_3(1-\cos\theta)-n_2\sin\theta & 0 \\ n_1n_2(1-\cos\theta)-n_3\sin\theta & n_2^2+(1-n_2^2)\cos\theta & n_2n_3(1-\cos\theta)+n_1\sin\theta & 0 \\ n_1n_3(1-\cos\theta)+n_2\sin\theta & n_2n_3(1-\cos\theta)-n_1\sin\theta & n_3^2+(1-n_3^2)\cos\theta & 0 \\ 0 & 0 & 0 & 1 \end{bmatrix} \quad (3\text{-}3)$$

式中，(n_1,n_2,n_3)表示图 3-1 中旋转轴的方向向量 $\boldsymbol{ON}$ 在各轴上的分量。

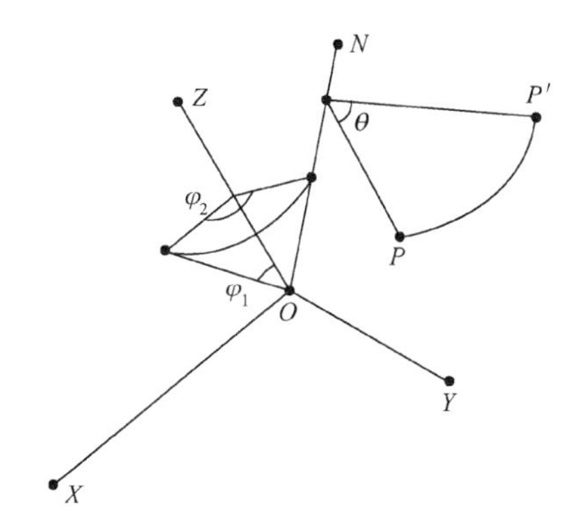

图 3-1　物体与旋转轴平移示意图

(3)绕空间任意轴的旋转变换：如图 3-2 所示，此时的运动变换矩阵为

$$\boldsymbol{T} = \boldsymbol{T}_{\text{trans}} \times \boldsymbol{T}_R \times \boldsymbol{T}_{\text{trans}}^{-1} \quad (3\text{-}4)$$

式中，$\boldsymbol{T}_{\text{trans}}$ 为 $\boldsymbol{OP}$ 构成的平移变换矩阵；$\boldsymbol{T}_R$ 为式(3-3)中的旋转变换矩阵。

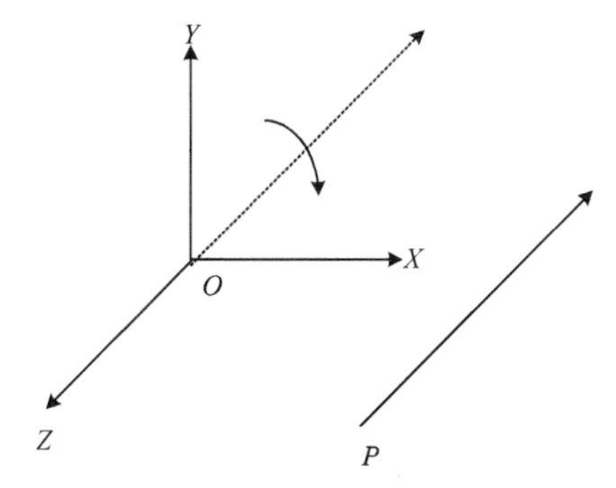

图 3-2　绕过原点任意轴的旋转

3.2　装配路径与工艺序列设计总体流程

装配路径是指零部件在组装成产品时所应遵循的空间路径，从几何可行性上，根据该装配路径可以避免零部件在装配过程中与周围环境(已装配零部件、工装设

备、工具、夹具等)发生碰撞干涉；从装配工艺活动上，采用该装配路径可以使装配实施工作具有较高的合理性，使零部件更快捷、有效地装配起来，同时能够保证所要求的装配质量。工艺序列则反映了工艺过程中各零部件的装配顺序，在基于人机交互的装配路径设计过程中，对不同零部件进行路径设计时所考虑的优先关系实际上正是对工艺序列的设计。

1. 人机交互式路径规划

人机交互式路径规划是借助三维操纵手柄工具，采用人机交互的方式进行路径规划，这样能够充分利用人的装配经验以及装配模型中已有的属性信息和零部件之间的装配约束关系。基于 2.3.1 节中“先拆后装、拆后重装”的装配工艺设计策略，零部件装配路径规划的过程，实际是通过拆卸零部件得到可行拆卸路径得到的。拆卸路径的反向就是零部件的装配路径。

在既定的装配约束环境下，当待拆卸零部件绕配合特征的标志向量轴线旋转时，它不会与配合零部件发生干涉，其配合关系依旧保持不变，此时旋转并不能将零件拆分出来。如图 3-3 所示，调整垫圈在绕着与离合器齿轮的配合轴线旋转时是拆卸不出来的。故零部件与装配体分离的条件是：零部件沿某个方向平移到装配体外而不与剩余的零部件发生干涉。也就是说，无论沿直线平移、平面平移，还是沿空间曲线运动，所规划的路径都必须含有平移运动分量。

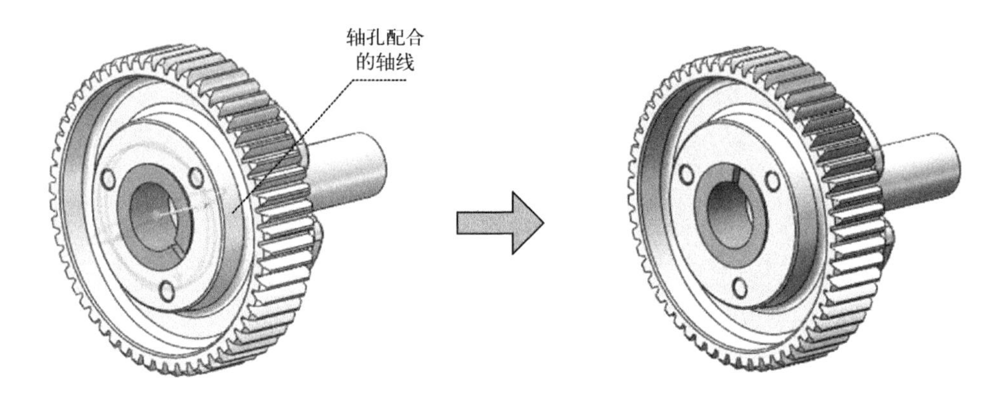

图 3-3　旋转前后约束关系保持不变

对产品进行拆装工艺设计时，首先进入工艺规划环境，设置各零部件对应的装配工序、工步及每一工步中所要拆卸的具体对象，然后查询工艺资源库，找到拆卸工步中的零部件时所需要的辅助工具，将该工具信息节点插入对应的拆卸活动中，并将该工具模型导入三维模型空间中，使其与待拆卸的零部件模型按照实际施工要求进行精确配合。操作工具和零件实现完全定位后，它们之间的相对位姿是固定的，可以将它们视为一个组合体，只要移动操作工具即可带动相关零件运动，同时也可以对操作工具模型的可用操作空间进行分析。

2．人机交互式工艺序列规划

基于人机交互的装配工艺序列规划是在装配路径的设计过程中完成的。装配路径设计过程需要从产品模型结构树中选取装配对象，之后装配活动设计是基于每个装配步骤节点下选中的装配对象来完成的，因此装配步骤下的装配对象节点实际上正是对装配过程中串并行序列规划结果的反映，其映射关系如图 3-4 所示。

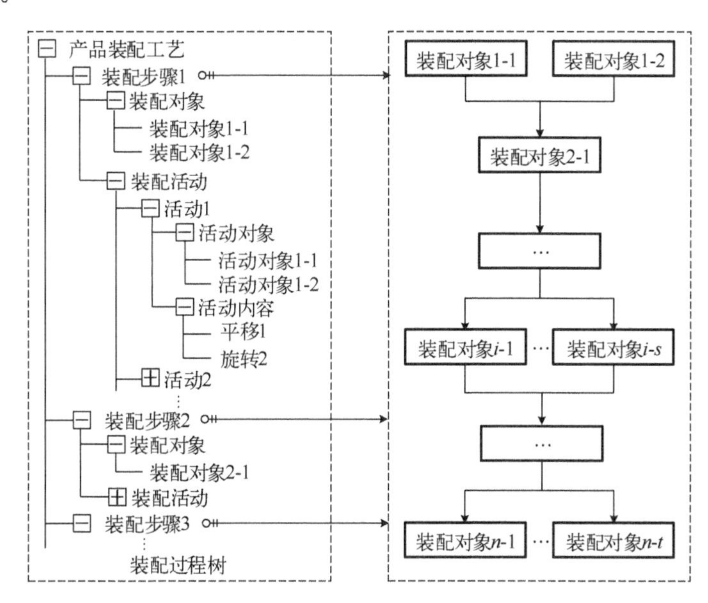

图 3-4　装配工艺序列规划

3．装配工艺规划总体流程

基本的工艺信息建好后，就根据已生成的装配序列逐层选择待拆卸零部件，将视图调整到有利于观察的角度，观察待拆卸零部件相关的装配约束，根据前述的拆卸分离条件选择拆分方向，给拆卸对象规划运动轨迹。在零部件模型操作过程中，需要进行实时干涉检验，若在运动过程中，有几何体发生干涉，需要通高亮显示进行提示，并使运动干涉件回到干涉前的状态。调整拆分方向，重新对活动对象进行路径规划，若确实找不到合理的拆卸路径，就要调整运动干涉件在产品模型树中的层次位置，并将出现问题的装配步骤删除，重新开始装配工艺规划，如此循环，直到成功。整个交互式拆卸引导装配工艺规划的总体流程如图 3-5 所示。

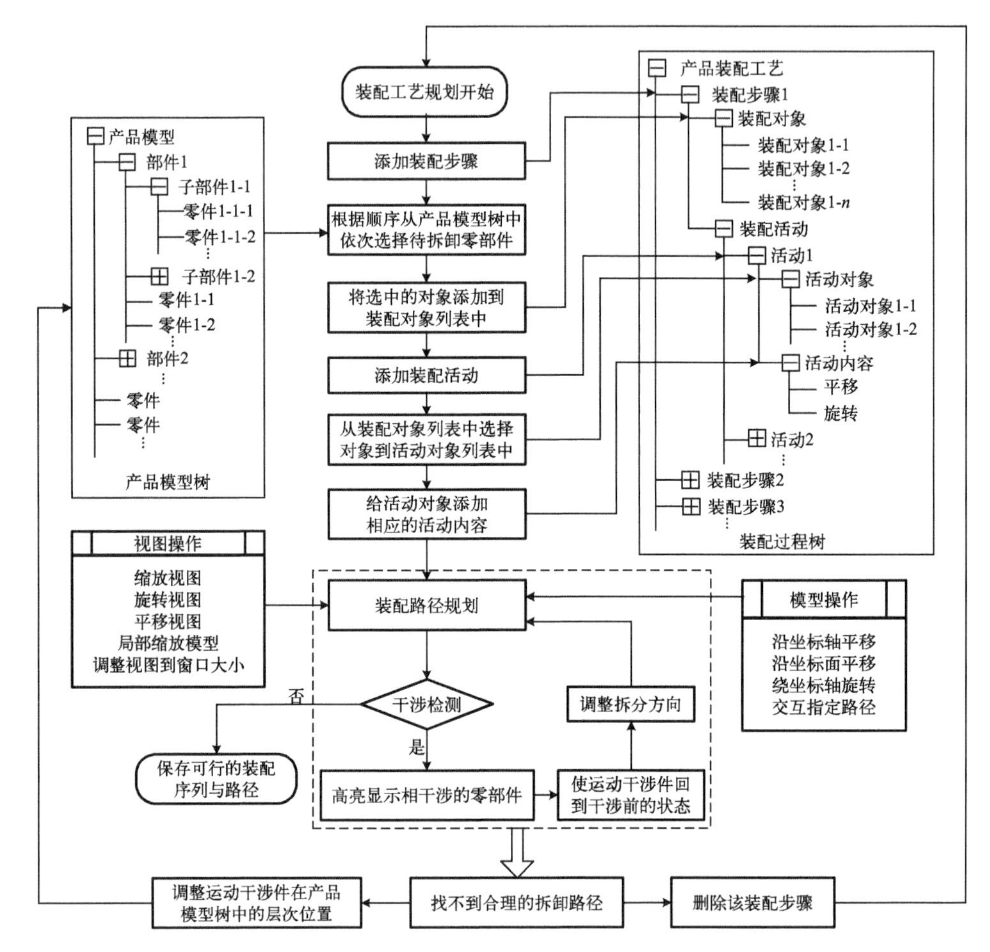

图 3-5　装配工艺规划总体流程

3.3　基于人机交互的装配路径规划

3.3.1　三维操纵柄的设计

要想实现对装配体中各装配元件的装配路径规划，就需要一个友好的人机交互工具，直接将待规划的装配元件与该交互工具进行绑定，在对该工具进行人机交互操作时，便可带动相关的装配元件实现指定的运动。根据这种人机交互的路径规划需求，选择并采用三维操纵柄实现装配元件的操作，其效果如图 3-6 所示。该操纵柄可以实现常规操作，如沿坐标轴平移、沿坐标平面平移以及绕坐标轴旋转。

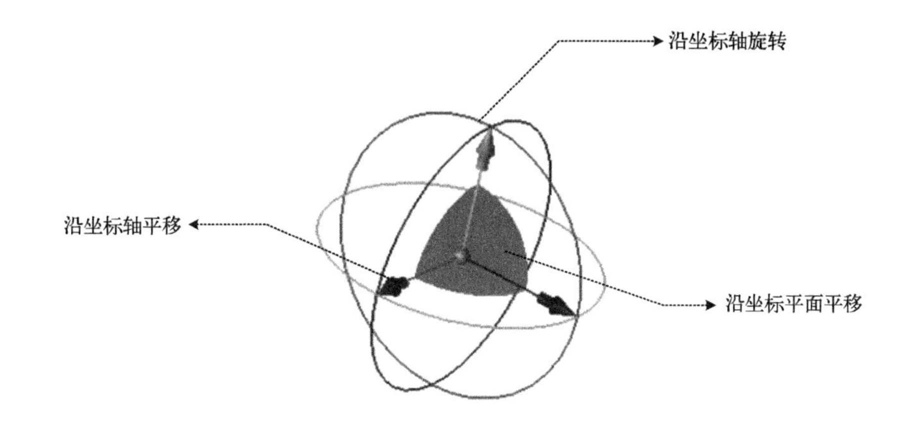

图 3-6 三维操纵柄的设计图

三维操纵柄所在段的位姿矩阵是相对全局坐标系而言的，它根据所选的装配对象来定义自身的位姿，其默认的初始位姿生成原则如下。

(1)若待装配(拆卸)对象是单个零件或子装配体，则以该对象建模坐标系下的轴对齐包围盒中心定义三维操纵柄的坐标系原点，姿态与该对象的建模坐标系各轴对齐；

(2)若待装配(拆卸)对象不是单个零件或子装配体，则以所选的多个对象在全局坐标系下的轴对齐包围盒中心定义三维操纵柄的坐标系原点，姿态与全局坐标系各轴对齐。

根据生成的坐标系建立操纵柄的三维模型，使其与生成坐标系重合，也就是该操纵柄的显示状态反映了其在全局坐标系下的位置和姿态，各平移轴的方向表示它的姿态，模型中的球体则反映其原点位置。操纵柄在该坐标系下的相关参数定义如表 3-2 所示。其中，沿坐标轴平移和绕坐标轴旋转的约束参数指的是该操纵轴的方向向量，沿坐标平面平移的约束参数表示该操纵柄所在平面的法向量。操纵柄的坐标原点是其公共参考点，沿选定的坐标轴平移时，坐标原点 $O(0,0,0)$ 和相应轴向量所定义的直线为装配元件的平移约束直线；沿选定坐标平面自由平移时，坐标原点 $O(0,0,0)$ 和相应的法向量所定义的平面为装配元件的运动约束平面；沿选定坐标轴旋转时，坐标原点 $O(0,0,0)$ 和相应的轴向量定义的直线为装配元件的旋转约束轴线。这些用于运动约束的平移直线、平移平面以及旋转轴线均是定义在全局坐标系下的。从选取待装配(拆卸)零部件到创建三维操纵柄的整个流程如图 3-7 所示。

表 3-2 三维操纵柄的类型及参数

运动约束类型	沿坐标轴平移			沿坐标平面平移			绕坐标轴旋转		
	X 轴	*Y* 轴	*Z* 轴	*XOY* 平面	*YOZ* 平面	*ZOX* 平面	*X* 轴	*Y* 轴	*Z* 轴
约束参数	(1,0,0)	(0,1,0)	(0,0,1)	(0,0,1)	(1,0,0)	(0,1,0)	(1,0,0)	(0,1,0)	(0,0,1)

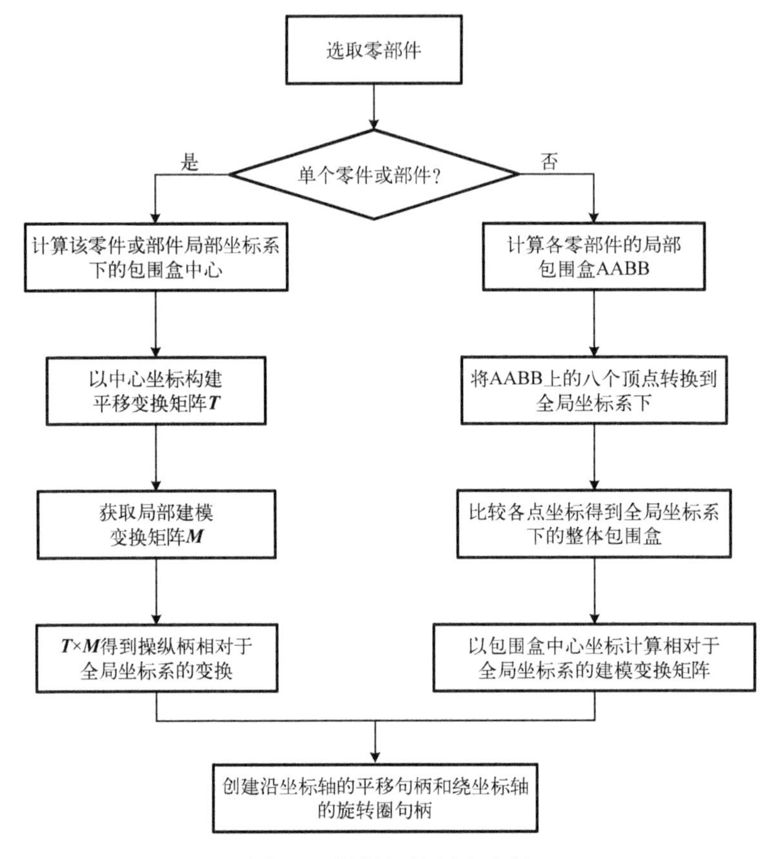

图 3-7　操纵柄的创建流程

3.3.2　基于装配特征的操纵柄位姿调整

对选中的装配零部件进行装配(拆卸)时，通常在运动路径上应该避免与装配环境中的其他装配元件或者装配工夹具、工装设备发生干涉或碰撞，此时根据装配产品的装配关系(即装配约束)选择装配或拆卸方向是必然的选择，而前面所述的根据选中的装配元件信息默认生成的操纵柄的位姿有时可能并不满足用户的需求，故需要对生成的操纵柄进行人为定制，调整其在装配空间中的位置和姿态，以满足用户的拆卸需求，保证路径规划的灵活性。

在操纵柄的姿态调整过程中，可以实现常见的与顶点对齐、与直线边对齐、与平面对齐、与圆柱面(圆锥面)对齐、与圆形(椭圆)边线对齐，也可以对操纵柄单独实施 3.3.1 节中的各种平移及旋转运动。其中与平面对齐和与圆形边线对齐可以转换为与其所在面的法向量对齐，与圆柱面(圆锥面)对齐可以转换成与该回转面的回转轴线对齐。综上所述，可以将操纵柄的姿态调整归结为与空间某个方向对齐和某点对齐，其中与顶点对齐就是使选中的坐标轴的方向指向该顶点。

1．与空间某个方向对齐

设选中的对齐几何特征的相应空间方向向量为 $\mathbf{Dir}_1=(x_1,y_1,z_1)$，模型自身相对于全局坐标系的建模变换矩阵为 $\boldsymbol{M}_1$，其中的 3×3 旋转变换部分为 $\boldsymbol{R}_1$；操纵柄的建模坐标系相对于全局坐标系的建模变换为 $\boldsymbol{M}_2^{-1}$，其逆变换矩阵为 $\boldsymbol{M}_2^{-1}$，$\boldsymbol{M}_2^{-1}$ 中的 3×3 旋转变换部分为 $\boldsymbol{R}_2$，所调整的操纵轴的方向向量为 $\mathbf{Dir}_2=(x_2,y_2,z_2)$。由于要调整操纵柄的建模坐标系的姿态，先将 $\mathbf{Dir}_1$ 转换到整操纵柄的建模坐标系下，转换后的目标方向向量为

$$\mathbf{Target}=\mathbf{Dir}_1\times\boldsymbol{R}_1\times\boldsymbol{R}_2 \tag{3-5}$$

将选定的操纵轴方向向量 $\mathbf{Dir}_2=(x_2,y_2,z_2)$ 转换到与 $\mathbf{Target}$ 目标方向向量对齐，应通过旋转变换来实现，旋转轴向及相应的旋转角度按式(3-6)和式(3-7)计算。

$$\mathbf{RotAxis}=\mathbf{Dir}_2\times\mathbf{Target} \tag{3-6}$$

$$\theta=\arccos\left(\frac{\mathbf{Dir}_2\times\mathbf{Target}}{|\mathbf{Dir}_2|\times|\mathbf{Target}|}\right) \tag{3-7}$$

由于这类旋转运动属于绕过原点任意轴的旋转变换，可以根据所求的相关参数利用式(3-5)来计算相应的旋转变换矩阵 $\boldsymbol{T}_R$，最后将矩阵 $\mathbf{Res}=\boldsymbol{T}_R\cdot\boldsymbol{M}_2$ 设置为操纵柄所在段的建模变换，可实现与指定空间方向的对齐功能。

2．与空间某点对齐

设选中的点为 $P(x,y,z)$，要将操纵柄的坐标轴对齐到该点，先将点 P 转换到操纵柄的局部建模坐标系下，转换后的目标点为

$$P_{\text{target}}=P\cdot\boldsymbol{M}_1\cdot\boldsymbol{M}_2^{-1} \tag{3-8}$$

各矩阵的定义与前述相同。随后将目标点 P_{target} 与操纵柄的坐标原点 $P_{\text{origin}}(0,0,0)$ 构成的向量 $\mathbf{Target}=\overrightarrow{P_{\text{target}}-P_{\text{origin}}}$ 作为选定操纵轴的目标对齐向量，后续计算就可转化为与空间某个方向对齐的情况。

3.3.3　三维操纵柄的人机交互功能的实现

设计好三维操纵柄并完成面向用户需求的位姿调整后，便可对待装配元件进行拆卸路径规划。装配元件的运动通过控制操纵柄来实现，下面说明前述各种运动类型的实现过程。

1．沿坐标轴平移

三维空间图形需经过一系列坐标系变换后投影到屏幕视窗上，鼠标在屏幕上拾取对象是通过拾取点和平面法向量构成的射线与空间图形求交而计算出来的。在实

现沿坐标轴的平移功能时，选定操纵轴上一点作为基点，并拖动鼠标实现实时平移操作。由于该设计模式下操纵轴是以圆柱箭头形式绘制的，不能精确捕捉到轴线上，且鼠标在窗口上随意拖动时，窗口上的拾取射线转换到装配空间全局坐标系下并不会与该轴所在的空间直线相交。为解决此问题，应将窗口上的点约束到选定轴线上，此时需要进行相应的计算处理来获取操纵轴线上的约束点。此处的解决方法是计算视窗上的拾取射线与坐标轴所在直线的公垂线交点，如图 3-8 所示，交点 P^* 的计算过程如下。

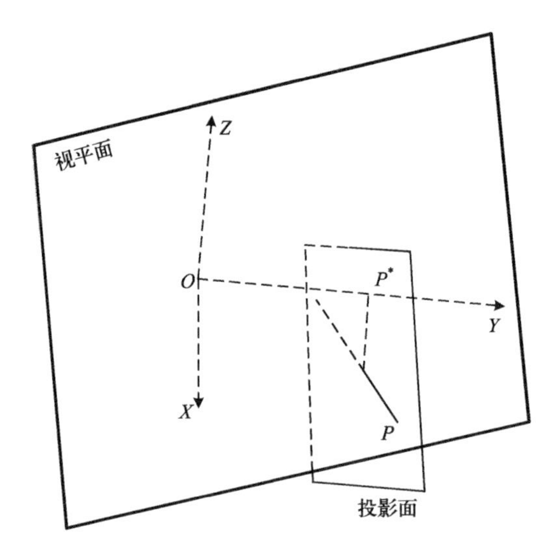

图 3-8　视窗拾取射线与坐标轴线的捕捉

设空间存在两条异面直线 l_1: $\dfrac{x-x_1}{m_1}=\dfrac{y-y_1}{n_1}=\dfrac{z-z_1}{p_1}$，其方向向量为 $\boldsymbol{S}_1=(m_1,n_1,p_1)$，点 $P_1(x_1,y_1,z_1)$ 是直线 l_1 上一点；l_2: $\dfrac{x-x_2}{m_2}=\dfrac{y-y_2}{n_2}=\dfrac{z-z_2}{p_2}$，其方向向量为 $\boldsymbol{S}_2=(m_2,n_2,p_2)$，点 $P_2(x_2,y_2,z_2)$ 是直线 l_2 上一点。现要捕捉 l_1 与 l_2 的最近点(即两异面直线公垂线与各自的交点)。

因为两异面直线的公垂线段与各自都互相垂直，公垂线段所在直线 l_3 的方向向量 $\boldsymbol{S}=(m,n,p)$ 应满足 $\boldsymbol{S}=\boldsymbol{S}_1\times\boldsymbol{S}_2$，$m=\begin{vmatrix} n_1 & p_1 \\ n_2 & p_2 \end{vmatrix}$，$n=\begin{vmatrix} p_1 & m_1 \\ p_2 & m_2 \end{vmatrix}$，$p=\begin{vmatrix} m_1 & n_1 \\ m_2 & n_2 \end{vmatrix}$。过 l_1 作平面 PLANE_1（其法向量为 $\boldsymbol{N}_1=\boldsymbol{S}\times\boldsymbol{S}_1$），过 l_2 作平面 PLANE_2（其法向量为 $\boldsymbol{N}_2=\boldsymbol{S}\times\boldsymbol{S}_2$），则 PLANE_1 与 PLANE_2 的交线与向量 $\boldsymbol{S}$ 平行，直线 l_2 与 PLANE_1 的交点为 A_2，直线 l_1 与 PLANE_2 的交点为 A_1，则线段 A_1A_2 就是 l_1 和 l_2 的唯一公垂线段，如图 3-9 所示。

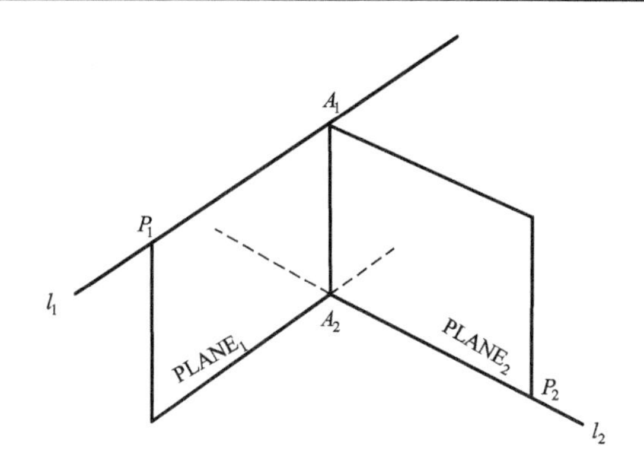

图 3-9　空间两异面直线求交

上述过程说明，只需求解直线 l_1 与 $PLANE_2$ 的交点 A_1，即可得到视窗鼠标点所在射线与三维操纵柄轴的捕捉点 P^*，也就是选定轴线上的约束点。空间直线与平面交点的示意图如图 3-10 所示，其求解过程如下。

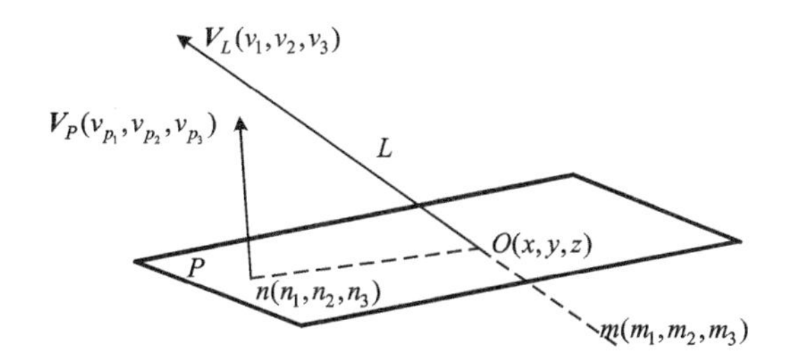

图 3-10　空间直线与平面求交

将直线写成参数方程形式为

$$\begin{cases} x = m_1 + v_1 \times t \\ y = m_2 + v_2 \times t \\ z = m_3 + v_3 \times t \end{cases} \tag{3-9}$$

将平面写成点法式方程为

$$v_{p_1} \times (x - n_1) + v_{p_2} \times (y - n_2) + v_{p_3} \times (z - n_3) = 0 \tag{3-10}$$

联立式(3-9)和式(3-10)，求得

$$t = \frac{(n_1 - m_1) \times v_{p_1} + (n_2 - m_2) \times v_{p_2} + (n_3 - m_3) \times v_{p_3}}{v_{p_1} \times v_1 + v_{p_2} \times v_2 + v_{p_3} \times v_3} = \frac{\boldsymbol{mn} \cdot \boldsymbol{V}_P}{\boldsymbol{V}_P \cdot \boldsymbol{V}_L} \tag{3-11}$$

式中，$\boldsymbol{V}_P$ 向量即前述的 $\boldsymbol{N}_2$；$\boldsymbol{V}_L$ 即为前述的直线方向向量 $\boldsymbol{S}_1$，在结果表达式中均为已知。若式(3-11)中分母为零，则表示直线与平面平行，也就是两者无交点。

根据前述计算原理，获取鼠标在操纵轴线上的拾取基点 $P_{\text{base}}(x_0, y_0, z_0)$，在鼠标移动时，将移动点也按上述规则约束到轴线上，获取轴线上的运动更新点 $P_{\text{move}}(x_1,y_1,z_1)$，这两个点均是在装配体全局坐标系下定义的，其中基点在运动过程中是不变的，而运动点是随鼠标移动实时更新的。

设所操纵的装配元件集合为 $S=\{C_i \mid i=1,2,\cdots,n\}$，其中 C_i 为第 i 个装配元件，可以是零件或子装配体，n 为装配元件总数。为了实现对多个装配元件的同时操纵，应该分别将基点和运动更新点转换到相应的待拆卸(装配)元件的局部坐标系下。设装配元件 C_i 相对于全局坐标系的建模变换矩阵为 $\boldsymbol{M}_i$，则转换后的点分别为 $P_1=P_{\text{base}}\cdot\boldsymbol{M}_i^{-1}$，$P_1=P_{\text{base}}\cdot\boldsymbol{M}_i^{-1}$，其中 $\boldsymbol{M}_i^{-1}$ 是矩阵 $\boldsymbol{M}_i$ 的逆，则装配元件的平移向量为 $\mathbf{Move}=\boldsymbol{P}_2-\boldsymbol{P}_1$，将平移向量 **Move** 的分量分别赋值给表 3-1 中的平移变换矩阵 $\boldsymbol{T}_{\text{trans}}$，并将矩阵 $\mathbf{Res}=\boldsymbol{T}_{\text{trans}}\cdot\boldsymbol{M}_i$ 设置为该零件所在段的建模变换矩阵，即可实现沿选定轴的平移功能。

沿坐标平面的自由运动与沿坐标轴平移类似，只是可以省略空间两异面直线的求交过程，而直接根据空间直线与平面的求交来获取对应的运动基点及运动更新点，后续平移变换的处理过程与沿坐标轴运动一样。

2．沿坐标轴旋转

为便于交互旋转操作，设计时采用旋转圈来给用户提供相应的旋转功能。例如，绕 X 轴旋转时，旋转圈就位于 YOZ 坐标平面上，此时便可以直接使用前述的空间直线与平面的求交计算来获取旋转基点及旋转更新点。设选定的旋转圈的轴向为 $\mathbf{RotAxis}=(n_1,n_2,n_3)$，其具体参数值依据选定的旋转圈查找表 3-2 即可获取，在旋转圈上的拾取基点为 $P_{\text{base}}(x_0,y_0,z_0)$，鼠标在移动过程中约束到旋转圈所在平面上的运动更新为 $P_{\text{move}}(x_1,y_1,z_1)$，操纵柄的坐标原点为 $P_{\text{origin}}(0,0,0)$，则旋转角度的计算如下：

$$\begin{cases}\mathbf{start}=\overrightarrow{P_{\text{base}}-P_{\text{origin}}}\\ \mathbf{end}=\overrightarrow{P_{\text{move}}-P_{\text{origin}}}\\ \theta=\arccos\left(\dfrac{\mathbf{start}\cdot\mathbf{end}}{|\mathbf{start}|\cdot|\mathbf{end}|}\right)\end{cases}\tag{3-12}$$

由于绕轴旋转时可以顺时针旋转，也可以逆时针旋转，此时的旋转方向均是相对于选定轴的方向向量而言的，故旋转角度应有正负之分，其区分方法如下：

$$\begin{aligned}&\mathbf{cross}=\mathbf{start}\times\mathbf{end}\\&\text{dot}=\mathbf{cross}\cdot\mathbf{RotAxis}\end{aligned}\tag{3-13}$$

若 dot 为正，则旋转角度为正；若 dot 为负，则旋转角度为负。

为了实现对多个装配元件的同时旋转，应该将旋转轴转换到各待拆卸(装配)元件的局部坐标系下。设操纵柄的位姿矩阵为 $\boldsymbol{M}_h$，装配元件 C_i 的建模变换与前述定义相同，则旋转轴上的点 P_{origin} 转换到 C_i 坐标系下为 $P_t=P_{\text{origin}}\cdot\boldsymbol{M}_h\cdot\boldsymbol{M}_i^{-1}$，而轴向量 **RotAxis** 转换到 C_i 坐标系下为 $\mathbf{Axis}=\mathbf{RotAxis}\cdot\boldsymbol{R}_h\cdot\boldsymbol{R}_i^{-1}$，其中 $\boldsymbol{R}_h$ 为 $\boldsymbol{M}_h$ 中的

3×3 旋转变换部分，$\boldsymbol{R}_i^{-1}$ 为 $\boldsymbol{M}_i^{-1}$ 中的 3×3 阶旋转变换部分。此时装配元件 C_i 的旋转运动为绕空间任意轴的旋转，以点 P_t 的坐标构建表 3-1 中的平移变换矩阵为 $\boldsymbol{T}_{\text{trans}}$，以 **Axis** 作为绕过原点的旋转轴，并以上面计算的旋转角 θ 依据式(3-3)构造旋转矩阵 $\boldsymbol{T}_R$，根据式(3-4)得元件 C_i 的变换矩阵为 $\boldsymbol{T}=\boldsymbol{T}_{\text{trans}}\cdot\boldsymbol{T}_{\text{R}}\cdot\boldsymbol{T}_{\text{trans}}^{-1}$。最后，将矩阵 $\textbf{Res}=\boldsymbol{T}\cdot\boldsymbol{M}_i$ 设置为该零件所在段的建模变换矩阵，可实现沿选定轴的旋转功能。

根据前述各种运动的交互实现过程分析，总结操纵柄的人机交互操作流程，如图 3-11 所示。

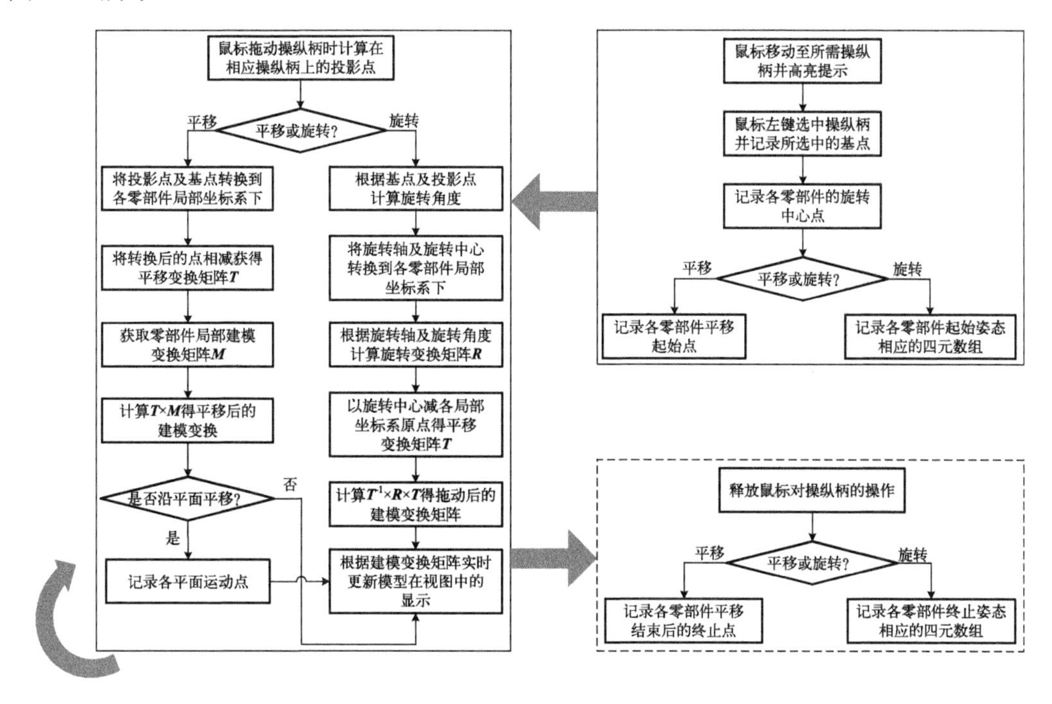

图 3-11　操纵柄的人机交互流程图

3.3.4　装配路径信息记录

在进行装配路径规划时，应对所操纵的装配对象的运动轨迹进行记录，以便仿真时直接提取规划好的装配路径信息。常见的运动形式有直线平移、平面平移、绕轴转动以及平移/转动相结合(螺旋运动)。在本系统中定义工艺信息中的装配活动数据基类为

ActionElement：<ActionType,ManiObject>

其中，ActionType 表示活动类型；ManiObject 表示该活动牵涉的运动对象。

1. 直线平移

在规划零部件的直线运动时，可以直接指定沿某一方向的运动距离，或给定零部件的最终位置，也可以通过三维操纵柄中的坐标轴平移手柄来拖动被操纵对象到场景中合适的位置，但无论采用哪种方法，鉴于直线运动的线性特性，零部件在运动过程中姿态保持不变，其装配路径只需要记录起始位置和终止位置。直线运动的数据结构可以定义为

ActionLinearTranslation：<StartPoint,EndPoint>

其中，StartPoint 表示零部件直线运动的起始位置；EndPoint 表示直线运动的终止位置。

2. 平面平移

平面平移可以使被操纵零件沿装配空间中的某一平面做自由平移运动，其运动路径具有随意性，用户往往难以事先指定其在该平面内的运动轨迹点，一般通过三维操纵柄中的坐标平面手柄来控制操纵元件的运动路径。该路径是由用户拖动零件运动过程中所经过的一系列离散的空间位置点得到的，这些位置点的采样密度取决于装配环境中连续两帧之间的时间间隔(系统中图形是以一定的频率进行刷新显示的)，间隔越小，所得到的位置点密度越大，反之，越小。因此，为了提高装配过程动画的质量以及避免大量的路径数据冗余，应该对连续两个采样点进行相应的控制。设 P_i 是当前采样点，P_{i-1} 是其直接前驱点，即有效采样点链表中的最后一个点，Min_Distance 是设计者所设置的最小路径采样距离，当前采样点满足条件 $\text{Distance}(P_{i-1},P_i) \geqslant \text{Min\_Distance}$ 时才能成为有效采样点。平面运动的数据结构为

ActionPlaneTranslation：<PointsOnTrajectory,NormalOfPlane,ParaPoint>

其中，PointsOnTrajectory 记录平面轨迹上的一系列有效采样点；NormalOfPlane 表示运动平面法向量；ParaPoint 表示运动平面上的一个参数点。

3. 绕轴转动

在零部件的路径规划过程中，其初始姿态可能会不满足拆卸可行性要求，将零部件从装配体中拆分出来前，有必要对其姿态进行调整，此时就需要实施各种旋转运动来达到用户所需要的目标姿态，一般通过指定绕空间某一旋转轴线的旋转角度或三维操纵柄的旋转圈数等方式来实现。绕轴转动属于一种线性旋转运动，有其特定的属性，只需记录零部件的起始和终止姿态，其位置可以从零件的位姿变换矩阵中提取。零部件的姿态在刚体运动学中可以使用四元数 Quat 来表示。旋转运动的数据结构为

ActionAxisRotation：<StartQuat,EndQuat,RotAxis,Pivot>

其中，StartQuat 表示起始姿态的四元数；EndQuat 表示终止姿态的四元数；RotAxis 表示旋转轴向量；Pivot 表示旋转轴上的一点，也就是旋转中心点。

4．螺旋运动

零件安装或拆卸过程中，很多时候除要考虑绕轴线的转动外，还要考虑沿轴线方向的移动，如螺钉或滚珠丝杠的拆装。在对这样的零件进行拆装时，特别是在周围遇到不同高度的障碍物时，为了对操作的整个过程进行干涉分析，模拟出操作工具的操作空间，有必要对零件施加螺旋运动，它是直线运动和旋转运动的合成。其数据结构如下，需要注意的是，零件直线运动的方向要与旋转轴线共线。

ActionHelical：<ActionLinearTranslation , ActionAxisRotation>

上述路径数据中，直线平移与平面平移所记录的数据均是参照操纵对象所在段的父段坐标系而言的，而旋转轴向量以及旋转中心点是相对操纵对象所在段的局部坐标系而言的。在对装配件进行路径规划时，有时用户不能一次性地将零件调整到所需要的位姿状态，需对同一元件操作多次，为避免对某一工步下的相同类型的运动记录多次，采用装配路径优化记录技术。对于先后连续两次直线运动，若所记录的数据点在同一直线上，则只记录先前运动的起始点与后续运动的终止点；对于先后连续两次平面运动，将后续的路径点链表数据合并到前一个链表中，构成一次平面运动；同理，对于先后两次绕同一轴的旋转运动，将前者的终止姿态四元数替换为后者的终止姿态四元数，合并成一次旋转运动。

第4章 基于三维模型的装配路径与序列智能生成技术

装配序列规划是装配工艺规划的关键步骤，主要目标是基于产品的设计、几何信息，综合考虑装配成本、装配环境、装配过程等约束因素，生成较优且合理的零部件装配顺序。本章将以装配信息模型为基础，从装配约束关系的角度对复杂装配产品进行了装配信息建模研究，介绍了装配优先连接矩阵、约束集和方向集，定义了装配层次模型，阐述了装配信息模型表达机制，对装配序列和路径智能规划技术进行讲解。

4.1 面向装配工艺智能设计的关键信息建模

装配序列规划的主要目标是基于产品几何信息，综合考虑装配操作、技术要求、生产环境等方面因素，计算并获取较优的零部件装配顺序，以指导后续的路径规划、资源规划、过程仿真等实际生产活动。为了获取较优的零部件装配顺序，需要获取面向装配的产品装配模型。该模型应包含装配序列规划所需的零部件几何信息、层次信息、约束信息等。其中零件的几何信息包括质量、体积、最大尺寸、最大包围盒等。装配模型应当能够清晰明确地表达产品零部件间的层次结构关系，从而减少组成装配体的零部件数量，降低装配建模、工艺推理的复杂性，提高装配规划的效率。此外，装配模型应能正确完整地反映产品数字化装配过程中定义的装配约束信息，在数字化装配零件中，零部件之间的配合约束实际上是零部件的点、线、面等几何元素之间的相互约束。因此，装配信息模型的粒度应细化到零件的几何特征层次。

对装配模型进行多尺度信息建模的目的是指导序列规划。主要获取的装配信息主要包括6个部分：标识信息、几何信息、层次信息、约束信息、方向信息和其他信息，如图4-1所示。其中，标识信息包括零部件名称、零部件标识和零部件类型。

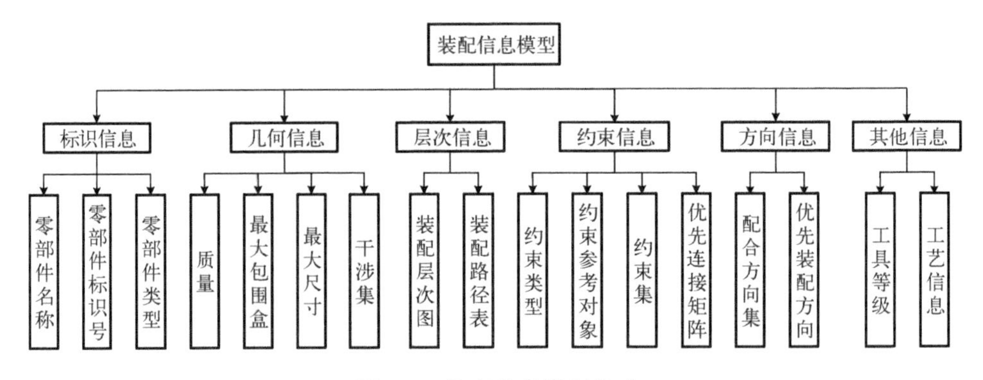

图4-1 装配信息模型组成

几何信息包括质量、最大尺寸、最大包围盒和干涉集，其中干涉集的相关内容会在装配路径规划中进行详细阐述。层次信息包括装配层次图和装配路径表。约束信息包括约束类型、约束参考对象、约束集和优先连接矩阵。方向信息包括配合方向集和优先装配方向。其他信息包括工具等级和工艺信息。

为了更加结构化组织信息模型，本书将装配信息模型 G 表达为一个六维拓扑结构：$G=< S, L, C, D, A, F >$，其中 S 表示实体信息，包括质量、最大尺寸、最大包围盒；L 表示层次信息，包括装配层次图、层次信息表示；C 表示有向连接关系，用优先连接矩阵表达；D 表示配合方向集，指零件或组件的约束关系集合及其特征向量；A 表示装配操作信息，包括零件或组件的装配方向、装配工具、装配难度评价；F 表示产品功能属性，指零件或组件的用途、功能等。

其中，零件或组件的用途、功能，作为装配知识能在一定程度上帮助推理产品装配顺序。一般几个零件会组成特定结构，共同发挥设定的功能。其形成的结构往往具有一定的装配顺序，如螺栓、螺母，齿轮、齿条等，本书对此有所应用。

4.1.1　优先连接矩阵

优先连接矩阵主要描述了装配体中的两两零部件之间的连接约束关系。装配体中所有配合关系用“C+数字”表示(不分先后顺序)，置于矩阵上方。所有零部件按照其序号，置于矩阵左侧。在优先连接矩阵中，“0”表示所在列的配合关系与所在行的零部件无关。“1”或“–1”表示所在列的配合关系与所在行的零部件有关。一般每个配合关系由两个零部件约束形成，即由一对“±1”组成，其中“1”代表应当优先被装配，“–1”代表应当后被装配。矩阵每一行的绝对值和表示该行零部件的约束总数。

图 4-2(a)是一个由 5 个零件组成的齿轮轴模型，将其按照优先连接矩阵的形式进行表达，如图 4-2(b)所示。本书中，优先连接矩阵用于装配逻辑性分析和约束数量计算。

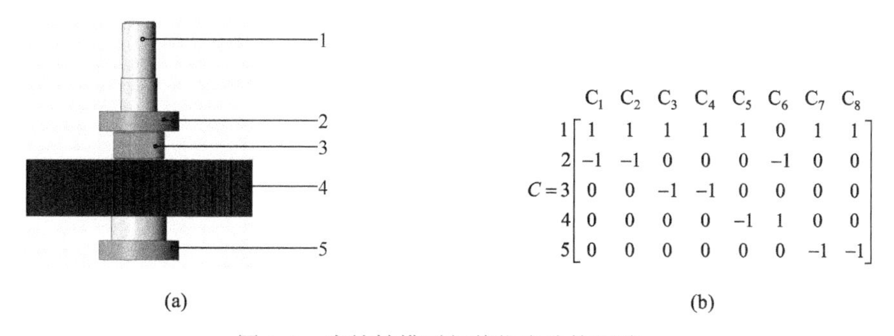

图 4-2　齿轮轴模型与其优先连接矩阵

4.1.2　约束集和配合方向集

在产品设计阶段，需要在三维建模软件中，对产品的零部件进行组装。零部件装配指通过配合关系作用于零部件的几何面使其装配在一起，将形成配合约束的几何面称作配合面。配合面包括曲面和平面，对应地可以用轴向量和法向量表示这些面。一般地，将一个零部件包含的所有配合关系所对应的面向量组成的集合定义为配合方向集，用 D 表示，$D=\{\boldsymbol{n}_1,\boldsymbol{n}_2,\cdots\}$，其中，$\boldsymbol{n}_1$、$\boldsymbol{n}_2$ 为配合面的法向量或轴向量，若几个配合方向向量相同，则只记一个。另外，将一个零件装配起来的所有配合关系定义为约束集。

常用的配合关系包括 7 种：匹配、匹配偏距、对齐、对齐偏距、平行、同轴、相切。前 5 种类型是对平面进行约束，所以在这里统称为平面约束。图 4-3 中，将零件 1 通过轴孔约束装配到零件 2 上，约束集包括 1 个同轴约束和 1 个对齐约束。同轴约束对应于零件 1 的面 $\mathrm{Suf}_{1\text{-}1}$ 和零件 2 的面 $\mathrm{Suf}_{2\text{-}1}$，其中，面 $\mathrm{Suf}_{1\text{-}1}$ 的轴向量是 $\boldsymbol{v}_1$，面 $\mathrm{Suf}_{2\text{-}1}$ 的轴向量是 $\boldsymbol{v}_2$，在装配体坐标系中，$\boldsymbol{v}_1=\boldsymbol{v}_2$。同理，对齐约束对应的面 $\mathrm{Suf}_{1\text{-}2}$ 和面 $\mathrm{Suf}_{2\text{-}2}$ 的法向量 $\boldsymbol{n}_1=\boldsymbol{n}_2$。因此，零件 1 的配合方向集为 $D=\{\boldsymbol{n}_1\}$，见图 4-4 分析所示。

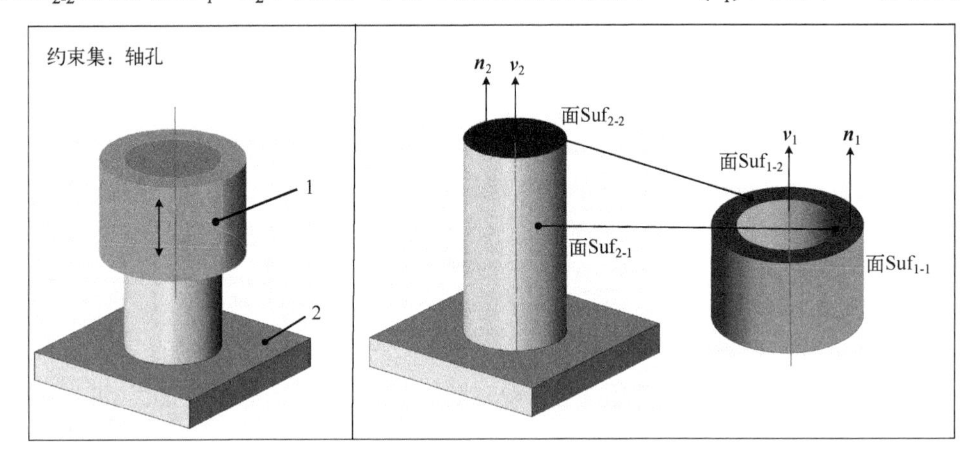

图 4-3　三维模型约束集分析图

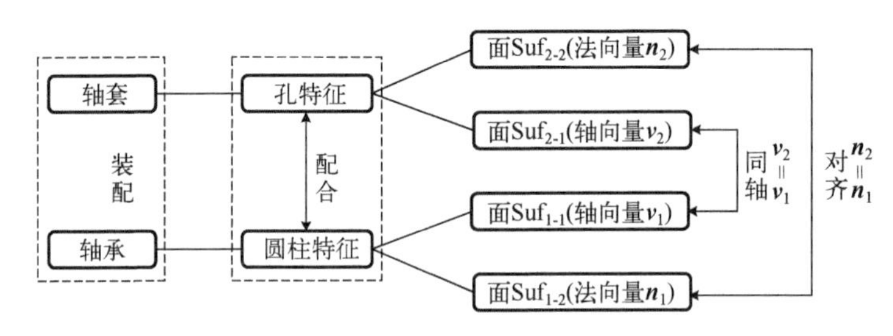

图 4-4　配合方向集的思维分析图

显然，不管是圆柱面的轴向量还是平面的法向量，都可以用来作为零件装配路径的参考，即为可能的装配方向。因此，配合方向集可用于装配路径的推导。这里，认为配合方向集中的第一个元素为最优装配方向。在实际装配中，装配方向往往与某一坐标轴方向相同，如图 4-5 所示。所以，当约束集具有轴孔约束，且轴向量与坐标轴平行时，增加坐标轴的其余两轴的方向向量及其反方向作为配合方向集成员。例如，若轴向量为(1,0,0)，则增加(0,1,0)、(0,0,1)这 2 个向量作为配合方向集成员。

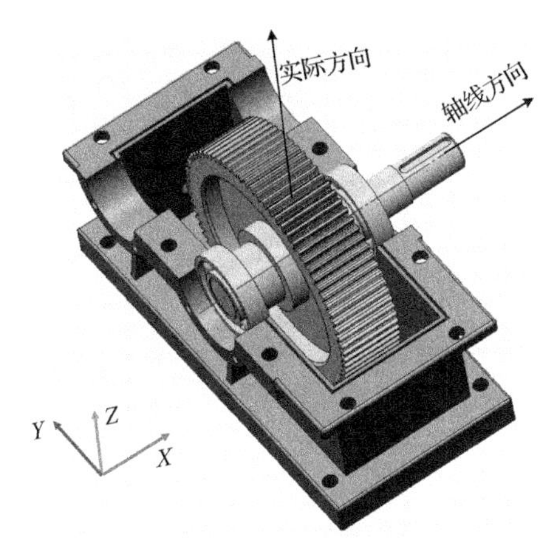

图 4-5　同轴约束下的装配方向

将常用的装配约束集归纳为 7 种，并给出其配合方向集，如表 4-1 所示。

表 4-1　装配约束方向集

名称	示意图	约束 1	约束 2	约束 3	配合方向集 D
默认	(坐标系对齐)	—	—	—	—
面面	n_1 n_2 n_3	平面*	平面	平面	$\{\boldsymbol{n}_1, \boldsymbol{n}_2, \boldsymbol{n}_3\}$
轴孔	v_1 v_2 v_3	同轴	平面	—	$\{\boldsymbol{v}_1, \boldsymbol{v}_2, \boldsymbol{v}_3\}$
完全轴孔	v_1 v_2 n_1	同轴	平面	平面	$\{\boldsymbol{v}_1, \boldsymbol{v}_2, \boldsymbol{n}_1\}$
双轴孔	v_1	同轴	同轴	平面	$\{\boldsymbol{v}_1\}$

续表

名称	示意图	约束 1	约束 2	约束 3	配合方向集 D
轴孔-对齐		同轴	平面	同轴/相切	$\{\hat{\boldsymbol{v}}_1, \boldsymbol{v}_1\}$
面面-相切		相切	平面	平面	$\{\boldsymbol{v}_1, \boldsymbol{v}_2, \boldsymbol{n}_1\}$
双相切		相切	相切	平面	$\{\boldsymbol{v}_1, \boldsymbol{v}_2, \boldsymbol{v}_3\}$

*平面约束包括匹配、匹配偏距、对齐、对齐偏距、平行。

4.1.3　装配层次模型

目前诸多算法求解的装配规划解是一组线性串行结构的序列，实际上不能有效地反映出生产装配实际，实际产品装配过程中部装作业同时进行，最后进行总装。为了有效求解并行装配序列，要对产品进行分层分级处理。

分层的目的是获得更规则的层次化装配结构，将面向设计的结构关系调整为面向装配的结构关系。分层分级后，每个装配体可单独作为一个装配单元进行序列求解，减少了序列组合，降低了求解的时间复杂性。基于产品几何模型提供的结构信息以及装配体和零件的类型标识对产品进行分层，方法如下：整个产品包括若干个一级零部件，若其中存在零部件为装配体，则该装配体包含的零部件即为二级零部件，二级零部件中的装配体又可包括三级零部件，以此类推，直到某一层次零部件都是零件，这样通过层层嵌套可以得到一个装配体的层次信息。

装配层次信息用 L 表示，L=<Lp, Lb, Ls>，Lp 表示组件路径表，Lb 表示兄弟组件表，Ls 表示子组件表。组件路径表由某个组件的各层父组件特征 id 构成，兄弟组件表和子组件表为零部件的特征 id 集合。如图 4-6 所示。组件 B 的组件路径表为 Lp=3-9，兄弟组件表为 Lb={8}，子组件表为 Ls={7,2}；组件 A 的组件路径表为 Lp=3-9-2，兄弟组件表为 Lb={7}。

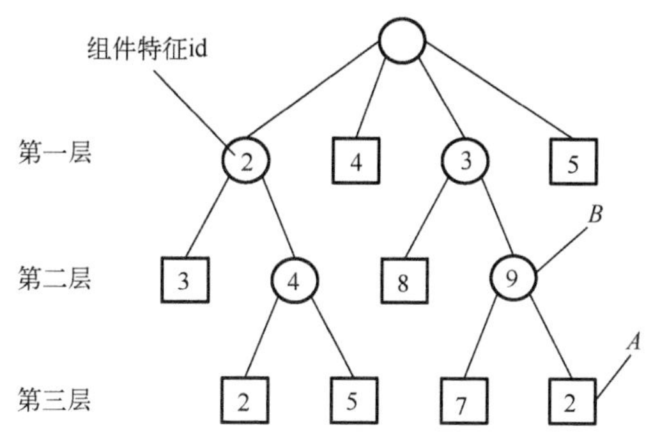

图 4-6　装配层次信息
○代表部件，□代表零件

4.1.4　基础件识别流程

一般在装配时，基础件第一个装配；而在拆卸时，基础件最后一个拆卸。如果在装配序列规划前将基础件识别出来，将大大减少序列的搜索空间。一般情况下，基础件的配合关系最多、质量大、体积尺寸大、重心低，因此物理特征较为明显。另外，基础件一般作为零件单独装配，即没有子部件。因此在实际的产品装配中，底座、承力筒等几何特征较为明显的零件一般被选作基础件。本节提出了基于优先连接矩阵和几何特征的识别方法，其流程如图 4-7 所示。

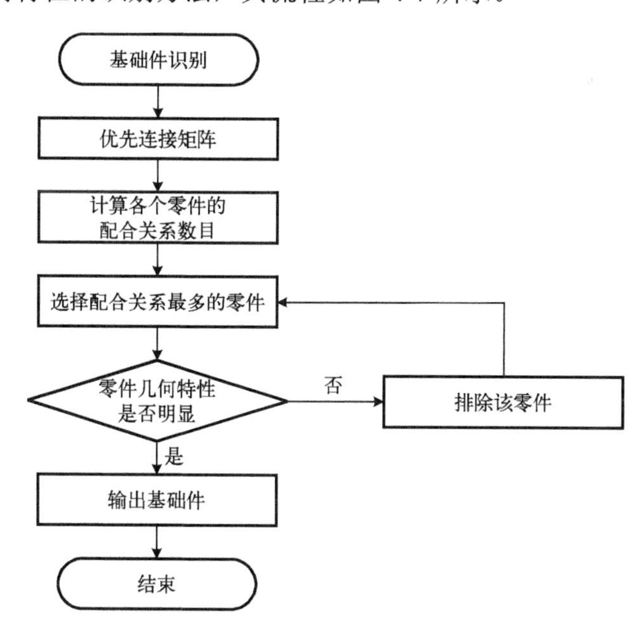

图 4-7　基础件识别流程

4.1.5　装配信息建模表达机制

下面对装配模型进行多尺度信息建模，其建模机制与上面提出的信息模型六维拓扑结构对应，并对其相关具体信息进行结构树化表示，具体如下：

$$\text{Geom} = \{\text{Model}, \text{LevelAssem}, \text{Connection}, \text{AssemInfo}, \text{Function}\} \tag{4-1}$$

其中，Model 表示零件；LevelAssem 表示装配层次表，等同于 4.1.3 节所述的 Lp；Connection 表示零件的优先连接矩阵；AssemInfo 为零件的装配信息，包括工艺信息、零件材料和属性等；Function 表示产品的功能属性，指零件或组件的用途、功能等。零件又可分为零件实体(Solid)和零件属性(CompProp)，即

$$\text{Model} = \{\text{Solid}, \text{CompProp}\} \tag{4-2}$$

一般在装配体或子装配体中，其所属次级子装配体应看作一个整体进行装配。因此，在装配信息建模时，子装配体同样具备零件的属性，其零件属性在其上一层次装配体中体现。设零件用 Comp 表示，则具体属性为

$$\begin{aligned}\text{CompProp} = \{&\text{ID}, \text{Name}, \text{AssemPath}, \text{GeomProp},\\ &\text{Const\_List}, \text{Inter\_List}, \text{ToolLevel}\}\end{aligned} \tag{4-3}$$

其中，ID 表示零件的标识号；AssemPath 表示零件的装配路径，等同于 4.1.3 节所述的装配层次信息中的 Lp，即 AssemPath=L->Lp；GeomProp 为零件几何属性；Const_List 为约束列表；Inter_List 为干涉列表；ToolLevel 为工具等级。下面将对其具体分类进行详细介绍。

$$\begin{aligned}\text{GeomProp} = \{&\text{Mass}, \text{Volume}, \text{LengthMax}, \text{GravityCenter},\\ &\text{Coord\_BoundBox}\}\end{aligned} \tag{4-4}$$

其中，Mass 表示零件的质量；Volume 表示零件的体积；LengthMax 表示零件的最大长度；GravityCenter 为零件在父装配体中的重心(几何中心)，由 x、y、z 三个坐标构成；Coord_BoundBox 为坐标最大包围盒，由六个方向坐标($\pm x$、$\pm y$、$\pm z$)组成。

$$\text{Const\_List} = \{\text{Num}, \text{ConstSet}, \text{Mate\_DirectSet}\} \tag{4-5}$$

其中，Num 表示与该零件有关的约束的数量；ConstSet 表示约束集，Mate_DirectSet 表示配合方向集。

$$\text{Inter\_List} = \{\text{InterSet}, \text{ObstSet}\} \tag{4-6}$$

其中，InterSet 表示插入集；ObstSet 表示干涉集。

4.2　装配路径智能规划

4.2.1　复杂产品的干涉检测方法

1．基于轴对齐包围盒的粗略干涉检测

在装配路径规划中，判断当前路径上零部件移动的位置是否会发生干涉时，都需要调用干涉检测方法进行相应的检测。在零部件的装配路径搜索过程中，干涉检测的频率是与规划空间的推理步长成正相关的，即每移动一个步长，就需要对零部件干涉检测一次，为一个检测节点。一般情况下，由于零部件的位置发生了变化，在进行干涉检测时，需要重新构建待检测零部件的包围盒，这样势必会增加装配路径算法搜索的耗时，降低干涉检测的效率。因此，在路径规划前，即在装配信息建模阶段就应建立起基于装配体结构的各级零部件的轴对齐包围盒。

轴对齐包围盒(axis-aligned bounding box，AABB)是指包围对象且各边均与坐标轴平行的最小长方体，如图 4-8 所示。由此可见，轴对齐包围盒是一种几何形状较为简单、干涉检测非常方便的包围盒，将其用作零部件的粗略干涉检测方法。

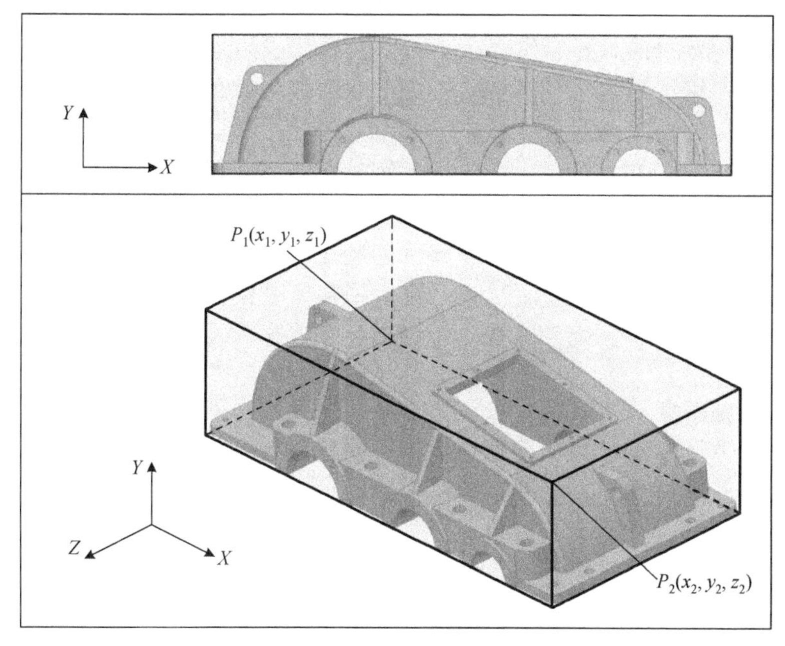

图 4-8　轴对齐包围盒示意图

在轴对齐包围盒的表示上，既可以采用平行长方体上具有最大和最小坐标值的对角点表示，也可以采用角点坐标+轴向长度或几何中心点坐标+轴向半长度的方式

表示。各个表达方式如下。

(1) 设长方体的两个对角点最大和最小坐标为 $P_1:P_2(x_1,y_1,z_1;x_2,y_2,z_2)$，则可得包围盒内任意一点坐标 P 为

$$P=\{(x,y,z)\,|\,x_1\leqslant x\leqslant x_2,y_1\leqslant y\leqslant y_2,z_1\leqslant z\leqslant z_2\} \tag{4-7}$$

(2) 设包围盒的最小角点坐标为 $P_1(x_1,y_1,z_1)$，设包围盒与坐标轴平行的各边长度分别为 D_x、D_y、D_z，则可得包围盒内任意一点坐标 P 为

$$P=\{(x,y,z)\,|\,x_1\leqslant x\leqslant x_1+D_x,y_1\leqslant y\leqslant y_1+D_y,z_1\leqslant z\leqslant z_1+D_z\} \tag{4-8}$$

(3) 设包围盒的几何中心点坐标为 $P_1(x_1,y_1,z_1)$，设包围盒与坐标轴平行的各边半长度分别为 d_x、d_y、d_z，则可得包围盒内任意一点坐标 P 为

$$P=\{(x,y,z)\,||\,x-x_1\,|\leqslant d_x,|\,y-y_1\,|\leqslant d_y,|\,z-z_1\,|\leqslant d_z\} \tag{4-9}$$

基于轴对齐包围盒的干涉检测方法是通过判断包围盒在三个坐标轴上的投影是否重叠来实现的。如果两个零部件的轴对齐包围盒在周平面上的投影不发生重叠，则可以说明两个零部件在当前位置不发生干涉；若投影发生重叠，则两个零部件在上下位置可能发生干涉。

在进行装配路径规划时，零件的位置变换是对零件的位姿矩阵进行变换计算得到的，设变换矩阵为 $\boldsymbol{T}$。设零件初始状态时轴对齐包围盒为 $P_1:P_2(x_1,y_1,z_1;x_2,y_2,z_2)$，则零件位置变换后的轴对齐包围盒为 $P_1\boldsymbol{T}:P_2\boldsymbol{T}$。设零件 A 和零件 B 对应的轴对齐包围盒为包围盒 a 和包围盒 b，则基于方式(1)，即最大和最小对角点的表示方式的干涉判断方法为：若 $(x_1^a>x_2^b\,\|\,x_2^a<x_1^b)\cap(y_1^a>y_2^b\,\|\,y_2^a<y_1^b)\cap(z_1^a>z_2^b\,\|\,z_2^a<z_1^b)$，则零件 A 和 B 不发生干涉。否则，零件 A 和 B 可能发生干涉，则需要进行进一步的精确检测。

由此可见，这种轴对齐包围盒不仅容易构建，而且存储时所占用的空间较小，干涉检测判断也较为快速简单，在零部件的装配干涉检测过程中往往能发挥较好的效果，避免了不必要的精确检测过程，大大提高了装配路径的推理效率。

2. 基于三维 CAD 软件的精确干涉检测

由轴对齐包围盒干涉检测方法可知，若两个零部件的包围盒不相交，则这两个零部件不会发生干涉。但是若这两个零部件的包围盒发生了相交，此时并不能由此判断这两个零部件是否发生干涉，因此需要对这两个零部件进行进一步的精确干涉检测。

由于本章所提及的装配规划系统是基于三维建模软件进行的二次开发，通常三维 CAD 软件自带了精确的干涉检测功能，可直接采用三维 CAD 软件的干涉检测功能来辅助完成装配路径规划的推理过程。三维 CAD 软件的干涉检测功能包括两种：一种是全局干涉检测，该种方式是对整个产品或装配体进行的整体检测；另一种是局部干涉检测，该种方式是对两个零部件进行的干涉检测，判断两个零部件是否发

生干涉。这两种方式都能精确地判断出零部件是否发生干涉，前者多用于静态干涉检测或零部件较少的装配体，后者多用于零部件较多的大型复杂装配体。

3．静态干涉检测预处理

由于产品本身存在设计误差和装配误差，在静态时就会发生干涉。这种情况下，当进行装配路径规划时，会产生干涉判断出错，甚至造成装配路径推理的失败。因此，在装配路径规划之前，即在装配信息建模阶段，需要对产品进行全局静态干涉检测。

静态下发生干涉主要包括两种情况：一种是设计装配缺陷导致的干涉；另一种是机构连接干涉。当产品几何模型存在设计、装配缺陷问题以及过盈配合等等时，有可能会导致产品内组件或零件之间发生干涉，此时，通过全局静态干涉检测可以获取并高亮显示发生干涉的相关组件或零件。用户基于此可以对发生干涉的零部件进行设计或装配更改。机构连接干涉主要是由于装配机构零部件时忽略了螺纹或联结点的影响而造成的干涉。图 4-9 为一个单级减速器，在装配时忽略了齿轮啮合而造成了干涉。在这种情况下，可以通过重新装配避免干涉的产生，也可以通过系统的功能设置，对相应的零件干涉进行忽略，并设置其干涉体积上限容差。设置上限容差是为了便于判断装配路径推理对应的是机构连接干涉还是由装配运动造成的干涉。

设初始状态时，零件 A 和零件 B 存在静态干涉，其干涉体积为 $V_{a,b}$，设其上限容差为 σ，当进行装配路径推理时，若零件 A 和 B 发生干涉，设其干涉体积为 V，若 $V \leqslant V_{a,b}+\sigma$，则判定当前装配路径可行，否则，则推理路径不可行。

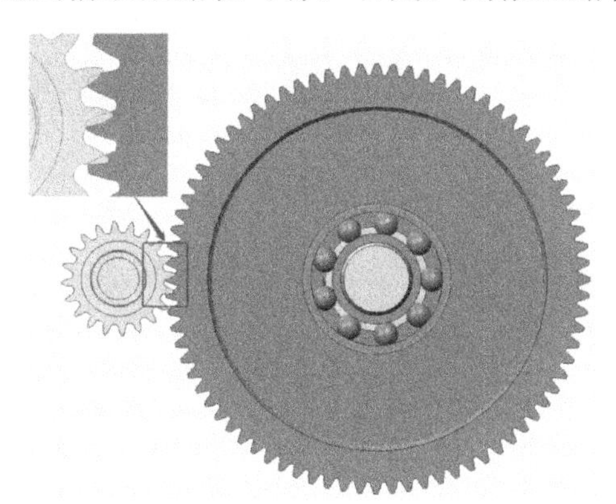

图 4-9　齿轮装配时干涉

4.2.2　装配路径规划前置处理

1．装配空间的确定

大型复杂产品一般为单件生产，单个产品独立配备一套装配设施，并占据一块较大的装配空间。装配设施包含数量庞大的专用装配工具、工装、测量和调试装备等。加上复杂产品本身包含了大量的零部件，如果将该装配空间作为产品装配路径规划的工作空间，会造成大量不必要且无效的搜索和干涉检测耗时，从而严重影响装配路径推理的效率。因此，在对复杂产品进行装配路径规划之前，应该规划确定一块较为合理的装配空间。从装配路径求解效率上来说，装配空间越小，相应零部件的装配路径就会变短，装配推理速度则会得到提高。但过小的空间也可能会造成无法获取可行的装配路径。

基于“可拆即可装”的原则，通过对完整的产品装配体进行拆卸推理，从而反求出零部件的装配路径。在拆卸路径推理中，当零部件完全移出装配空间时，就可以判定该零部件装配路径推理完成。因此，为了快速判定是否移出装配空间以及便于表示和存储，用一定尺寸的长方体空间来描述产品的装配空间，且其各边一般与坐标轴平行的，如图 4-10 所示。复杂产品包括部装和总装等多级装配，装配路径规划是以单个装配体作为规划对象的，因此装配空间也是相对于单个装配体而言的，图 4-10 中，该单级减速器包括主装配体的装配空间以及两个子装配体的装配空间。另外，装配空间应该包含必要的装配工具、工装，并预留足够的操作空间，所以设置装配空间(长方体)的各个边长为装配体的轴对齐包围盒的 1.5 倍，设某装配体轴对齐包围盒的两个对角点最大和最小坐标为 $P_1:P_2(x_1,y_1,z_1;x_2,y_2,z_2)$，则该装配体装配空间内任意一点坐标 P 为

$$P=\{(x,y,z)\,|\,1.5x_1\leqslant x\leqslant 1.5x_2,1.5y_1\leqslant y\leqslant 1.5y_2,1.5z_1\leqslant z\leqslant 1.5z_2\} \tag{4-10}$$

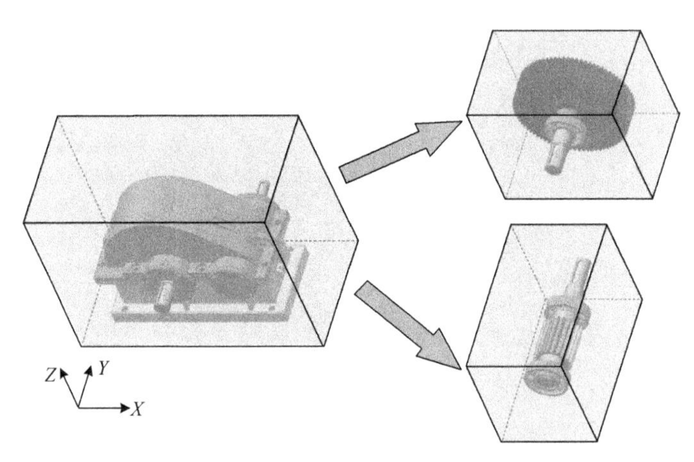

图 4-10　装配体的装配空间示意图

2．搜索步长的确定

基于“可拆即可装”原则的装配路径推理方法，实际上是找到一条不与其他零部件发生干涉的拆卸路径。在推理中，使零部件在拆卸方向上进行移动，每移动一

段距离就需要判断被拆卸零部件是否与其他零部件发生干涉。该段距离可称为装配路径推理的搜索步长。搜索步长越大，则其干涉检测的次数越少，可以提高搜索的效率。但是若搜索步长过大，可能遗漏某些尺寸较小的零部件，当装配路径比较窄小时，可能无法推理出合适的装配路径。因此，搜索步长的确定能直接影响到搜索的效率和装配路径推理的成败。

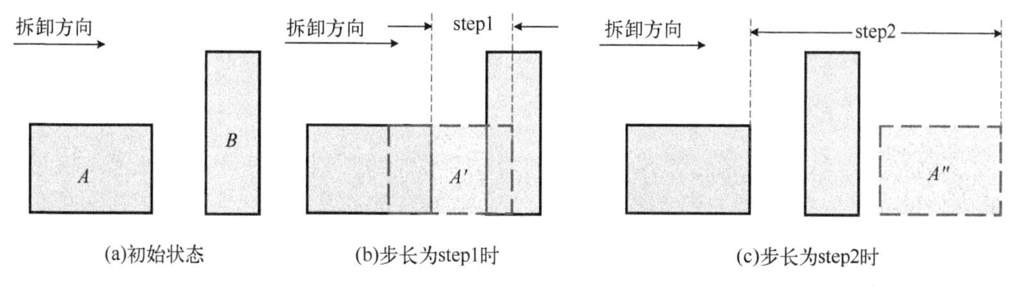

图 4-11　搜索步长对干涉检测的影响

图 4-11 表示了搜索步长的大小对路径推理中干涉检测的影响。图 4-11(a)为零件 A 和零件 B 的初始位置。图 4-11(b)中，当搜索步长为 step1 时，零件 A 移动到 A'位置，此时与零件 B 发生干涉，则可得该方向推理失败。图 4-11(c)中，当搜索步长为 step2 时，零件 A 移动到 A''位置，此时零件 A 直接跨过零件 B，不会检测到干涉。由此可知，搜索步长的大小与装配体及其各个零件的尺寸有很大的关系。

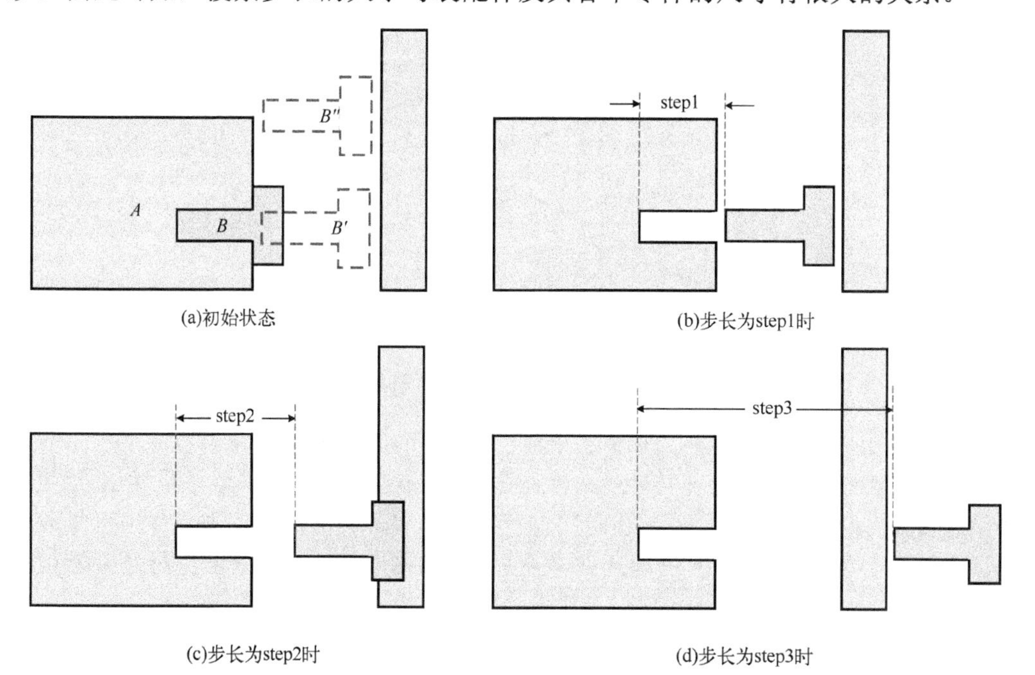

图 4-12　搜索步长对推理方向的影响

图 4-12 表示了搜索步长的大小对路径推理中推理方向的影响。图 4-12(a)为零件 *A* 和零件 *B* 的初始位置。其合理的拆卸方向应该为：*B*->*B*'->*B*"。图 4-12(b)中，当搜索步长为 step1 时，可见搜索步长合理；图 4-12(c)中，当搜索步长为 step2 时，发生干涉，拆卸方向不可行，路径推理失败。图 4-12(d)中，当搜索步长为 step3 时，可见步长过大，跨过了其他零部件，装配路径不可行。

因此，设置合理的搜索步长，不仅可以保证装配路径推理结果的可行性，提高装配路径搜索的成功率，也能提高装配路径规划的效率。

3．路径干涉集求解

基于 4.2.1 节“基于轴对齐包围盒的粗略干涉检测”和“基于三维 CAD 软件的精确干涉检测”部分的干涉判断方法，可以快速判断出零件间的干涉情况。在装配路径规划预处理中，可以通过在优先装配方向上移动零部件，来提前排除与之发生干涉的一些零部件，从而减少装配序列规划时的可行转移范围，提高装配序列的求解速度。

在装配坐标系下，轴对齐包围盒的长、宽、高方向分别与 *X*、*Y*、*Z* 三个坐标轴平行，由零部件在三个坐标轴上最小坐标与最大坐标为对角点构成长方体。因此通过比较包围盒顶点坐标在坐标轴的投影关系，可以确定零件之间的位置关系，如图 4-13 所示。

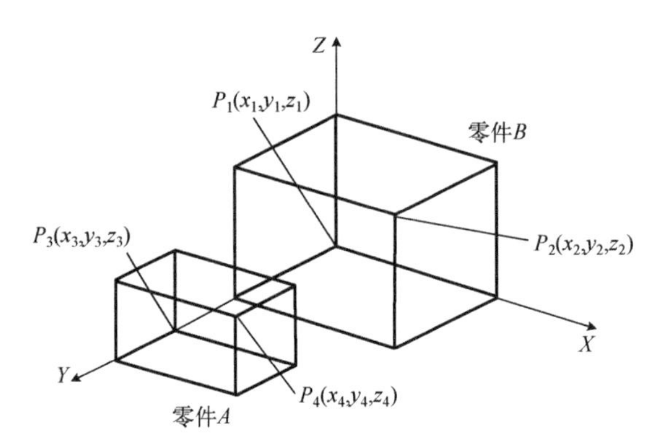

图 4-13　零件轴对齐包围盒

设零件 *A* 在+*X* 方向与零件 *B* 的干涉信息用 $\text{Inter}_{+X}(A,B)$ 表示，如果 $(x_3 > x_2)$ 或 $(y_4 > y_1)\cup(y_3 < y_2)$ 或 $(z_3 > z_2)\cup(z_4 < z_1)$，则表示 *A* 在+*X* 方向不会与零件 *B* 发生干涉，记 $\text{Inter}_{+X}(A,B)=0$，否则 *A* 在+*X* 方向可能会与零件 *B* 发生干涉。对于可能发生干涉的情况，通过局部干涉法即几何求交的方法判断装配方向上零件对是否发生干涉，若干涉，则 $\text{Inter}_{+X}(A,B)=1$；否则 $\text{Inter}_{+X}(A,B)=0$。

路径干涉集包括干涉列表和阻碍列表两部分。将与某个零件在拆卸方向移动时发生干涉的所有零件集合称为该零件的干涉列表。将所有在装配方向移动时会与某零件干涉的零件集合称为该零件的阻碍列表。若 A 在拆卸方向(假设为$+x$ 方向，下同)与零件 B 发生干涉，则将 B 添加到 A 的干涉列表，记 $\text{Inter}(A)=\{\text{part1},\cdots,B,\cdots\}$。若 B 在 A 拆卸方向与 A 发生干涉，则将 A 添加到 B 的阻碍列表，记 $\text{Obst}(B)=\{\text{part1},\cdots,A,\cdots\}$。

零件进行干涉集获取的拆卸方向为配合方向集的第一个元素向量，干涉集获取的流程如图 4-14 所示。

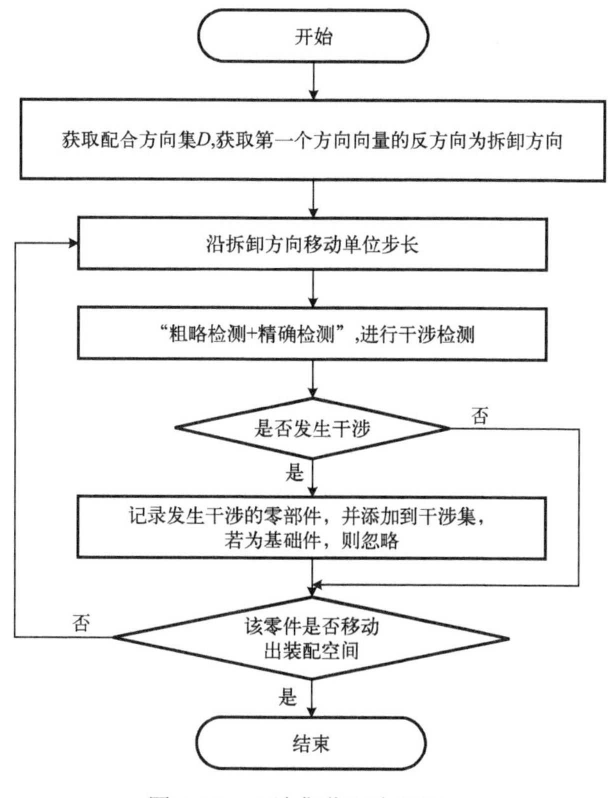

图 4-14　干涉集获取流程图

4.2.3　基于配合方向集的路径推理

1．零部件的位姿变换

在三维建模软件的虚拟环境中，需要对模型进行运动仿真，该运动可以是在某个方向上平移一定距离或者绕某个轴旋转一定角度，也可以是包括平移和旋转的复合运动。要想实现模型的平移或旋转，首先需要获取模型当前位置在三维笛卡儿坐标系下的位姿坐标，零件的运动变化状态通过一个 4×4 的矩阵进行描述，称为位姿变换矩阵。目标位置的获取则是通过对零件的位姿坐标和位姿变换矩阵进行计算得到的。

位姿变换矩阵 $\boldsymbol{T}$ 可表示为如图 4-15 所示，其中，PART1 用于进行模型的旋转、缩放等变换操作，PART2 用于进行模型的平移变换操作，PART3 用于进行模型的投影变换操作，PART4 用于进行模型整体的缩放操作。

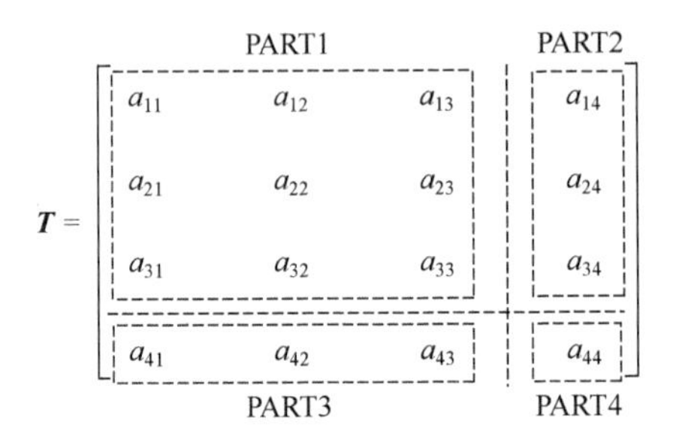

图 4-15　位姿变换矩阵

设零件的位姿坐标 $P=(x_0,y_0,z_0)$，设变换后的零件位姿坐标 $P'=(x_1,y_1,z_1)$，则零件前后的位姿变换可表示为

$$\begin{bmatrix} x_1 \\ y_1 \\ z_1 \\ 1 \end{bmatrix} = \boldsymbol{T} \begin{bmatrix} x_0 \\ y_0 \\ z_0 \\ 1 \end{bmatrix} \tag{4-11}$$

当为平移变换时，设三个坐标方向的平移距离为 $D=(d_x,d_y,d_z)$，则对应的位姿变换为

$$\begin{bmatrix} x_1 \\ y_1 \\ z_1 \\ 1 \end{bmatrix} = \boldsymbol{T} \begin{bmatrix} x_0 \\ y_0 \\ z_0 \\ 1 \end{bmatrix} = \begin{bmatrix} 1 & 0 & 0 & d_x \\ 0 & 1 & 0 & d_y \\ 0 & 0 & 1 & d_z \\ 0 & 0 & 0 & 1 \end{bmatrix} \begin{bmatrix} x_0 \\ y_0 \\ z_0 \\ 1 \end{bmatrix} = \begin{bmatrix} x_0+d_x \\ y_0+d_y \\ z_0+d_z \\ 1 \end{bmatrix} \tag{4-12}$$

当为绕 X 轴旋转变换时，设旋转角度为 θ，则对应的位姿变换为

$$\begin{bmatrix} x_1 \\ y_1 \\ z_1 \\ 1 \end{bmatrix} = \boldsymbol{T} \begin{bmatrix} x_0 \\ y_0 \\ z_0 \\ 1 \end{bmatrix} = \begin{bmatrix} 1 & 0 & 0 & 0 \\ 0 & \cos\theta & -\sin\theta & 0 \\ 0 & \sin\theta & \cos\theta & 0 \\ 0 & 0 & 0 & 1 \end{bmatrix} \begin{bmatrix} x_0 \\ y_0 \\ z_0 \\ 1 \end{bmatrix} \tag{4-13}$$

绕其他轴旋转的矩阵变换方法与此类似，不再赘述。

2. 路径推理实现

基于零部件的配合方向集进行拆卸路径的推理，然后再基于“可拆即可装”的原则求解装配路径。如图 4-16 所示，零件 A 和零件 B 的相对位置关系如下：零件 A

和零件 B 的约束关系如图 4-16(b)和图 4-16(c)所示。可见，零件 A 和零件 B 之间存在 3 个约束关系，均为配合约束，按照约束集的分类，可以得到零件 B 的约束集为“面面”。其对应的配合方向集为 $D=\{\boldsymbol{n}_1,\boldsymbol{n}_2,\boldsymbol{n}_3\}$。可见拆卸方向为 $\boldsymbol{n}_2\rightarrow\boldsymbol{n}_1$，即拆卸方向存在于配合方向集中。

在拆卸推理时，推理方向从配合方向集中的向量选取，并包括配合方向集内向量的反方向。然后结合干涉检测确定是否干涉，若发生干涉，则切换推理方向为配合方向集中的其他方向，继续进行推理，直到零件 B 移出装配空间外。

因此，对装配路径进行推理，实际是从配合方向集中选取不发生干涉的一个或几个向量，沿着这些方向将零件移出装配空间为止。

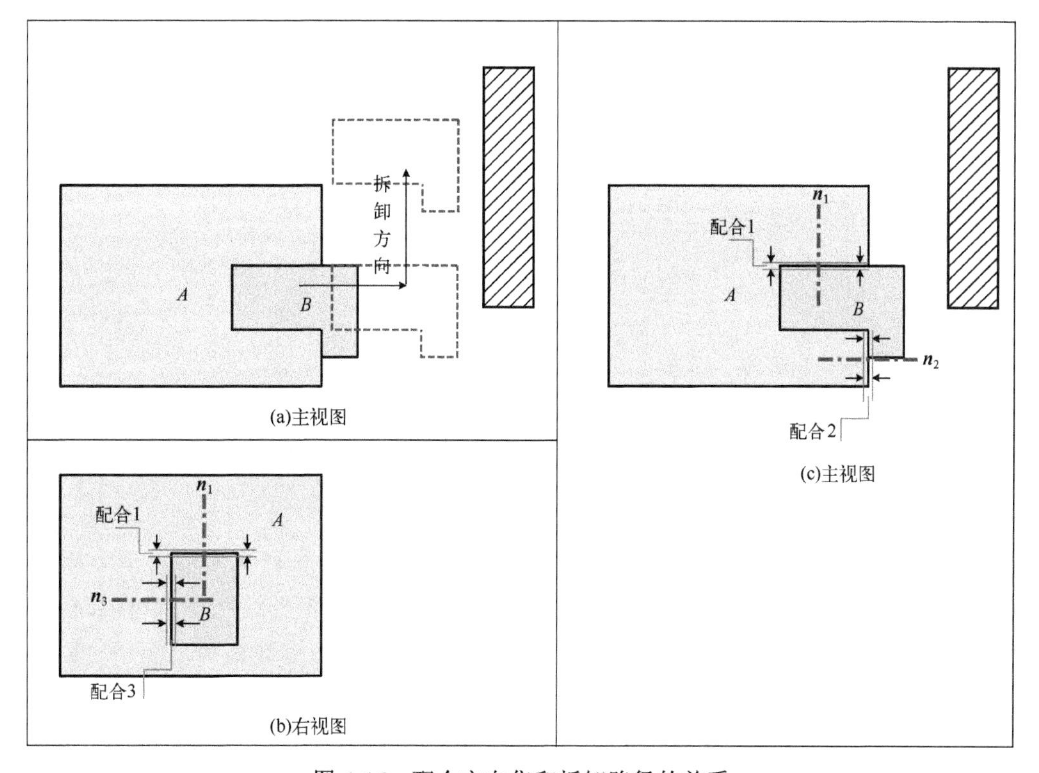

图 4-16　配合方向集和拆卸路径的关系

4.2.4　装配路径规划流程

装配路径规划(assembly path planning)是装配工艺设计技术研究的核心组成部分，它与干涉检测、产品的装配序列和装配工具等有着密切的关系。装配路径规划是运动规划的主要研究内容之一，连接零部件起点位姿和终点位姿的点坐标集合或曲线称为路径，构成路径的策略称为装配路径规划。装配路径规划通常要考虑运动学约束，包含两部分：路径约束、障碍物约束。路径约束来源于装配操作空间、装配工具等的要求；障碍约束是来自零部件运动路径所在装配空间出现的各种几何体障碍。

基于“可拆即可装”的原则，即假设零件拆卸时和沿反方向装配时与其他零部件发生干涉的情况完全相同。基于配合方向集的装配路径规划流程如图 4-17 所示。

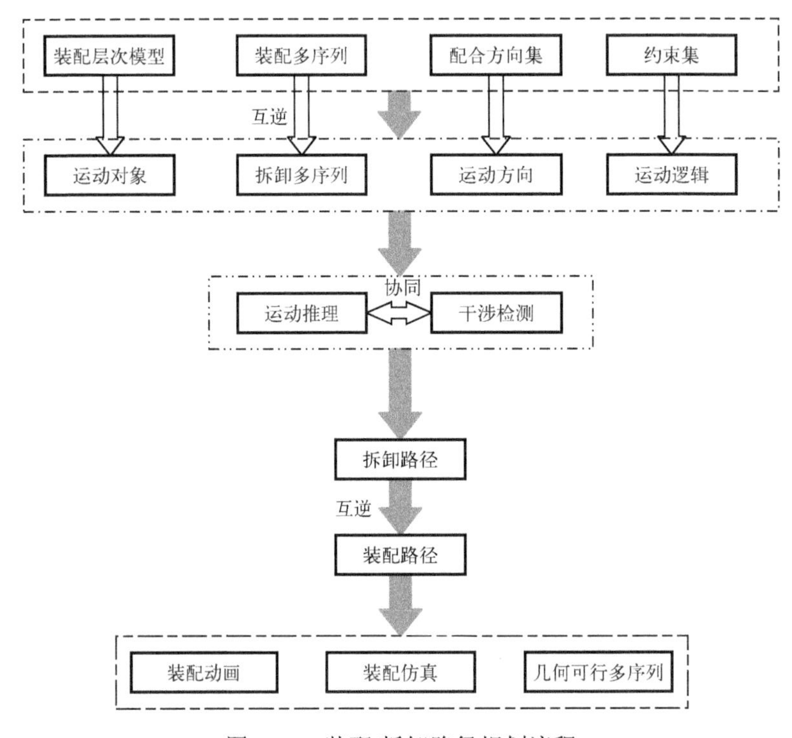

图 4-17　装配/拆卸路径规划流程

图 4-17 中，虚线框内为装配信息建模以及装配序列规划模块所能提供的信息，包括装配层次模型、约束集、配合方向集和装配多序列。根据这些信息可以进一步处理得到拆卸推导所需的直接信息，如图中单点画线框内，包括运动对象(零部件几何模型)、拆卸多序列、运动方向以及运动逻辑。然后可以进行拆卸推导，双点画线框为拆卸推导的具体操作。在推理过程中，模型在运动方向上不断进行单位距离移动，每移动一个单位，就需对处在该状态位姿下的模型进行实时干涉检测。若干涉，则切换方向；若不干涉，则继续在该方向上运动。若该情况下能顺利将零部件拆卸出来，则可得到一条从起点位置到终点位置的零件移动轨迹，即拆卸路径。基于“可拆即可装”的原则，在所有零件都拆卸完毕后，即可得到装配体中各零部件的装配路径。装配路径可生成装配动画和装配仿真，用于指导现场装配。

基于 4.1.2 节提出的配合方向集，并将集合内的向量元素顺序作为拆卸方向的推理顺序，拆卸运动推理逻辑如图 4-18 所示。其中设某零件的配合方向集为 $D=\{\boldsymbol{n}_1,\boldsymbol{n}_2,\boldsymbol{n}_3,\cdots,\boldsymbol{n}_m\}$，集合元素个数为 m。

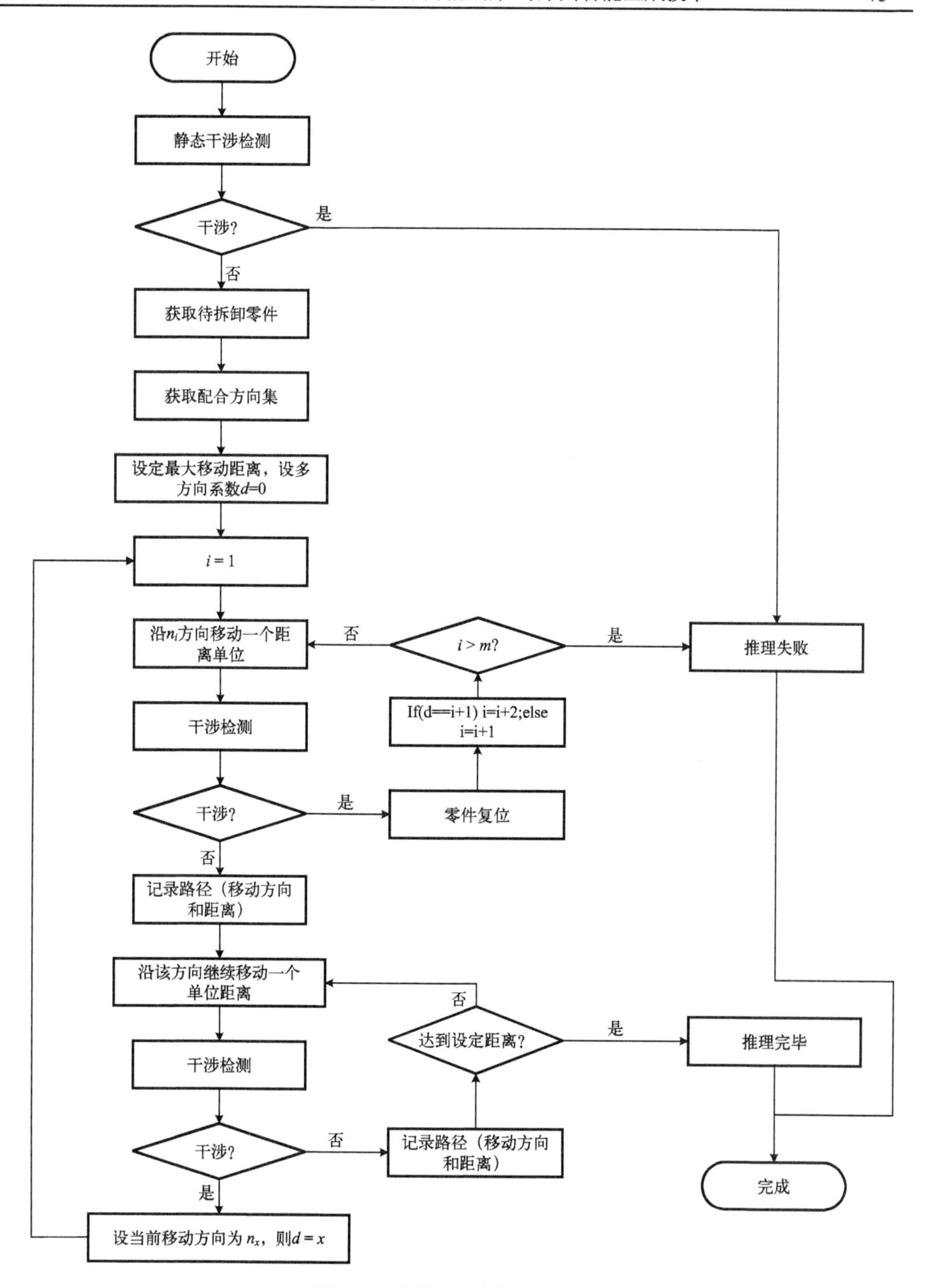

图 4-18　拆卸运动推理逻辑

在推理之前，需要进行静态干涉检测，若发生干涉，则说明设计建模存在错误，推理失败；若不发生干涉，则可进行拆卸推理操作。为零件设定拆卸方向，如果在该方向上的移动距离达到设定最大距离，则推理成功，该零件拆卸完毕；如在该方向上不可拆卸(发生干涉)或移动距离未达到设定值(在移动过程中发生干涉)，则将配合方向集内下一个向量的方向切换为拆卸方向。此处，定义多方向系数的目的就是保证切换的方向不是上一步推理失败的方向。若不存在任一方向使得零件在该方向可以运动所设定的距离，则推理失败。

4.2.5　算例

以一典型二级减速器作为算例模型，如图 4-19 所示。整个产品由 34 个零件组成，其中包含 3 个子装配体/组件。

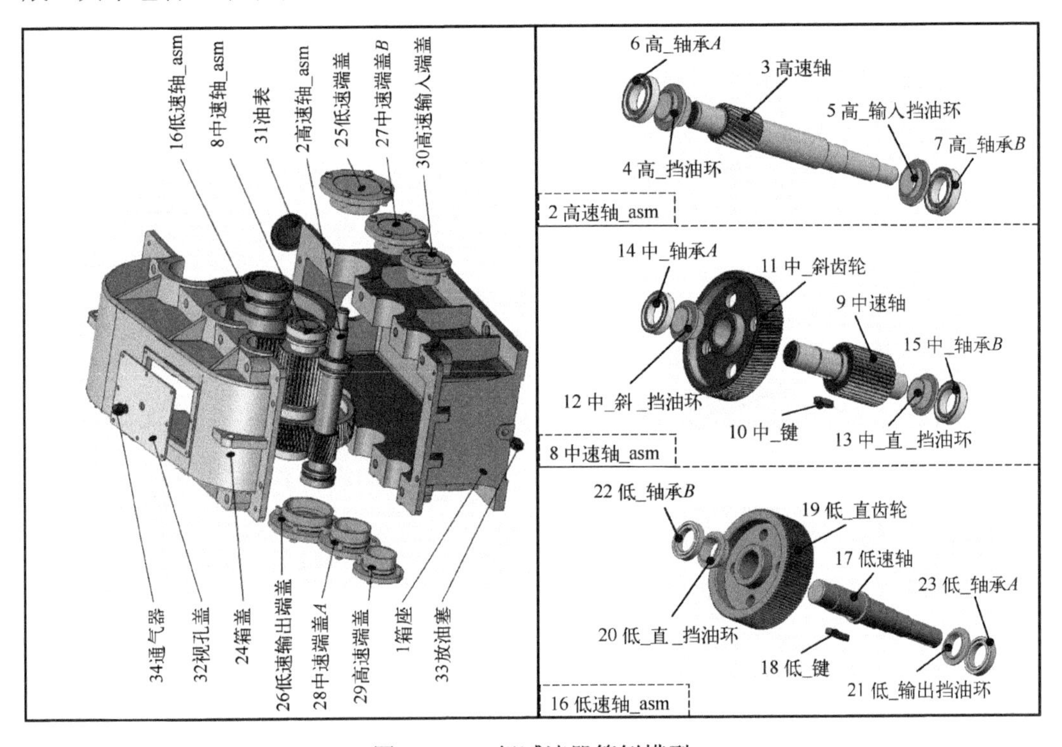

图 4-19　二级减速器算例模型

装配路径规划以单个装配体为单位。因此本章以图 4-19 中的主装配体为研究对象，并以主装配体中几个典型零部件来验证本章所提出的技术、方法及流程，如表 4-2 所示，其中约束集和配合方向集由 4.1.2 节所提的方法计算得到。其中 $\boldsymbol{X}$、$\boldsymbol{Y}$、$\boldsymbol{Z}$ 分别代表方向向量(1, 0, 0)、(0, 1, 0)、(0, 0, 1)；$-\boldsymbol{X}$、$-\boldsymbol{Y}$、$-\boldsymbol{Z}$ 分别代表方向向量(−1, 0, 0)，(0, −1, 0)，(0, 0, −1)。

表 4-2　典型零部件的路径推理

零部件序号	约束集	配合方向集	干涉集	阻碍集	拆卸方向
1	默认	—	—	—	—
8	轴孔	$\{X, Z, Y\}$	{28}	{0}	X
24	面面	$\{-Z, -Y, -X\}$	{25,26,27,28,29,30,32,34}	{0}	$-Z$
28	轴孔	$\{X, Y, Z\}$	{0}	{8,24}	X
32	双轴孔	{(0, 0.18, −0.98)}	{34}	{0}	(0,0.18,−0.98)
34	双轴孔	{(0, 0.18, −0.98)}	{0}	{32}	(0,0.18,−0.98)

基于 4.2.1 节所提出的干涉检测方法可求解以上零部件的路径干涉集，以为零件 24 为例，其配合方向集为$\{-Z, -Y, -X\}$。如图 4-20 所示，设置搜索步长为 10mm。每移动一个步长进行一次干涉检测，若发生干涉，则将与之发生干涉的零部件添加到干涉集中，包括干涉列表和阻碍列表，得到其干涉列表 $\text{Inter}(24) = \{25,26,27,28,29,30,32,34\}$，并将其添加到与之发生干涉的对应零部件的阻碍列表。同样对组件 8 进行计算，在沿 $+X$ 方向进行移动时，与零件 28 和零件 1 发生干涉，由于零件 1 为基础件，故排除，则组件 8 的干涉列表为 $\text{Inter}(8) = \{28\}$，相应的 $\text{Obst}(28) = \{8,24\}$。部分零部件的干涉集如表 4-2 所示。

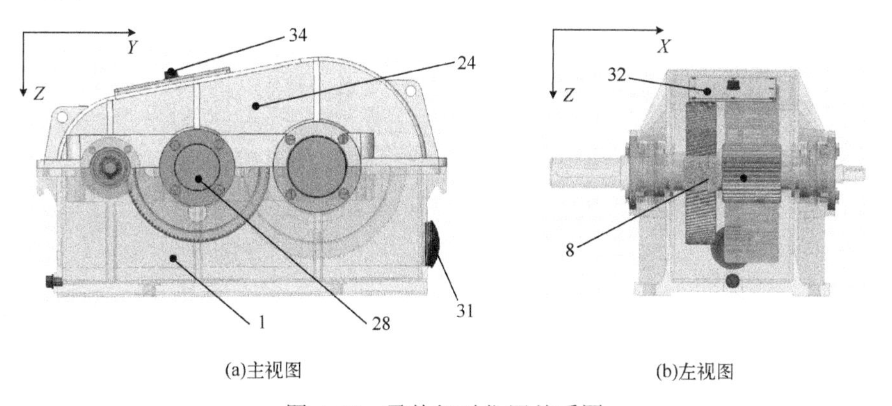

(a)主视图　　(b)左视图

图 4-20　零件相对位置关系图

在获取各个零部件的干涉集后，即转到装配序列模块进行多序列的求解，在获取到序列后，需再按照装配序列的顺序对相应零部件进行装配路径推理，若所有零件推理成功，说明装配序列可行，若存在零部件推理失败，则说明该装配序列不可行。

4.3　装配序列智能规划技术

4.3.1　蚁群算法介绍

蚁群算法是通过对自然界中真实蚂蚁群体觅食行为的观察研究得到的。蚁群的这种觅食行为具有很高的结构化和自治化，因此吸引了国内外众多学者的注意。1991

年，意大利学者 Dorigo 和 Stutzle[84]首先提出了蚁群启发式搜索算法，系统地阐述了蚁群算法的基本原理和数学模型，并通过仿真实验将蚁群算法与其他算法如遗传算法、禁忌搜索算法等进行了对比分析，且对其初始化参数与表现性能的关系进行了初步研究。

随着研究的不断深入，蚁群算法在解决组合优化问题等领域表现出了良好的性能。旅行商问题(travelling salesman problem，TSP)为典型的组合优化问题，Dorigo 等利用蚁群算法与 TSP 的相似性，成功地将蚁群算法应用在求解旅行商问题上。蚁群算法的并行性和自组织性适用于分布式系统，且具有优秀的协同性和正反馈性。因此蚁群算法目前被广泛应用在求解多目标问题的领域，并且应用范围不断扩大。

旅行商问题(TSP)描述如下：已知一组城市及其坐标位置，旅行商需对这些城市进行访问，且要求每个城市只访问一次，访问结束以后再回到出发城市，TSP 求解的关键是如何求出一条距离最短的访问回路。利用蚁群算法求解 TSP 的基本描述是：设 m、n 分别为蚂蚁数量和城市数量，在 n 个城市节点上随机分布 m 只蚂蚁。最初信息素在城市节点之间的浓度是等同的，蚂蚁访问的初始城市为其禁忌表 Tabu_k 中的第一个元素。然后蚂蚁个体根据概率函数自主选择下一个到达城市。在 t 时刻，城市 i 和城市 j 的距离和路径上信息素的浓度决定了节点 i 上的蚂蚁 k 选择下一个节点 j 的概率 $p_{ij}^k(t)$。ASP 与 TSP 都属于组合优化经典问题。

其中，第 i 步到第 j 步的转移概率公式如式(4-14)所示：

$$p_{ij}^k(t)=\begin{cases}\dfrac{[\tau_{ij}(t)]^\alpha[\eta_{ij}(t)]^\beta}{\sum\limits_{u\in \text{allowed}_k}[\tau_{iu}(t)]^\alpha[\eta_{iu}(t)]^\beta}, & j\in \text{allowed}_k \\ 0, & \text{其他}\end{cases} \tag{4-14}$$

式中，allowed_k 表示可行转移范围；$\tau_{ij}(t)$ 表示在第 t 次迭代时，城市 i 向城市 j 转移路径 (i, j) 上的信息素浓度；$\eta_{ij}(t)=1/d_{ij}$ 表示两个城市 i、j 之间的距离的倒数；α 为信息启发因子，指的是信息素对觅食路径选择概率的影响；β 为期望启发因子，指的是距离对觅食路径选择概率的影响。

自然界中真实蚁群信息素随着时间不断挥发，这就可以避免残留下来信息素累积过多，影响迭代过程。因此，在下一轮迭代之前，蚁群需要全局更新信息素，提高算法的求解能力。Dorigo 就人工蚁群的信息素更新规则，提出了 3 种信息素增量计算方法不一样的计算模型：Ant-Quantity 模型、Ant-Density 模型和 Ant-Cycle 模型。Ant-Quantity 和 Ant-Density 采纳的是部分信息，而 Ant-Cycle 是基于全局信息，即蚂蚁完成一次迭代之后更新信息素，因此这种模型更有助于求解组合优化问题，表现较好。在步骤 $t+n$ 时的转移路径 (i,j) 上的信息素更新公式为

$$\tau_{ij}(t+n)=\rho\tau_{ij}(t)+\Delta\tau_{ij}(t) \tag{4-15}$$

$$\Delta\tau_{ij}(t)=\sum_{k=1}^{m}\Delta\tau_{ij}^{k}(t) \tag{4-16}$$

式中，ρ 为信息素保留因子，相反 $1-\rho$ 则为信息素挥发因子；$\Delta\tau_{ij}(t)$ 为本次循环中转移路径 (i,j) 上的信息素增量。

4.3.2　评价标准建立

考虑装配的先决条件是几何可行性，在满足几何可行性的情况下，一般装配体具有多种可行的装配序列，如何对装配序列进行评价，并在这些可行序列中筛选出最优序列，是装配序列规划的一项重要研究内容。对满足几何可行性的装配序列进行优选主要基于考虑装配操作、工艺可行性、装配效率、装配环境等生产情况。

基于蚁群算法进行装配序列优选，首先要建立装配序列评价标准，综合考虑的装配信息包括质量、最大长度尺寸、约束数量、零件重心、优先连接矩阵、零件总数、装配工具等级及耗时。评价标准组成如图 4-21 所示。为了方便对这些评价标准进行数学表达，分别对其进行表示，其中，质量权值为 I_m、最大尺寸长度权重值为 I_d、配合关系数权重值为 I_c、稳定性权重值为 I_w、逻辑性权重值为 I_l、零部件重定向耗时为 t_d 和装配工具耗时为 tf。

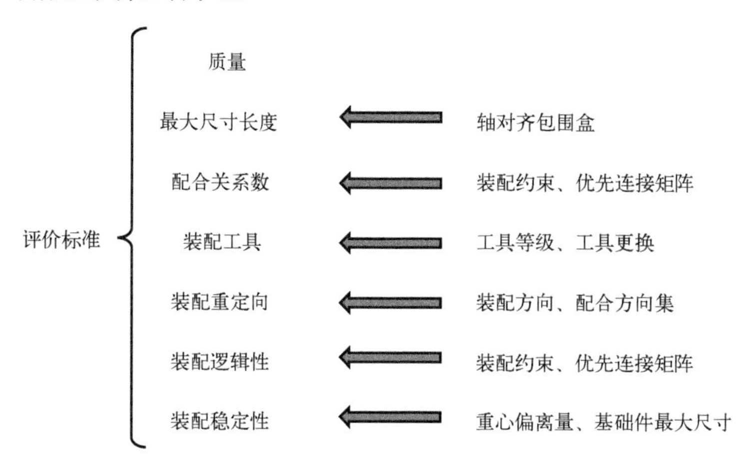

图 4-21　评价标准组成

1. 质量与尺寸

零件的质量与尺寸在很大程度上影响了装配的耗时和操作难度，一般质量和尺寸较大的零件应集中在整个装配过程的前段，质量轻、尺寸小的零件应集中在后段。对每个零件按其质量和尺寸规定指标 I_m、I_d，越先装配的零件其权重值越大。

另外，由于大量装配由工人手动完成，组件的质量势必会对人工操作的精度产生影响，实验表明，负重和人体平衡存在线性关系。基于装配信息建模，可得到零件的质量和最大尺寸，设零件质量为 m，零件最大尺寸为 d。由于装配体中零件的质量差异可能很大(甚至达数量级的差距)，零件质量向影响因子简单的线性映射会造成质量接近的零件影响因子变化不大。同理，零件尺寸也是如此。因此结合具体装配操作，进行分段表示。设质量 m 在 2kg/20kg/50kg 处的影响因子分别为 0.3/0.5/1，其区间内为线性变化，则装配零件质量的影响因子如下：

$$I_m=\begin{cases}0.15m, & m\leqslant 2\text{kg}\\ 0.011m+0.278, & 2\text{kg}<m\leqslant 20\text{kg}\\ 0.003m+0.44, & 20\text{kg}<m\leqslant 50\text{kg}\\ 1, & m>50\text{kg}\end{cases} \tag{4-17}$$

设最大尺寸在 250mm/500mm/1000mm 处的影响因子分别为 0/0.5/1，其区间内为线性变化，则零件尺寸的影响因子如下：

$$I_d=\begin{cases}0, & d\leqslant 250\text{mm}\\ 0.002d-0.5, & 250\text{mm}<d\leqslant 500\text{mm}\\ 0.001d, & 500\text{mm}<d\leqslant 1000\text{mm}\\ 1, & d>1000\text{mm}\end{cases} \tag{4-18}$$

2．配合关系数及装配逻辑性

零件在装配时，需要满足的配合关系越多，装配就越困难。装配序列中配合关系多的零件在前段装配比在后段装配更容易实现。所以配合关系较多的零件应尽可能优先装配。零件配合关系数及装配逻辑性由优先连接矩阵获取，对每个零件按其配合关系的数量 n 规定影响因子 I_c：

$$I_c=\begin{cases}0.25, & 1\leqslant n\leqslant 2\\ 0.5, & 3\leqslant n\leqslant 4\\ 0.75, & 5\leqslant n\leqslant 6\\ 1, & n\geqslant 7\end{cases} \tag{4-19}$$

形成某配合关系的两个零件间的装配优先顺序要求称为逻辑顺序，其是设计者按经验知识和技术要求规定的一种顺序，是可以不被满足的软约束。若某配合关系的操作逻辑顺序为：prt-1 优先于 prt-2，即 prt-1 应在 prt-2 之前装配。如果实际装配中 prt-2 在 prt-1 之前进行装配，则违反了 prt-1、prt-2 间的逻辑顺序，应损失一部分权重值。

对于不同配合约束，违反其逻辑顺序损失的权重值也不相同；另外，对于不同的装配操作，违反其逻辑顺序损失的权重值也不一样。给出以上所提出的七种约束对应的权重值 W={0.1,0.1,0.1,0.1,0,0.2,0.2}，设 N_i 为某个组件中违反配合逻辑的某一约束总数，则总权重值 I_l 为

$$I_l=\begin{cases}\sum N_iW_i, & \sum N_iW_i<1\\ 1, & \text{其他}\end{cases} \tag{4-20}$$

3．装配工具

在装配过程中使用的装配工具可以根据装配任务的难度分为 T1、T2、T3 和 T4 四个级别，如表 4-3 所示。设使用装配工具基础耗时为 tf，不同工具级别对应的时间消耗系数为 βt。

在装配过程中，如果两个连续的装配任务中使用的工具级别发生了更改，则可以将该组装工具视为已更改，将花费额外的时间更换工具。βc 是装配工具的更换系数。在某工序(蚁群由 i 向 j 转移)时，其装配工具耗时 $t_{ij}(f)$ 为

$$t_{ij}(f)=(1+\beta\mathrm{c})(1+\beta\mathrm{t})\mathrm{tf} \tag{4-21}$$

表 4-3　装配工具分类及其相关系数

级别	使用系数 βt	更换系数 βc	工具名称	操作细节
T1	0	0	手工	无需工具，纯手工操作
T2	0.25	0.2	工作台、手钻、螺丝刀、扳手和钳子	使用简单工具进行装配，操作空间开阔
T3	0.5	0.2	螺丝刀、手钻、小型吊具	使用简单工具进行装配；需要其他工具来支持装配工作；操作空间受限
T4	1	0.5	钢锯、重型大锤、破碎机、扭转器、拧结器、大型吊具	使用特殊的工具装配产品，操作可能会造成破坏性的结果

4．装配重定向

装配方向可由 4.1.2 节所提出的配合方向集推理得到。装配方向的变化同样会增加装配耗时，方向变化的幅度也会影响装配耗时。设产品的在装配工序 j 阶段的装配重定向时间为 $t_d(j)$，基础耗时为 t_d。零件从六个方向进行装配：$\pm X, \pm Y, \pm Z$。方向改变可分为两类：

(1)装配方向改变 90°，耗时为 $t_d(j)=t_d$；

(2)装配方向改变 180°，耗时为 $t_d(j)=1.5t_d$。

即可得

$$t_d(j)=\begin{cases}0, & \theta=0\\ t_d, & 0<\theta\leqslant 90^\circ\\ 1.5t_d, & 90^\circ<\theta\leqslant 180^\circ\end{cases} \tag{4-22}$$

5．装配稳定性

在生成装配序列时，稳定性是必须遵循的一个基本标准，然而很多研究人员并

没有考虑到这一标准。产品在装配过程中，可以将其看作一个搭积木的过程。因此产品的总质量和重心发生着变化，这就可能导致零件间的配合发生位移、零件发生形变、装配体发生倾覆等。由于基础件一般作为装夹零件，因此，对于一个好的装配序列，在装配过程中，整个产品的重心应始终保持在基础件重心附近。一般地，产品的重心偏离基础件重心越大，则稳定性越差。而对于相等的重心偏离量，尺寸越大的基础件，稳定性影响越小。对重心位置的安全阈值进行研究，给出了重心偏离基础件重心距离的权重值，设偏离距离为 d，基础件最大尺寸为 L，权重值为 I_w，则有

$$I_w=\begin{cases}0\ , & 0\leqslant d/L\leqslant 0.2\\ 0.3\ , & 0.2<d/L\leqslant 0.3\\ 0.7\ , & 0.3<d/L\leqslant 0.4\\ 1\ , & d/L>0.4\end{cases} \tag{4-23}$$

6. 装配序列评价

零部件装配代价的评价主要是从装配操作难度、装配操作耗时、装配逻辑性和稳定性这几个方面考虑的。设当前装配零件为 x，其为装配序列中第 i 步向第 j 步的转移过程，则设该步转移的目标代价值为 $f(x)$，优选标准值为 $h(x)$。其中，$f(x)$ 对应的是装配操作的难易程度或装配代价，装配操作越难、装配代价越大，其值越大；$h(x)$ 对应的是零部件装配的优先关系，某个零件的装配顺序越靠前，其值越小。反过来也可以表达为：$f(x)$ 的值越大，装配代价越大；$h(x)$ 的值越小，装配优先级越高。

由式(4-17)～式(4-19)可知，零部件的质量、尺寸越大，约束数量越多，则装配操作难度越大。质量、尺寸、约束作为零部件的固有属性，不会随着装配序列或零部件间先后关系的变化而变化，由此导致的装配操作难度也不会发生变化。这种情况下，操作难度越大的零部件，应该优先装配，即质量、尺寸大，约束多的零件应该先装配，这也符合产品装配的实际情况。因此，可得 $f(x)$、$h(x)$ 与零件质量、尺寸和约束数量的关系：

$$f(x)=I_m+I_d+I_c \tag{4-24}$$

$$h(x)=\frac{1}{I_m+I_d+I_c} \tag{4-25}$$

由式(4-21)和式(4-22)可知，零部件的装配工具耗时越多、装配重定向耗时越多，装配难度越大。装配工具的更换耗时以及装配重定向耗时是相对于前一步工序装配情况来确定的，因此存在序列的优先级影响。因此，装配工具耗时、装配重定向耗时大，这说明零部件需要更换工具，重新调整装配方向。在这种情况下，应该尽可能选择不需要更换工具或调整方向，即装配工具和装配重定向耗时小的零部件进行装配。因此，可得 $f(x)$、$h(x)$ 与装配工具耗时、装配重定向耗时的关系为

$$f(x)=t_d(j)+t_{ij}(f) \tag{4-26}$$

$$h(x)=t_d(j)+t_{ij}(f) \tag{4-27}$$

由式(4-20)和式(4-23)可知，零部件的逻辑性和稳定性也会影响到装配的最终质量。一般认为，装配的稳定性、逻辑性越差(I_w、I_l值越大)，其装配代价就会越大。零部件的装配顺序直接影响装配的稳定性和逻辑性。一个良好的装配序列应该具有较好的稳定性和逻辑性。因此，可得$f(x)$、$h(x)$与装配稳定性和逻辑性的关系为

$$f(x)=I_w+I_l \tag{4-28}$$

$$h(x)=I_w+I_l \tag{4-29}$$

综合以上各种影响因素，可得装配总代价$f(x)$和总优选标准$h(x)$分别为

$$f(x)=\omega_1(I_m+I_d+I_c)+\omega_2[t_d(j)+t_{ij}(f)]+\omega_3(I_w+I_l) \tag{4-30}$$

$$h(x)=\frac{\omega_2[t_d(j)+t_{ij}(f)]+\omega_3(I_w+I_l)}{\omega_1(I_m+I_d+I_c)} \tag{4-31}$$

式中，ω_1、ω_2和ω_3为对应影响因素的权重。然而，在式(4-30)所示的装配代价函数中，并没有体现质量大、尺寸大、约束数量多的零件装配顺序越靠前，装配代价越小的关系。因此为装配代价中的质量、尺寸、约束数量添加顺序权重，也能提高装配序列计算时的比较迭代效率。设C为装配中的零部件总数，C_{ij}为零件x在装配序列中的排序，则式(4-30)可进一步优化为

$$f(x)=C_{ij}\omega_1(I_m+I_d+I_c)+C\omega_2[t_d(j)+t_{ij}(f)]+C\omega_3(I_w+I_l) \tag{4-32}$$

4.3.3　基于并行蚁群算法的序列求解

1. 并行搜索策略

目前计算机技术已经应用于各种领域。伴随着不断提高的计算需求，人们对计算机的运算能力也有越来越高的要求。同时，高速发展的通信技术推动了能够进行并行计算的计算机集群技术的发展，使其逐渐取代了大型计算机。相对于串行计算，并行计算是指利用一个或多个同时运行的处理器，连接到网络上进行交互以解决实际问题。其能进一步解决大规模集群问题。

自然蚁群算法具有并行性。自然界中蚁群开始同时进行食物的搜索，然后逐渐从初始阶段的无规则运动搜索到一条从巢穴到食物所在地的最佳路径。人工蚁群算法利用了蚁群搜索食物的并行原则。人工蚁群算法计算时，蚂蚁个体在每次迭代中都是独立运作的，且通过信息素与其他蚂蚁通信，这就拥有了很好的并行前提。因此，在解决大规模优化问题时，将人工串行蚁群算法转换为并行蚁群算法是理论上

切实可行的。

并行蚁群算法的结构模型是将蚁群中的蚂蚁分配给多个独立的处理器，并将其用作求解构造，同时与主处理器通信，主处理器则负责从每个从处理器接收输入，并比较从每个从处理器接受的最优解，符合目标函数迭代要求的则可成为全局最优解，其比较结果将传达反馈给每个从处理器。当最终达到迭代次数或目标解的精度要求时，主、从处理器终止运行并给出输出。如果该方案通信适度，算法的性能将得到有效的提升。

在并行蚁群算法中，通信内容的大小对主处理器中控制要求的比较和从处理器达到迭代解的速度有着很大程度的影响，由于通信开销是算法性能的重要瓶颈，通信损耗至关重要。并行蚁群算法中的通信内容通常是信息素矩阵，那么在一个大规模的问题中，信息素矩阵的通信开销是巨大的。如果每个从处理器将信息素矩阵通信内容发送到主处理器，则通信的损失将远远超过算法本身的计算时间。

为了减少通信耗时并提高并行求解的性能，减少进程之间的通信频率是一个很好的解决方案。每个处理器执行定量的计算进程，这些进程独立执行蚁群的计算迭代，执行一定数量的迭代次数后，所有工作流程都需要全局联动，也就是说，主流程将对各个计算进程中的信息素进行全局更新。设信息的通信周期为 T，当蚁群的通信周期 T 变大后，从处理器将无法及时通过主处理器交换信息，这将极大地消耗并行蚁群算法的优势，如果通信周期 T 接近无穷大，在整个求解过程中，各个从处理器不会与主处理器进行通信，主进程也失去了意义。当蚁群的通信周期 T 较小时，通信损耗变大，造成算法加速比的降低，频繁的通信容易引起各个工作进程中的子蚁群过早落入同一区域，从而陷入局部最优，减少了种群的多样性。因此，通信周期为并行蚁群算法的重要参数之一，合适通信周期的选取是降低通信开销及提升算法性能的关键手段。

因此，利用并行与层次化搜索策略，与产品的层次结构相对应，减少了搜索的复杂性，也有效减少了搜索的整体时间，提高了搜索效率，其具体策略如下。

(1) 层级并行，将产品按装配关系进行分层，即总装配体以及各级子装配体独立并行求解。

(2) 外并行，采用“并发”的方式对序列同时进行多次独立求解，得到多组优化序列，用于重构同步序列。

(3) 内并行，装配序列采取并行蚁群进行求解，将蚁群均分为 4 份，每份蚁群作为一个线程，线程之间按照一定规则进行联合信息素更新，并在最后更新点保留序列装配代价最小的线程继续更新，其余线程停止运行，蚁群并入保留下来的线程中，达到最终迭代次数后，所有线程停止，求解结束。可以提高搜索效率，也能避免陷入局部最优。

2．算法表达及参数选择

目前蚁群算法主要用于解决 TSP，装配序列规划是典型的 TSP。第 i 步到第 j 步的转移概率公式如式(4-14)所示，式中，allowed_k 表示可行转移范围，其内容为尚未装配的零件，且排除对后续未装配零件产生干涉的零件。即避免出现选择了一个零件，导致后续某个零件在装配时发生干涉。对阻碍集 Obst(prt)进行检查。流程是：遍历所有未装配零件，若其阻碍集中零件皆已装配，则将其添加到转移范围 allowed_k；否则从转移范围中去除。

在装配序列规划时，质量、尺寸、约束数量等越大的零件越需要优先装配，其在规划前期选择概率比后期大。同时应优先选择稳定性好、逻辑性好的零件，装配方向相同或装配工具相同的零件应相邻装配。因此，设计适应度函数 $\eta_{ij}(t)$ 和目标函数 $\text{Length}_{ij}(t)$，如式(4-33)和式(4-34)所示：

$$\eta_{ij}(t)=\frac{\omega_2[t_d(j)+t_{ij}(f)]+\omega_3(I_w+I_l)}{\omega_1(I_m+I_d+I_c)} \tag{4-33}$$

$$\text{Length}_{ij}(t)=C_{ij}\omega_1(I_m+I_d+I_c)+C\omega_2[t_d(j)+t_{ij}(f)]+C\omega_3(I_w+I_l) \tag{4-34}$$

式中，I_m 为质量权重值；I_d 为最大尺寸长度权重值；I_c 为配合关系数权重值；I_w 为稳定性权重值；I_l 为逻辑性权重值；$t_d(j)$、$t_{ij}(f)$ 则分别为零部件重定向耗时和装配工具耗时；C 为装配序列的长度，即单个子装配体中的零部件总数；C_{ij} 表示在某工序(蚁群由 i 向 j 转移)时在总序列中的排名；ω_1、ω_2、ω_3 分别为对应影响因子的权重。实验证明，该适应度函数和目标函数能有效求解可行序列。

信息素更新有局部独立更新和并行蚁群全局信息素更新，蚁群每迭代规定次数进行一次联合更新，公式为

$$\tau_{ij}^{l}(t+n)=0.2\left[\tau_{ij}^{l}(t)+\sum_{l=1,2,3,4}\tau_{ij}^{l}(t)\right] \tag{4-35}$$

式中，l 代表不同线程；ω_1=0.5，ω_2=1，ω_3=1。其他参数设置如下：信息启发因子 α=1；期望启发因子 β=2；信息素保留因子 ρ=0.2。

3．算法流程

基于装配信息建模提供的信息，以及适应度函数和目标函数，实现并行蚁群算法的迭代求解。图 4-22 给出了并行蚁群算法流程。具体步骤如下。

Step1：参数初始化，设置蚁群算法的最大迭代次数 Nc 和当前迭代次数 N，以及联合更新点 P1、P2 和 P3。设置各个装配体的蚂蚁数 m，设置信息启发因子 α、期望启发因子 β、信息素保留因子 ρ。选择影响因子，并确定目标函数和适应度函数中影响因子的权重。

Step2：确定各个装配体基准件。

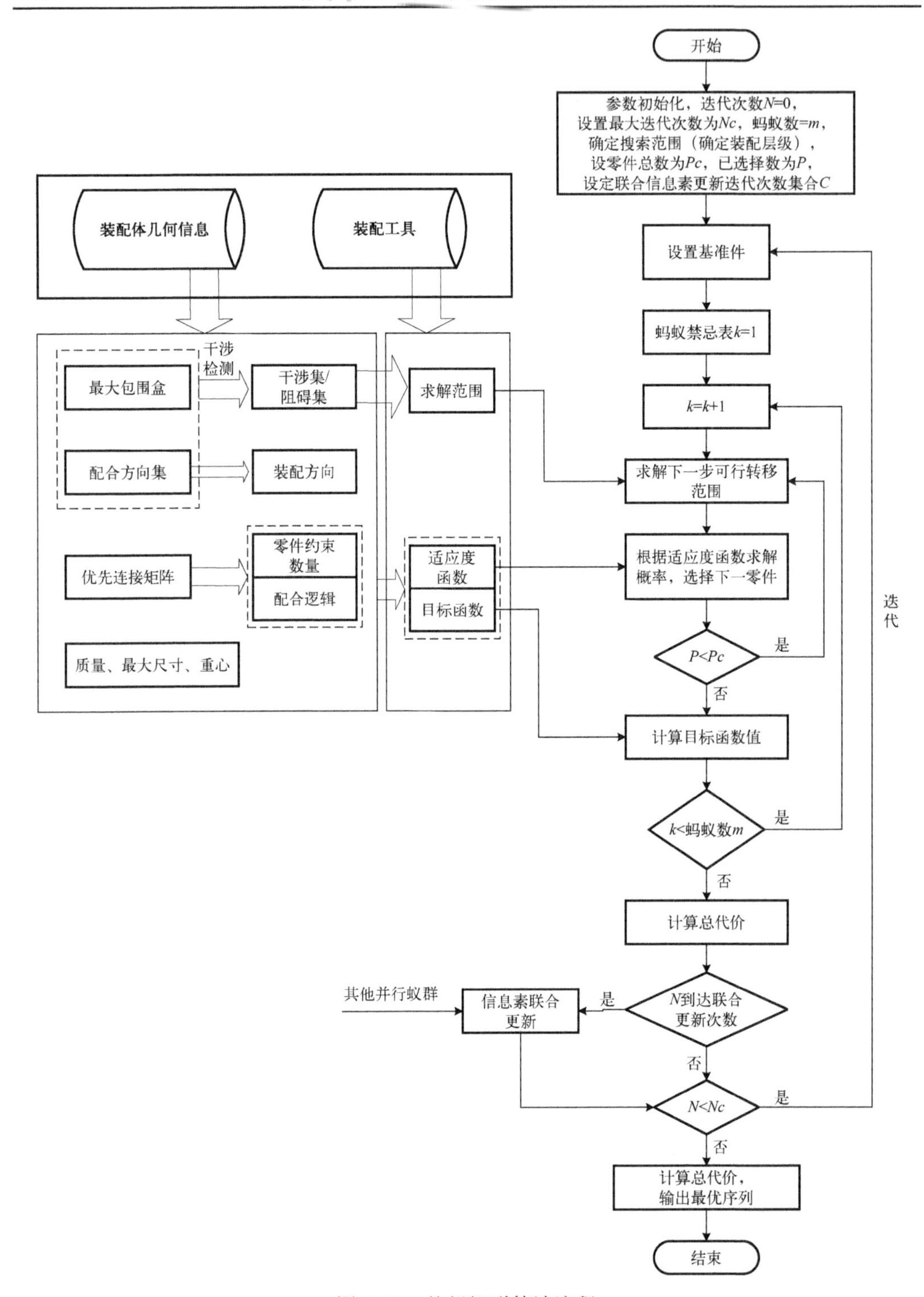

图 4-22　并行蚁群算法流程

Step3：蚁群算法开始求解，各个装配体基于“并发”进行独立求解，每个装配体包括四个子线程，且子线程之间相互独立。

Step4：初始化蚂蚁禁忌表。

Step5：更新蚂蚁禁忌表，选择蚁群中的下一个蚂蚁进行求解。

Step6：通过干涉集，确定下一步可行转移范围。

Step7：计算适应度函数，并据此从可行转移范围中选取下一个零件。

Step8：判断是否装配体中所有零部件已被选取，若不是，转到 Step6。

Step9：计算目标函数，求解当前的装配总代价。

Step10：判断是否所有蚂蚁已完成求解，若未完成，转到 Step5。

Step11：计算总代价。

Step12：判断迭代次数是否到达联合更新点，若已到达联合更新点，即 N=P1 或 N=P2 或 N=P3，转 Step13，若没有到达，转 Step14。

Step13：等待装配体中其他子线程也到达该更新点，并进行信息素联合更新。

Step14：判断是否到达最大迭代次数，即 N=Nc，若未达到，转到 Step2。

Step15：计算完成，获取最优序列及最小装配总代价。

4.3.4　基于相似计算的同步并行序列生成

实际装配中，装配序列是一种非线性同步序列，即可能会在同一个工序内同时装配几个零件，也可能会出现几个零件随便先装哪个皆可的情况。通过蚁群算法一般只能求解线性序列，在同样的约束规则下，多次求解的最优序列可能存在差异性。非线性序列中，在其他零件装配顺序不变的情况下，存在某几个零件的顺序变动不会影响装配总代价或影响很小。若满足几何约束的同时，可以对这些零件进行同步装配，将大大减少装配时间。因此，获取具有并行同步工序的装配序列，对于生产效率的提高具有很大意义。基于并行蚁群算法求解装配多序列，然后基于装配路径推理筛选出几何可行的序列，最后基于相似重构对这些序列进行计算，生成同步并行序列。

1．序列的相似计算方法研究

在诸多情况中，我们需要比较两个排序的相似程度。例如，在信息检索方面，衡量一个检索工具在某个查询条件下获取的搜索结果的排序列表与预期的标准排序列表的相似程度，或者不同搜索引擎针对同一个查询返回的文档排名。又如，我们需要在算法迭代中，比较本次迭代结果与上次迭代结果的差异程度，以便对算法的性能进行评价。

序列的相似性比较在各个研究领域应用广泛，在信息检索领域，经常运用 ERR(expected reciprocal rank)、MRR(mean reciprocal rank)、MAP(mean average precision)、NDCG(normalized discounted cumulative gain)等算法来评估排序的好坏。

典型的是各种搜索引擎，搜索引擎运用网络爬虫技术、检索排序技术等多种技术，为信息检索用户提供快速、高相关性的信息服务。在有用户输入时，搜索引擎根据某个特定条件或者关键词句，对相关文档或网页进行抓取，并把这些网页按照与搜索条件的相似程度进行排序。另外，在化学领域需要将新合成的化学物质的分子结构与数据库进行对比；还有生物领域测定染色体遗传物质(DNA/RNA)的相似性、分析变异情况等。

相似计算由三个主要部分组成：①序列/结构的表示形式；②序列/结构各部分的权重分配/加权方案，以反映它们的相对重要性程度；③用于量化相似程度的相似系数。优秀的相似计算方法同样应具备四个属性。①丰富度：能够支持元素加权、位置加权等。②简洁性：易于理解。③普遍适用性：也能支持不考虑权重的情况，与大多数方法的计算结果类似，自主选择合适指标。④满足相似度的基本属性：尺度自由，更换尺度结果不变等。

序列相似计算大致可以分为两大类方法：①基于排序之间的相互关系(ranked correlation)；②基于集合的度量(set based measure)。

前者主要针对序列内元素种类个数相同的情况，且是有限数量组合。肯德尔等级相关系数(Kendall Tau)和斯皮尔曼规则(Spearman's Footrule)是解决这类问题的典型方法，Kendall Tau用逆序元素对的数量来量化两排序列表的差异程度，其表达是设有序集包含 n 个元素(n>1)，其中所有元素各不相同。如果存在正整数 i, j 使得 $1 \leqslant i<j \leqslant n$ 而且 $A[i] > A[j]$，那么该有序对可称作 A 的逆序对，也叫逆序数。Spearman's Footrule是计算两序列之间的绝对距离，度量把一个序列时转变为另一个序列时各个元素需要移动距离的最小总和。这两种方法都支持考虑元素的权重，即加权评价。

基于集合的度量主要是针对无限列表问题，且列表内容不完全相同的情况。基于集合的度量是比较两序列在各个深度集合的交集大小来获取序列的相似程度。一般情况下，该方法具有顶端优先属性，即元素排序位置越靠前其权重越高。如搜索引擎获取的信息序列，通常只关注顶端结果的相对顺序，对靠后的结果通常关注较少。排名偏向重叠(rank biased overlap，RBO)，是对上述基于集合的度量方法的拓展。由于在列表元素数量无限的情况下，计算出的距离是没有上界的，随着列表长度的不断增加，有可能距离值会无穷大。因此针对该问题，RBO给每个深度的交集比例定义了一个权重系数，用加权和替代平均值作为最终的计算结果。

对并行蚁群算法迭代出的不同序列结果进行比较，可知其具有的特点是：元素有限、元素种类个数相同。因此，适用于第一类研究方法，以下基于斯皮尔曼规则(Spearman's Footrule)进行了一些改进，用来对装配序列进行相似计算。

2．序列的相似计算

基于并行搜索策略，可以通过并行蚁群算法求解出多组装配序列。对于几组装配成本接近的线性序列，在特定的规则下，可以计算生成非线性的同步序列。结合

斯皮尔曼规则(Spearman's Footrule)，通过计算序列间的相似度，对相似度较大的一对进行重构，实现同步序列的生成。定义单个元素 i 的移动距离为 $\sigma = |i - \sigma(i)|$，则斯皮尔曼总移动距离为

$$F(\sigma) = \sum_i |i - \sigma(i)| \tag{4-36}$$

例如，图 4-23 中序列 2 相对于序列 1 的斯皮尔曼总距离 $F(\sigma) = 1+1+2=4$。然而，同样可以得出序列 3 的斯皮尔曼总距离等于 4，与序列 2 相同。因此，对于排列不相同的序列 2 和序列 3，为了比较谁与序列 1 的相似度更高，引入元素集的概念。即将两个序列中都相邻且先后顺序一样的几个元素，定义为元素集。当利用斯皮尔曼规则计算相似度时，元素集中的元素只计算一个，不累加计算。图 4-23 中，元素 1、2 在序列 1、2 中都相邻且先后顺序一样，将元素 1、2 统一为元素集 a，从而计算得出斯皮尔曼总距离 $F(\sigma) = 1+2=3$。

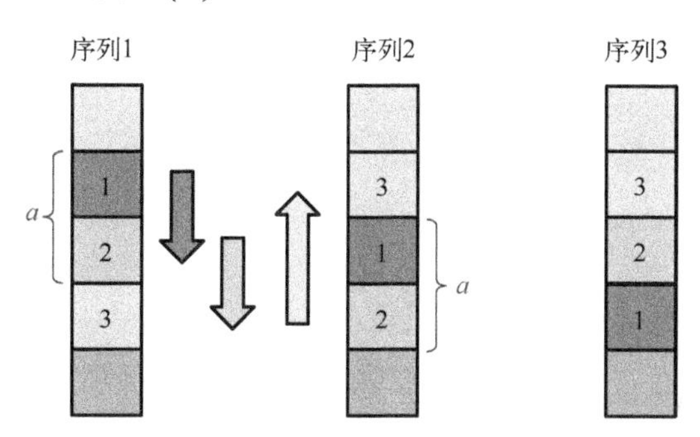

图 4-23　斯皮尔曼规则下序列相似表示

3．序列的同步重构

对几个序列进行同步重构，其步骤：①对每两个序列的相似性进行计算；②分别求出每个序列与其他序列的相似度之和，并计算其平均值；③以平均相似度最高的序列作为基础序列，排在第一行，并按平均相似度的大小由上向下排列其余序列；④同步重构计算的原则是两两计算，先计算排列在最顶端的两个序列，然后得到重构后的非线性序列与第三行序列进行重构计算，依此重复往下计算，直到所有序列都计算完毕。

若存在几个序列(组成集合 A)，对给定正数 ε，若任意两个序列的相似度满足 $F_{a,b}(\sigma) < \varepsilon$，其中 $(a,b \in A)$，则将集合 A 称为序列重构集合，简称序列集合。

序列集合重构的规则如下。

规则 1：对于某两个元素或元素集，若其在两序列中的前后位置关系相反，则这两个元素或元素集为同步序列，这两个元素或元素集称为同步元素组。

规则 2：对多个序列进行重构计算，按照相似度(斯皮尔曼距离之和)从大到小

(距离由小到大)依此计算。

规则 3：对于同步元素组中的两个元素或元素集，应删除前后关系。间接形成的同步元素组应保持前后关系。

例如，对于元素 A 和 B，在序列 1 中，A 排在 B 前面，相反在序列 2 中，A 排在 B 后面。这种情况下，这两个元素或元素集位置置换，不会造成装配时的几何干涉，同时其装配代价也相等或接近，则 A 和 B 可以同时进行装配。

以图 4-24 为例，对这 3 个序列进行同步重构。首先计算这三个序列两两之间的相似度，然后计算每个序列与其他序列的相似度之和，可得

$$F_a(\sigma)=F_{a,b}(\sigma)+F_{a,c}(\sigma)=3+5=8$$

$$F_b(\sigma)=F_{b,a}(\sigma)+F_{b,c}(\sigma)=3+5=8$$

$$F_c(\sigma)=F_{c,a}(\sigma)+F_{c,b}(\sigma)=5+5=10$$

假设 $\varepsilon=10$，则序列 a、b 和 c 都满足重构要求。根据平均相似度大小进行排列，如图 4-24(a)所示。接着先对序列 a、b 进行重构计算，根据序列集合重构规则，则可求得重构后的序列，记为序列 a'，如图 4-24(b)所示，然后对生成的序列 a' 和下一个序列 c 进行重构计算，生成序列 b'，如图 4-24(c)、(d)所示。此时求解结束，序列 b' 即为序列 a、b 和 c 的重构序列。

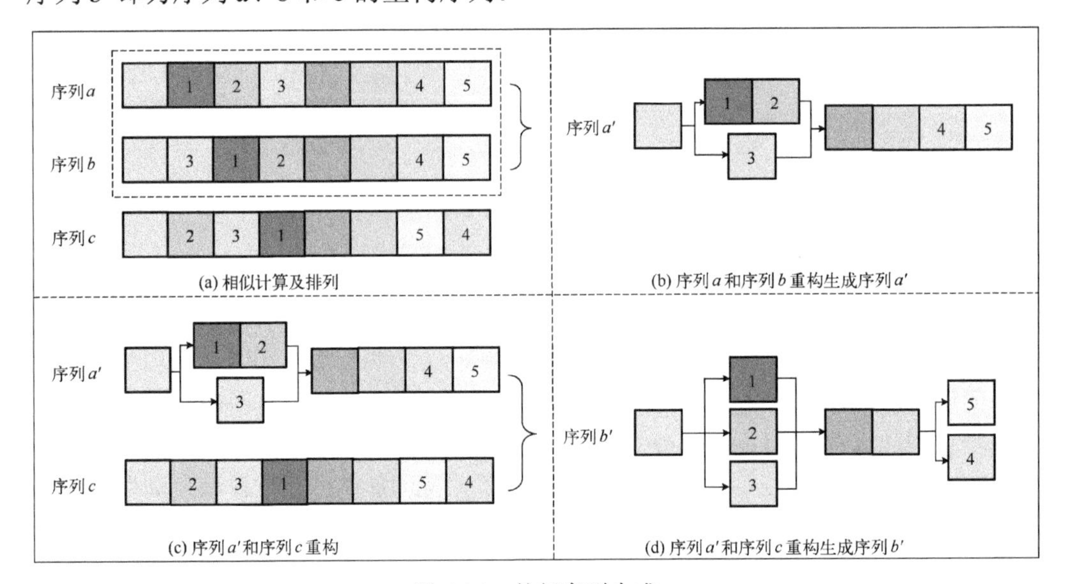

图 4-24　并行序列生成

4．序列表示及相似重构算法流程

设装配序列用 S 表示，元素用 E 表示，则 $S=<E>$，表示序列 S 由序列元素 E 的集合组成。为了解决序列重构时元素位置变更及同步并行表达不明确的问题，对

装配序列中单个元素的属性进行丰富，则元素 E 的属性表达如下：

$$E = \{\mathrm{ID,Location,Next,Friend,Before,After}\} \tag{4-37}$$

其中，ID 表示序列中元素的标识号；Location 表示该元素在当前序列中的位置，若当前元素处在序列的首位，则 $E->\mathrm{Location}=0$，若处在第二位，则 $E->\mathrm{Location}=1$，以此类推；Next 表示序列中当前元素 E 的下一个元素，设下一个元素为 $E1$，则 $E->\mathrm{Next}=E1$；Friend 用来表示当前元素的同步元素；Before 用来表示当前序列中处于元素 E 前面的元素集合；同理，After 用来表示当前序列中处于元素 E 后面的元素集合，若序列 S={$E1$,$E2$,$E3$,$E4$,$E5$,$E6$}，对于 $E4$，则有 $E4->\mathrm{Before}=\{E1,E2,E3\}$，$E4->\mathrm{After}=\{E5,E6\}$。

对于几组满足相似度要求的序列，求解其同步并行序列的具体流程如下。

Step1：获取用于相似重构的所有装配序列{$S1$, $S2$, $S3$,…, Sn}。

Step2：对装配序列中所有包含的元素按式(4-38)进行表示。

Step3：计算相似性。按照 4.3.4 节“序列的相似计算”部分对所有序列计算其两两相互之间的相似性，然后据此计算每个序列与其他几个序列的相似性之和，例如，装配序列 $S1$ 的相似性之和为 $F_{S1}(\sigma)=F_{S1,S2}(\sigma)+F_{S1,S3}(\sigma)+\cdots+F_{S1,Sn}(\sigma)$。

Step4：排列装配序列。将装配序列{$S1$, $S2$, $S3$,…, Sn}按照从小到大的顺序排列，假设调整顺序后的装配序列集合为{$S3$, $S1$, $S2$,…, Sn,…}。

Step5：选择装配序列集合内的前两个序列($S3$, $S1$)，并设当前重构序列 CurrentSeq1=$S3$，当前参考序列 CurrentSeq2= $S1$。

Step6：求解同步元素 Friend。以第一个序列(CurrentSeq1)为重构主体，第二个序列(CurrentSeq2)为参考对象，基于所提出的规则 1，依次计算第一个序列中元素的所有同步元素 Friend，直到所有元素求解完成。即对于第一个序列中的任意元素 E，若在序列中存在位于其后面某个元素 E'($E'\in E$->After)，其在第二个序列中位于元素 E 的前面($E'\in E$->Before)，则 E' 为 E 的同步元素，并将 E' 从 E->After 中删除。

Step7：设第一个序列($S3$)的第一个元素为 $E1$，并设置为当前元素 CurrentEle，即 CurrentEle = $E1$。并设 $\mathrm{Location\_max}=E1->\mathrm{Location}$。设已更新的元素集合为 UpdateEleSet，未更新的元素集合为 NoupdateEleSet，显然 NoupdateEleSet 为 UpdateEleSet 相对于序列($S3$)元素集合的补集。初始化 UpdateEleSet 为空集，初始化 NoupdateEleSet 等于序列($S3$)。设上一个同步元素集为 LastEleSet，并初始化为空集。设当前同步元素集为 NowEleSet，并初始化为空集。

Step8：更新 Location。对于当前元素 CurrentEle 及其所有同步元素，设置 Location= Location_max。设位于 CurrentEle 及其同步元素中的任意两个元素 Ex、Ey，存在 $Ey\in Ex->\mathrm{After}$，则 $Ey->\mathrm{Location}=Ex->\mathrm{Location}+1$，$Ex->\mathrm{Next}=Ey$。依此，更新同步元素中所有存在先后关系的元素。求得 CurrentEle 及其所有同步元素中最大的 Location，赋值给 Location_max。NowEleSet 则为当前元素 CurrentEle 及

其所有同步元素。$UpdateEleSet = UpdateEleSet + NowEleSet$。并更新 NoupdateEleSet。

Step9：更新 Next，若 LastEleSet 为空集，则 LastEleSet=NowEleSet，转 Step10；若 LastEleSet 不为空集，对于 LastEleSet 中未更新 Next 的元素 *Ex*，设 $Ex->Next = CurrentEle$。

Step10：若 NoupdateEleSet 为空集，转 Step11。若 NoupdateEleSet 不为空集，选择下一个元素。对于 NoupdateEleSet 中的元素，存在一个元素 *Ex*，若 $Ex->Before \subseteq UpdateEleSet$，则 CurrentEle=*Ex*，转 Step8。

Step11：若装配序列集合中的序列都已经参加计算，则相似重构计算结束。否则，可获得重构后的序列 CurrentSeq1，设当前参考序列 CurrentSeq2 为装配序列集合$\{S3, S1, S2,\cdots, Sn,\cdots\}$中还未参加计算的第一个序列，转 Step6。

4.3.5　算例及算法分析

1．多序列生成

基于以上所提的规则，利用并行蚁群算法对图 4-19 所示的二级减速器模型进行装配序列计算，并行蚁群算法的参数设置如下：取蚂蚁数 M=40，总迭代次数为 100 次。设装配工具基础耗时 tf=1，零部件重定向基础耗时 t_d=1。“层级并行”中共有 4 个装配体。每个装配体基于“外并行”同时求解 5 次，“内并行”中每次求解包含 4 个线程，并在迭代 8 次/15 次/23 次时进行信息素联合更新。

结果如表 4-4 所示。其中装配体及其零件均用序号表示，装配体 0 代表主装配体，2 代表“高速轴_asm”，8 代表“中速轴_asm”，16 代表“低速轴_asm”。由表 4-4 可见，主装配体存在多个不同的优化序列。子装配体中，“高速轴_asm”存在两种不同的优化序列；而“中速轴_asm”和“低速轴_asm”不存在多序列，只有一种优化结果。

表 4-4　二级减速器多序列结果

装配体	序列号	总代价/目标函数值	序列
0	1	140.397	1, 16, 8, 2, 24, 32, 27, 25, 30, 26, 28, 29, 33, 34, 31
	2	140.402	1, 16, 2, 8, 24, 32, 27, 25, 30, 26, 29, 28, 31, 34, 33
	3	140.333	1, 16, 2, 8, 24, 32, 27, 25, 30, 26, 28, 29, 31, 34, 33
	4	140.779	1, 16, 2, 8, 24, 32, 25, 27, 30, 28, 26, 29, 31, 34, 33
	5	140.287	1, 16, 2, 8, 24, 32, 25, 27, 30, 26, 28, 29, 31, 34, 33
2	1	6.520	3, 5, 7, 4, 6
	2	6.520	3, 4, 6, 5, 7
	3	6.520	3, 4, 6, 5, 7
	4	6.520	3, 5, 7, 4, 6
	5	6.520	3, 5, 7, 4, 6

续表

装配体	序列号	总代价/目标函数值	序列
8	1	15.652	9, 10, 11, 12, 14, 13, 15
	2	15.652	9, 10, 11, 12, 14, 13, 15
	3	15.652	9, 10, 11, 12, 14, 13, 15
	4	15.652	9, 10, 11, 12, 14, 13, 15
	5	15.652	9, 10, 11, 12, 14, 13, 15
16	1	16.780	17, 18, 19, 20, 22, 21, 23
	2	16.780	17, 18, 19, 20, 22, 21, 23
	3	16.780	17, 18, 19, 20, 22, 21, 23
	4	16.780	17, 18, 19, 20, 22, 21, 23
	5	16.780	17, 18, 19, 20, 22, 21, 23

2．算法收敛性分析

设置多序列生成的参数，求解并获取多序列结果，并利用 MATLAB 对计算迭代过程进行分析。如图 4-25 和图 4-26 所示，图 4-25 表示的是主装配体中并行蚁群的迭代过程中最小装配代价和平均装配代价的变化图，图 4-26 表示的是各层次的装配进程。并行算法输出结果大体上跟实际结果相符，说明解的质量能满足要求。

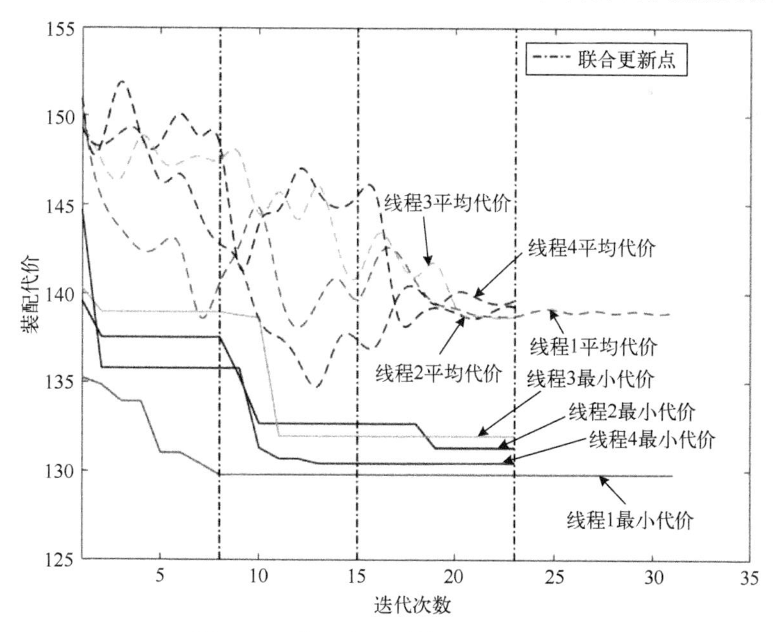

图 4-25　单层次蚁群装配代价变化图

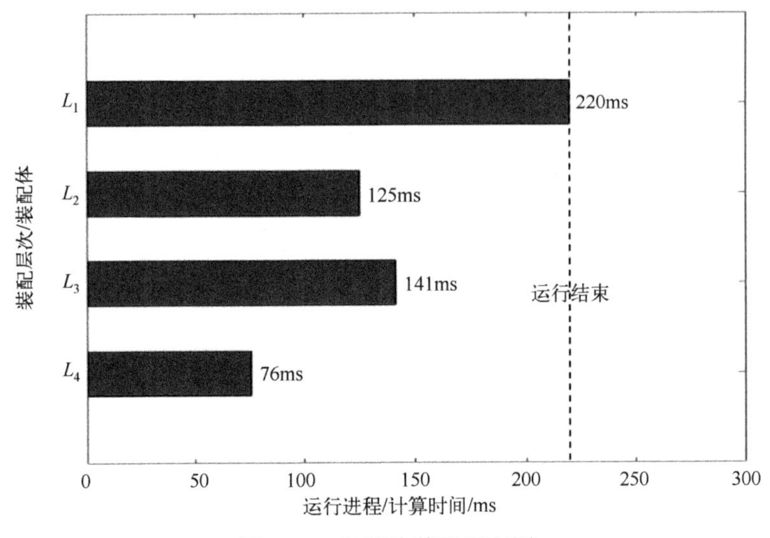

图 4-26　各层次装配进程图

为了验证并行蚁群算法的搜索效率，以图 4-19 所示的二级减速器为例，将提出的并行蚁群Ⅲ与传统线性蚁群Ⅰ、文献[85]中的逐层策略Ⅱ进行对比。由图 4-27(a)

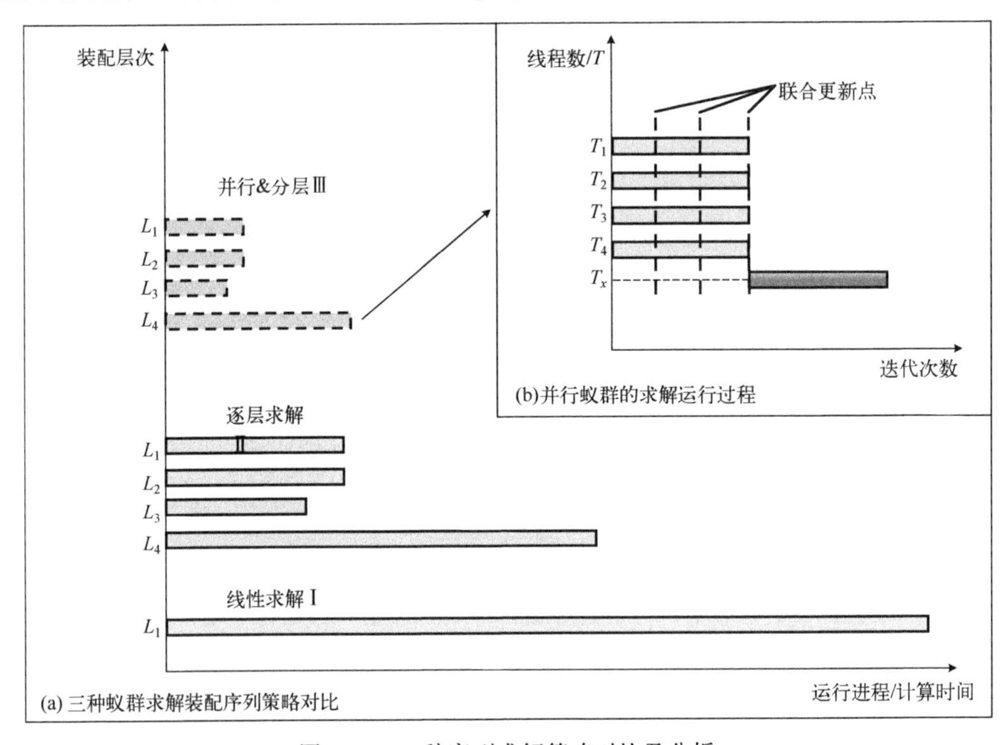

图 4-27　三种序列求解策略对比及分析

所示，线性蚁群Ⅰ是所有零部件放一起求解，其计算时间最长，逐层策略Ⅱ是对产品进行分层，然后对各层进行并行求解，其求解时间大大缩短，提出的并行蚁群Ⅲ(图 4-27(b))，是在分层的基础上，把每层求解的蚁群均分成 4 份，每份蚁群基于多线程对该层进行独立求解。在迭代到设定次数时进行信息素联合更新，并在最后更新点保留序列装配代价最小的线程继续更新，其余线程停止运行，蚁群并入保留下来的线程中，即 T_x 为此时 T_1、T_2、T_3 和 T_4 中装配代价最小的线程。达到最终迭代次数后，所有线程停止，求解结束。因此，理论上来说并行蚁群Ⅲ的求解时间是最短的。实例验证的具体参数设置和运行时间对比如表 4-5 所示。

表 4-5 各蚁群算法求解装配序列对比

算法	搜索策略	蚂蚁数	迭代次数	运行时间/ms	平均时间/ms
Ⅰ	线性	76	100	1109	1116.3
				1108	
				1132	
Ⅱ	逐层	76	100	433.5	418
				406.25	
				414.25	
Ⅲ	并行&分层	88	100	234	234.3
				219	
				250	

与算法Ⅰ相比，算法Ⅱ、Ⅲ都是逐层规划的，其求解空间被限制到单个装配体中，理论装配序列数从 34!(排除基础件)降到 18!×4!×6!×6!，提高了搜索速度。相比于算法Ⅱ，提出的算法Ⅲ通过遍历阻碍集，进一步排除了发生干涉的零件，减小了求解空间的范围，运算效率进一步提高。另外，该算法能够生成多序列，用于并行同步重构。基于共享信息素的并行搜索策略，能够避免“早熟”现象的同时，也能够有效提高迭代速度。

3. 相似重构

以上基于并行蚁群算法求解了图 4-19 所示的二级减速器的装配多序列，如表 4-4 所示。然后需基于 4.2.3 节装配路径推理筛选出几何可行的序列，最后基于相似重构对这些序列进行计算，生成同步并行序列。由表 4-4 可知，该二级减速器包括 1 个主装配体和 3 个子装配体，其中两个子装配体存在多序列。通过装配路径推理，得到这些多序列均满足几何可行的要求。因此，对这些序列进行相似重构计算。

其中主装配体的各个序列可表示为

$$S_1=\{1, 16, 8, 2, 24, 32, 27, 25, 30, 26, 28, 29, 33, 34, 31\}$$
$$S_2=\{1, 16, 2, 8, 24, 32, 27, 25, 30, 26, 29, 28, 31, 34, 33\}$$

S_3={1, 16, 2, 8, 24, 32, 27, 25, 30, 26, 28, 29, 31, 34, 33}

S_4={1, 16, 2, 8, 24, 32, 25, 27, 30, 28, 26, 29, 31, 34, 33}

S_5={1, 16, 2, 8, 24, 32, 25, 27, 30, 26, 28, 29, 31, 34, 33}

首先对这些序列进行相似度计算，可得斯皮尔曼距离为

$$F_{1,2}(\sigma)=8，\ F_{1,3}(\sigma)=6，\ F_{1,4}(\sigma)=10，\ F_{1,5}(\sigma)=8，\ F_{2,3}(\sigma)=2，$$

$$F_{2,4}(\sigma)=6，\ F_{2,5}(\sigma)=4，\ F_{3,4}(\sigma)=4，\ F_{3,5}(\sigma)=2，\ F_{4,5}(\sigma)=2$$

因此，S_1 与其他序列的距离之和为 $F_1(\sigma)=F_{1,2}(\sigma)+F_{1,3}(\sigma)+F_{1,4}(\sigma)+F_{1,5}(\sigma)=32$，同理可得：$F_2(\sigma)=20$，$F_3(\sigma)=14$，$F_4(\sigma)=22$，$F_5(\sigma)=16$。按相似度从高到低(距离之和由小到大)依次排序为 S_3、S_5、S_2、S_4、S_1。

然后按定义的规则和方法流程，对序列进行表达，可知 2−>Friend={8}，8−>Friend={2}，即 2 和 8 互为同步元素；同理 25−>Friend={27}，即 25 和 27 互为同步元素；26−>Friend={28,29}，即 26、28 和 29 互为同步元素；按照相似重构流程，对这些序列按照相似度从高到低的顺序进行计算。最终得到的同步并行序列如图 4-28(a) 所示。同理对“高速轴_asm”子序列进行相似重构计算，结果如图 4-28(b) 所示。

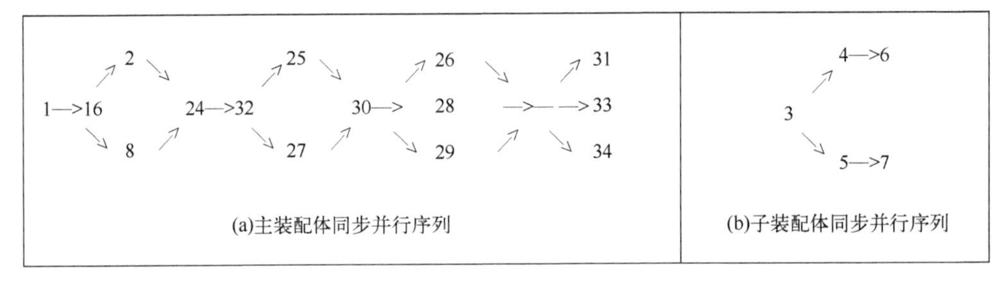

图 4-28　同步并行序列生成结果

第 5 章　三维装配工艺仿真验证技术

通常大型产品装配涉及的零部件数量较多，装配约束关系复杂，且装配过程中需要大量的工装设备及工具资源的辅助，致使装配工艺设计难度大，仅凭工艺师的个人经验，难免会出现各种工艺设计错误或工艺设计不合理的情况，若这些错误不能在工艺设计时及时发现，就会导致不必要的工艺修改，甚至导致工艺布局和装配流程的调整，给制造周期、生产成本等都将带来不可估量的损失。

在完成装配工艺设计后对装配工艺进行仿真验证，能够及时地发现工艺设计、工装设计存在的问题，防止在实际装配时出现零部件相互干涉阻碍的情况，有效地减少装配工艺错误，保证所设计的工艺合理。设计工艺的合理性很大程度上都取决于装配序列规划和装配路径规划中的几何可行性，也就是确保整个工艺规划过程中任何模型之间都不会存在干涉。由此可见，碰撞干涉检测与装配工艺规划及装配过程仿真是息息相关的。在人机协同规划过程中，当系统发现存在干涉情况时应提示报警，并突出显示干涉零部件及干涉区域，以帮助工艺设计人员查找和分析干涉原因，并进一步指导工艺设计人员对工艺结构做出正确的调整。

5.1　基于包围盒的零件模型干涉预检测

在 CAD 系统中，通常都是将零件底层几何模型进行离散面片化后用多边形面片模型来近似模拟理想的几何形状，这种近似只要达到一定程度就可以满足视觉显示的需要，能够较好地反映零件的真实形状。一个几何模型无论其构成表面多么复杂，都可以采用三角面片来逼近，它是最简单的多边形，在图形绘制和渲染效果实现上都能较方便地处理。若直接使用三角面片求交来检测两模型之间的干涉情况，将会占用大量的计算时间，运算效率低下，不能满足干涉检测的实时性要求，有必要在进行精确的三角面片求交运算前，快速剔除场景中明显不相交的几何模型，这样可降低精确求交的计算量。根据包围盒不相交则实体模型一定不相交这一判据，事先构建零件模型的包围盒，用模型简化后的包围盒的相交测试来判断可能发生干涉的零件对，进而对它们进行精确的几何求交计算，从而确定待检对象与装配环境是否发生了干涉。

在干涉检测算法研究中最常用的几种包围盒类型有球体、轴对齐包围盒(AABB)、方向包围盒(OBB)以及离散有向多面体(K-DOP)。它们在构造难易程度、相交测试速度以及包围紧密性和剔除速率上的性能比较如图 5-1 所示[86]。AABB 和球体虽构造简单且易于测试，但紧密性太差，K-DOP 虽紧密性最好，但其方向难以确定且构造相对复杂，而 OBB 包围盒相对于它们而言综合性能比较好，能在紧密拟合与测试耗时之间达到较好的平衡。

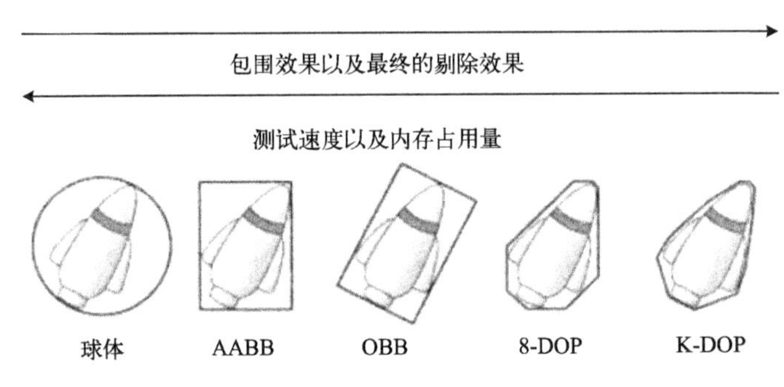

图 5-1　各种类型包围盒之间的相关性能比较

根据 Gottschalk[87]的分析，空间模型的点云形状可以由一个协方差矩阵 $\boldsymbol{C}$ 和一个中心点 m 来近似描述，用这些量描述空间点云就好比采用正态分布曲线来描述实数域中统计数据的分布状况，只是它的作用维度被扩展到三维空间中。在方向 $\boldsymbol{v}$ 上的统计分布是由 $\boldsymbol{v}^{\mathrm{T}}\boldsymbol{C}\boldsymbol{v}$ 决定的，也就是说，空间几何模型的组成点云在方向 $\boldsymbol{v}$ 上的轴向投影点的方差就是 $\boldsymbol{v}^{\mathrm{T}}\boldsymbol{C}\boldsymbol{v}$，能够最大化或最小化该方差的方向向量即是该协方差矩阵 $\boldsymbol{C}$ 的特征向量，由于 $\boldsymbol{C}$ 是实对称矩阵，故这些特征向量是正交的，它们就是所要求的 OBB 的方向。

若模型表面能很均匀地被面片化，即面片模型的各组成面片的顶点在空间内分布比较均匀，则基于模型顶点的 OBB 计算一般能够正常运行，但模型内部顶点的出现将会使得协方差矩阵的特征向量产生偏移，导致所求的 OBB 随内部顶点分布状况的不同而呈现任意方向，没有与边界外围极值顶点所形成的形状实现较好的拟合。然而，即使去除模型的内部顶点，只考虑外围边界的极值顶点，基于这些极值顶点的分布状态所求得的 OBB 的方向也会随其空间区域分布密度的不同而产生偏移，出现 OBB 非对齐问题。也就是说，孤立地对顶点实施计算将无法产生稳定、可靠的协方差矩阵。其实，最小 OBB 的特征定义(中心位置以及方向)皆独立于物体面片模型的点簇。

依据面片模型中的全部三角面片来计算协方差矩阵，若模型中有一些几乎对 OBB 方向计算不会产生任何影响的异常面片存在，而为了包容它们使得 OBB 不得不扩展到足够大小，这样就严重影响了 OBB 的紧密性，且内部的面片分布还会导致协方差偏差。有效的解决方法就是采用面片模型的凸包边界而非模型本身，这样可以使得基于协方差矩阵的 OBB 计算在面对前述问题时更加稳定。

5.1.1　三维模型的凸包计算

为了较好地解决前述 OBB 求解方法中的非对齐以及紧密性差的问题，在计算 OBB 之前先获取零件面片模型的三维凸包。凸包就是包含面片模型中点集的最小凸多面体，把该多面体中的任意组成面片无限延伸，其他面都在这个延伸面的同一侧。

文献[88]和[89]采用卷包裹算法，由初始凸包面片迭代求解与面片含公共边且夹角最大的面片，实现了点云凸包的求解，文献[90]和[91]采用增量法求解点云凸包，即由初始四面体开始，通过逐个引入外部点来迭代求解凸包。上述方法在求解凸包时需遍历点云中的所有点，计算效率低下。其实，在绝大多数情况下，二维凸包或三维凸包由点集中的部分点构成，大多数点则在凸包内部，若能将不可能成为凸包顶点的数据点预先删除，则可较大提高凸包的求解效率。文献[92]对点云进行了空间栅格划分，通过两次投影排除不可能包含凸包顶点的栅格，但采用逐层投影方法排除内部点，计算量大，比较耗时。文献[93]采用极值点先构造初始凸包形状，再排除该初始凸包内部点，较快并大量地减少了参与凸包运算的点的数目，这就是快速凸包技术。

在快速凸包技术的基础上，求取面片模型中所有的极值点，并用它们形成最大可能的初始凸包，最大数目地剔除内部点，同时在凸包扩展过程中，选用二次极值点，并结合冲突图来更新凸包的拓扑结构，进一步快速地排除凸包内部点，提高凸包的构建效率。

1．可见性与地平线

凸包中的各组成面片是有方向的，在凸包上取一个有向面片 F_i，则其所在的平面确定了两个半闭空间，凸包中的所有面片都在其中一个半闭空间里，称为负半空间，另一半闭空间则称为正半空间，如果空间中任一点 P 位于该正半空间中，则 P 处在 F_i 的外部，称为可见，否则点 P 相对于 F_i 为不可见。

在初始凸包构造后，每一次凸包更新都会处理一个二次极值点 P，假定将视点位于点 P，向当前已生成的凸包 $\mathrm{CH}(P_r)$ 看去，那么视点可见的只能是凸包三角面片集合中的一个子集 $S_1 \in \mathrm{CH}(P_r)$，而另外的一些三角面片集合 $S_2 = \mathrm{CH}(P_r) \setminus S_1$ 则是不可见的。S_1 中的所有面片组成了一个连通的区域，称为点 P 的可见域，获取这个区域的边界，是一个空间封闭多边形，这就是点 P 的地平线，它也是 S_1 和 S_2 之间的分界线。若以点 P 为光照中心将三维凸包 $\mathrm{CH}(P_r)$ 向空间某一平面作投影，在平面上得到的多边形即为凸包 $\mathrm{CH}(P_r)$ 到这个平面的投影的边界线，如图 5-2 所示。在凸包 $\mathrm{CH}(P_r)$ 更新的时候，点 P 的不可见面集合 S_2 是不需要任何改动的，另一个可见面集合 S_1 则应该被删除，并通过点 P 和地平线里的每一条边创建一系列新的三角面片来替换 S_1。

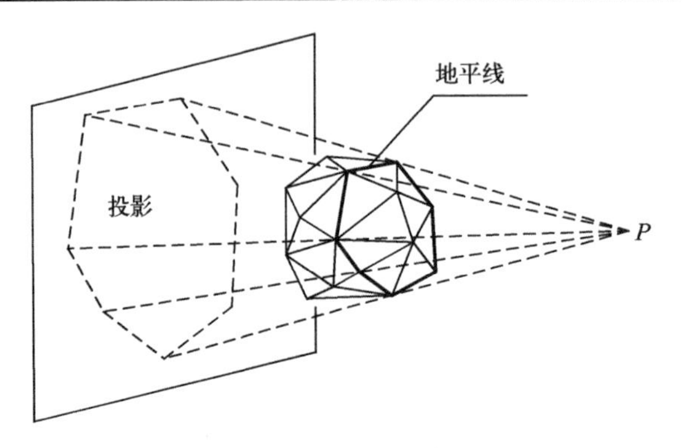

图 5-2　地平线示意图

2．凸包空间拓扑数据结构

在算法实现时，为简便高效地构建凸包和查询信息，采用与 B-Rep 法中的拓扑结构相似的数据结构来表达凸包的空间拓扑结构，如图 5-3 所示，包含顶点 Point、边 Edge 和面 Face。Point 结构中的 coordinate 存放的是点的坐标，InitialEdge 指向从 Point 发出的一条边 Edge；Edge 结构中的 InitialPoint 指向该边的起始点，InnerFace 指向该边所在的面，Twins 指向与其端点相同、方向相反的邻边，Next 指向该边所在三角面片 InnerFace 中的下一条边，Previous 指向该边的上一条边；Face 结构中的 ComponentEdge 指向该三角面片的任一组成边，ExtremePoint 指向该面片外部点集中距其最远的极值点，ExDiastance 则记录极值点 ExtremePoint 到该面片的极值距离。利用该结构可以省去数据的重复利用，节省了存储空间。

Point	coordinate	InitialEdge

Edge	InitialPoint	InnerFace	Twins	Next	Previous

Face	ComponentEdge	ExtremePoint	ExDistance

图 5-3　凸包中的几何元素数据结构

凸包中点、边、面之间关系的图形表示及它们在凸包中的空间拓扑结构如图 5-4 所示。

3．空间中点与凸包三角面片的可见关系结构

在凸包扩展更新过程中，当前凸包中的三角面片有其自身的可见外部点集 F_{CG}，凸包外的点也会有其自身的可见面片集合 P_{CG}，可以采用冲突图来处理这些外部点与凸包面片的空间位置关系，在算法实现时可以用如图 5-5 左边所示的链表数据结构来表达该冲突图。用图 5-5 右边所示的图例来形象化地表达这种关系(圆圈表示点，三角形表示面片），只要外部点与凸包中的某一三角面片是相互可见的，就可以用一条弧将它们连接起来，从图中可以看出，外部点与凸包三角面片是一对多的关系。

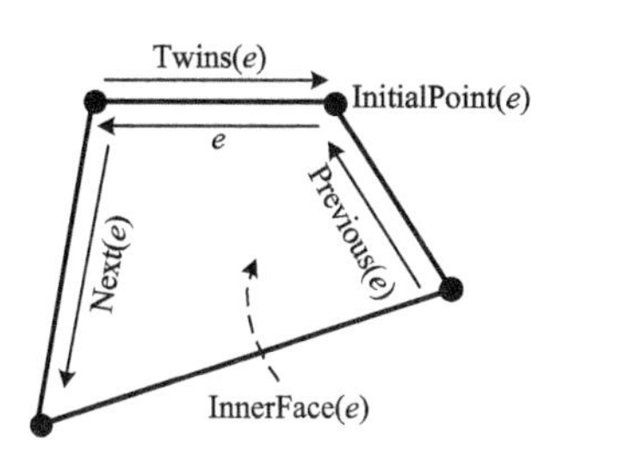

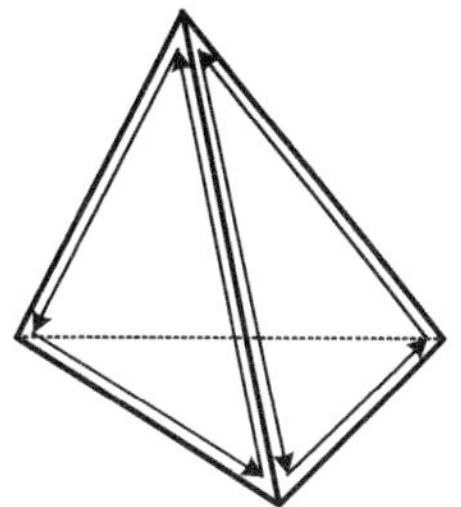

图 5-4　数据结构的图形表示及凸包中的空间拓扑结构

```
struct FaceConflict
{
            AMFace *m_pHullFace;
HPointList *m_pVisiblePoints;
};

struct PointConflict
{
            HPoint *m_pHPoint;
            AMFaceList *m_pVisibleFaces;
};

typedef list<FaceConflict *> AMFaceConflictList;
typedef list<PointConflict *> AMPointConflictList;

struct AMConflictGraph
{
            AMFaceConflictList
*m_pAMFaceConflictList;
            AMPointConflictList
*m_pAMPointConflictList;
};
```

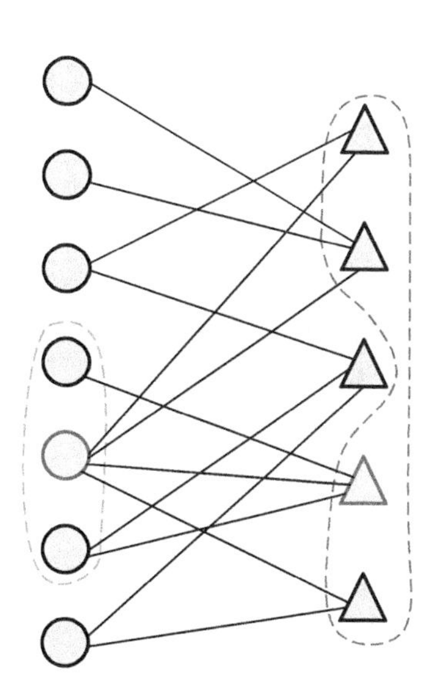

图 5-5　冲突图的数据结构及图例

4. 凸包扩展更新过程中应注意的问题

1）极值点可见面域的边界计算

由于在构造冲突图的时候，外部点的可见三角面片是随机插入链表中的，并无顺序可言，在求解可见面域的边界时，可以依据凸包中边、面的拓扑结构来获取。若某外部点 P 的可见面片集合为 S，可依次获取 S 中的每个三角面片，判断其每条组成边的邻边所在的面片是否在集合 S 中，若在，则它必定不是边界边；若不在，则将该边插入边界链表Border中。最后，Border中的边就构成了该可见面域的边界。但为方便算法的实现，应将该边界中的边依次首尾相连，即某一条边的终点是下一条边的起点，使其按序可以构成空间中的一条封闭多边形。

2) 新生三角面片的外部点集的处理

设二次极值点P的可见面片集合S中各面片外部点集的并集为$U(S)$，在根据边界链表Border生成新三角面片后，应该计算它们所对应的可见点集合，同时还要更新$U(S)/P$中所有的可见三角面片集。在计算点P与边界边E生成的新三角面片F的外部点集时，先根据边E找到其所在的更新前的凸包中的两个三角面片F'和F''，若点$p' \in F_{CG}$，则p'必定与边E是可见的，即p'必定在F'_{CG}或F''_{CG}的其中一个里面，故可以获取F'_{CG}和F''_{CG}的并集，检查其中的每个点与新生面F的可见性来得到该面片的可见点集合，同时将该面片添加到其可见点的可见面片集合中，如图5-6所示。然后从$U(S)/P$中的每一个点的可见面片集合中删去S中对该点可见的面，实现同步更新。

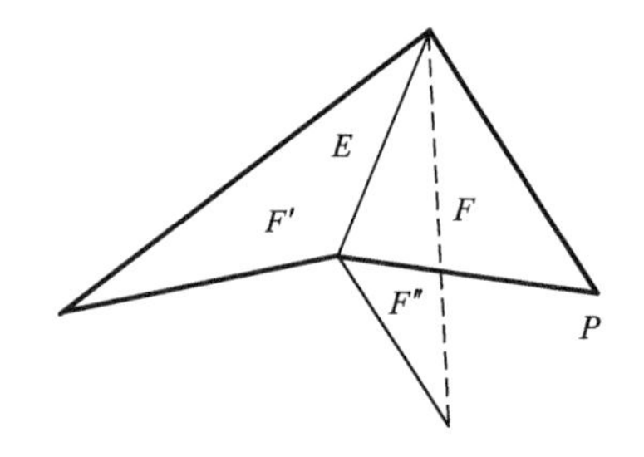

图5-6　新生三角面片的可见点集计算

3) 凸包更新后的数据清理

在引入二次极值点P并更新凸包后，应在凸包拓扑结构面片集中删除P的可见面片集合S及其底层的构造数据，同时在冲突图中删除这些三角面片对应的节点，并将那些没有可见面片的点所对应的节点从冲突图中剔除。为了避免内存泄漏，集合S的边界上的凸包点保持不变，而其余的凸包顶点数据应该清除。

该凸包生成算法的总体流程图如图5-7所示。

5.1.2　基于三维凸包的OBB包围盒的计算

由前所述，三维凸包的计算就是为了避免基于协方差矩阵的OBB计算时的各种非对齐问题，进而导致所求解的OBB紧密性差而不能快速剔除明显不相交的模型等问题，在5.1.1节零件面片模型的三维凸包生成的基础上，利用凸包边界上的三角面片来计算协方差矩阵。由凸包生成算法可知，最终凸包所包含的信息不仅有凸包顶点集，还有这些顶点构成的边以及边所围成的三角面片信息，可根据凸包的空间拓扑结构信息提取所有三角面片对应的顶点信息，采用基于三角面片面积积分的方法来计算协方差矩阵，进而计算OBB包围盒的三个对齐方向轴。

假设凸包中共有n个三角面片，其中第k $(1 \leqslant k \leqslant n)$个三角面片的组成顶点矢量为$(p^k, q^k, r^k)$，则协方差矩阵$\boldsymbol{C}$的元素为

$$C_{ij} = \left[\frac{1}{A^H}\sum_{1 \leqslant k \leqslant n}\frac{A^k}{12}(9m_i^k m_j^k + p_i^k p_j^k + q_i^k q_j^k + r_i^k r_j^k)\right] - m_i^H m_j^H$$

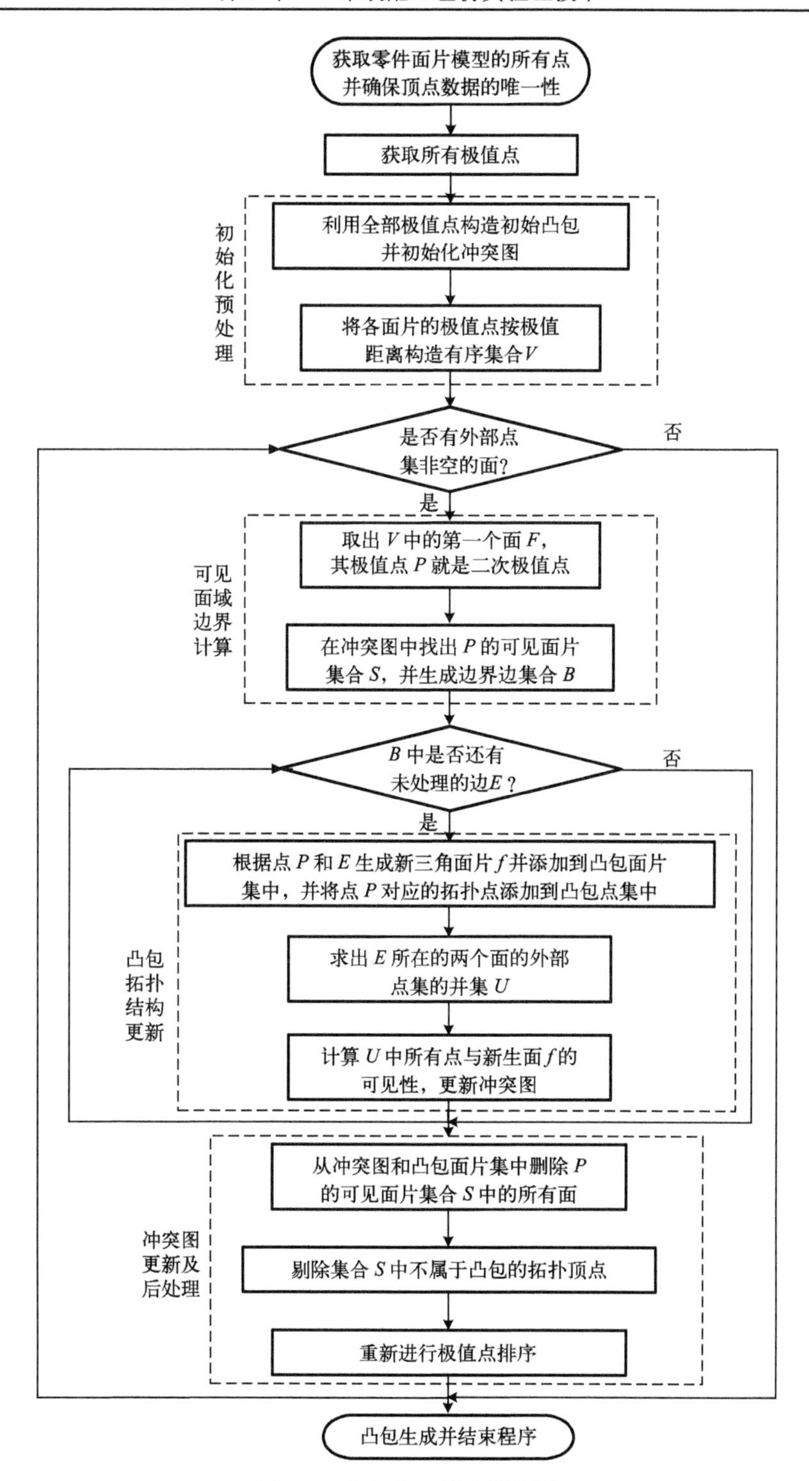

图 5-7　凸包生成算法流程图

式中，第 k 个三角形的面积 $A^k = \left|(q^k - p^k) \times (r^k - p^k)\right| / 2$；三角形的质心为 $m^k = (p^k + q^k + r^k) / 3$；凸包的全面积为 $A^H = \sum_{1 \leqslant k \leqslant n} A^k$；整个凸包的质心为 $m^H = \frac{1}{A^H} \sum_{1 \leqslant k \leqslant n} A^k m^k$，即各三角面片面积加权质心的均质；下标 i 和 j 表示各点所采用的坐标分量，即 x、y 或 z。

根据协方差矩阵元素的求解可知协方差矩阵是实对称矩阵，其有三个特征值及对应的三个特征向量，且相互间是正交的，可以采用 Jacobi 数值求解方法进行求解，将特征向量单位化即可作为 OBB 包围盒的方向轴。假设所求的三个方向向量分别为 $\boldsymbol{V}_1$、$\boldsymbol{V}_2$、$\boldsymbol{V}_3$，与 OBB 包围盒的各面法向对齐，将凸包上的所有顶点分别投影到这三方向上，依据投影点距原点的距离求取沿各方向的上限和下限分别为 u^1、l^1、u^2、l^2、u^3、l^3，并由 $u^i - l^i$ $(i = 1,2,3)$ 计算沿各方向的宽度范围，最后求得包围盒的中心为

$$C = \frac{1}{2}[(l^1 + u^1)\boldsymbol{V}_1 + (l^2 + u^2)\boldsymbol{V}_2 + (l^3 + u^3)\boldsymbol{V}_3]$$

根据零件几何模型求解三维凸包，进而计算 OBB 包围盒的示例流程如图 5-8 所示。

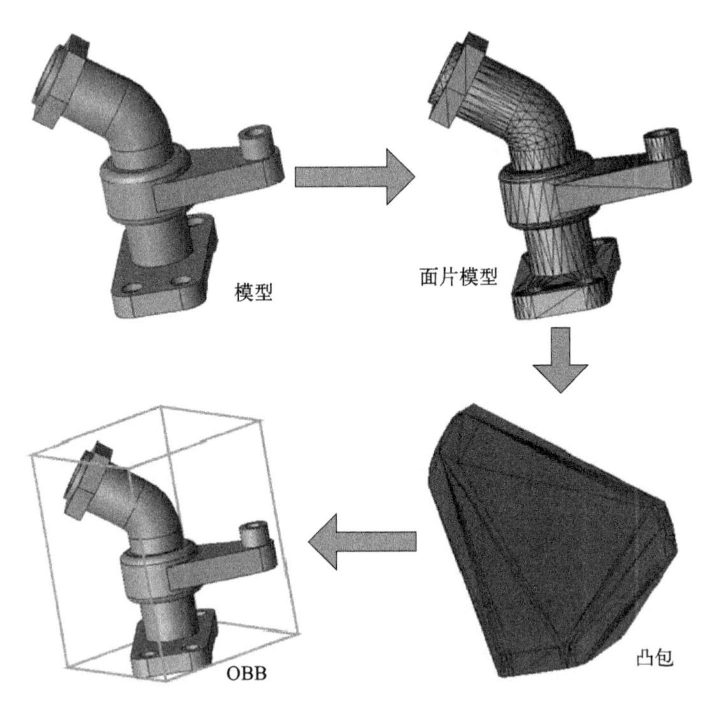

图 5-8 零件几何模型的 OBB 包围盒的求解过程

5.1.3　基于分离轴理论的 OBB 包围盒相交测试

在空间凸体的重合测试过程中常采用的方法有线性随机算法、距离计算法以及穷举边面相交法。但包围盒之间的重合测试主要用于判断它们是否相交，而不需要获取具体的相交位置和渗透深度，前述几种方法都进行了精确的相交以及距离计算，且参与运算的图元数量较多，故算法的时间消耗代价较大。根据 Gottschalk[87]的实验测试比较，基于分离轴理论的测试速度较前述方法都要快出许多，故采用分离轴理论进行 OBB 包围盒的相交测试。

若空间中两个凸体不相交，则必存在一个间隙并可以插入一个平面来分离这两个凸体，该分离面的法线方向即为一根分离轴，两凸体对象在其上的投影是非重叠的。对于包含相同数量面 F 和边 E 的两个凸多面体，用于测试它们相交的分离轴的数量只需要 $2F+E^2$ 个就足够了。面和边的数量越多，潜在的分离轴数量也就越多，计算量也会随之增加。但 OBB 有其特殊的结构，使得分离轴测试更适用于 OBB 的相交测试。根据 OBB 的定义可知，它有 3 个不同的面法向量和 3 个不同的边向量，但是这些面法向量集与边向量集是相同的，且是相互正交的。OBB 相交测试的潜在分离轴共有 15 根，每个 OBB 的 3 个方向轴，有 $3\times2=6$（根）；一个 OBB 的边向量与另一个 OBB 边向量的叉乘，有 $3\times3=9$（根）。

对于某一轴 L，如果两包围盒在其上的投影半径之和小于中心点之间的投影距离，则两 OBB 处于分离状态，如图 5-9 所示。由此可知，包围盒的上述 15 根分离轴中只要有一根满足前述条件，则两 OBB 不相交，测试提前退出；否则，两 OBB 包围盒确定相交。

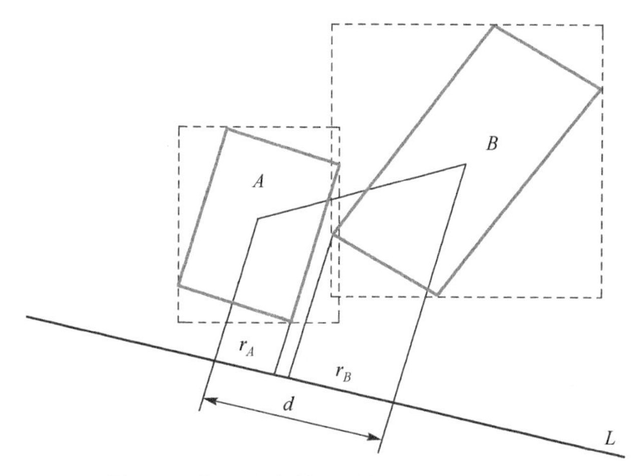

图 5-9　基于分离轴理论的 OBB 相交测试

在计算投影区间半径时，可以使用 OBB 的半宽长度，而不需要每次投影其八个顶点。为便于数据的计算和比较，应该将两测试的 OBB 转换到同一坐标系下，例如，可以将包围盒 B 转换至 A 的坐标系中。根据包围盒 A 的定义数据，由其包围盒中心 C_A 构造平移变换 $\boldsymbol{T}_A$，由其三个方向轴构造旋转变换 $\boldsymbol{R}_A$，则其相对于零件模型坐标系的变换 Trans_A 可由 $\boldsymbol{T}_A$ 和 $\boldsymbol{R}_A$ 合并得到，而 A 模型坐标系相对于全局坐标系的变换为 $\boldsymbol{M}_A$；同理对应的包围盒 B 的相关变换为 Trans_B，而 B 模型坐标系相对于全局坐标系的变换为 $\boldsymbol{M}_B$。故以包围盒 A 的中心为原点，以其方向轴为坐标轴方向定义参考坐标系，包围盒 B 转换到该坐标系下的变换为 $\boldsymbol{M}_{BA}=[\text{Trans}_B\cdot\boldsymbol{M}_B]\cdot[\text{Trans}_A\cdot\boldsymbol{M}_A]^{-1}$，至此，两包围盒位于同一坐标系下，各投影计算均可使用矩阵 $\boldsymbol{M}_{BA}$ 来完成。

5.2　基于产品层次结构的逐层分解的快速干涉过滤算法

由于层级装配模型能够反映零部件之间的从属关系及层次结构，它可为包围盒的逐层分解提供相应的细分依据，若发生包围盒干涉的部件为子装配体，则可根据该部件在层次结构模型中的组成情况，将其包围盒分解为各组成部件的包围盒，从而实现参检部件包围盒的逐级细化。

5.2.1　包围盒的定义及构造

在装配环境中，各零部件都有与自己存在装配约束关系的邻近的装配件，若每次检测都将距离较远而不可能产生干涉的零部件考虑进去，无疑会降低干涉检测效率，因此，有必要先利用简单包围盒粗略排除与拆卸零部件毫无干涉关系的距离较远的零部件，得到与拆卸零部件可能干涉的零部件作为下一步较高精度层干涉检测的对象，这样可以大大减少零件模型对的精确干涉检测的计算量。零部件的简单包围盒分为标准和规整两类，具体定义及构造方法如下所述。

标准包围盒是在部件坐标系下能包围部件所有几何模型的长方体，且该长方体的各面和棱边都平行或垂直于坐标系的各坐标轴。

若为零件，可通过比较计算得到该零件面片模型各点在其建模坐标系各轴上的最大值与最小值，分别定义为 $x_{\min}$、$x_{\max}$、$y_{\min}$、$y_{\max}$、$z_{\min}$、$z_{\max}$，则左下角顶点为 $P_{\min}(x_{\min},y_{\min},z_{\min})$，右上角顶点为 $P_{\max}(x_{\max},y_{\max},z_{\max})$，以此两点作为包围盒体对角线上两点构建零件局部坐标系下的标准包围盒，如图 5-10(a)所示。

若为装配结构件，则通过比较计算其子装配体或零件的标准包围盒顶点坐标的值得到其标准包围盒顶点坐标。因此，标准包围盒的数字结构不仅仅包括两个顶点坐标，而应存储包围盒的八个顶点，表达结构为 $\text{AABB}_{\text{local}}=\{P_0,P_1,P_2,P_3,P_4,P_5,P_6,P_7,\text{link}\}$，其中 link 表示各顶点之间的连接关系。标准包围盒的坐标需要经过相应的坐标变换将各零部件包围盒的顶点转化到装配体坐标系下，然后求得该装配体坐标系下的标准包围盒，如图 5-10(b)所示。

规整包围盒是在装配体全局坐标系内能够包容所有装配体几何特征的长方体，且长方体的各面与坐标系的坐标轴平行或垂直。

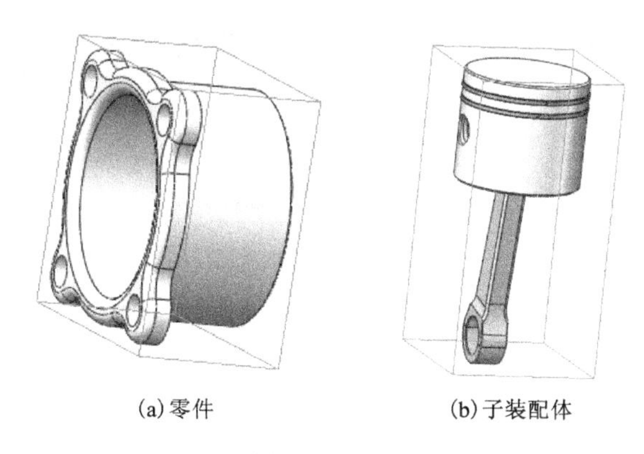

(a) 零件　　(b) 子装配体

图 5-10　零件与子装配体的标准包围盒

在装配环境下，各零部件实体要经过相应的空间位姿变换，如平移、旋转等，才能组装成一个满足实际的装配约束条件的完整产品模型，零部件的标准包围盒已不再与装配体的全局坐标系平行或垂直，故此时需要将参检的各零部件的标准包围盒的八个顶点转换到全局坐标系下，再通过比较各顶点在各坐标轴上的最大/最小值来计算零部件的规整包围盒，此时可用最大/最小点表示 $\mathrm{AABB}_{\mathrm{global}} = \{P_{\min}, P_{\max}\}$，规整包围盒示意图如图 5-11 所示，图中实线为规整前的标准包围盒，虚线为规整后的包围盒。

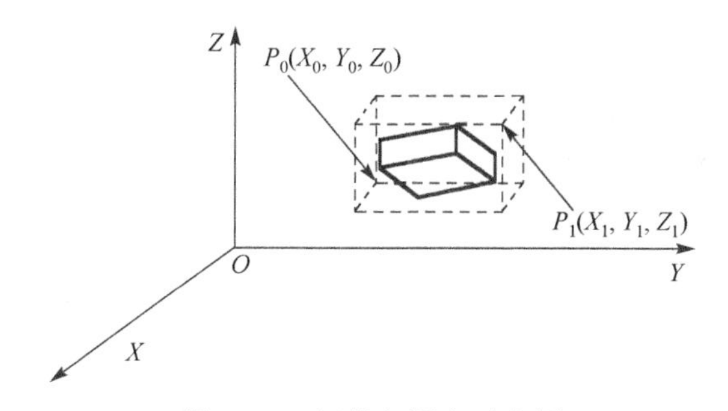

图 5-11　规整包围盒示意图

5.2.2　包围盒干涉检测算法判据

由于部件包围盒的体积大于部件的模型体，部件包围盒干涉是部件模型干涉的必要不充分条件，即包围盒相交了，实体不一定干涉；但若实体干涉了，则包围盒一定相交。分层包围盒分解法正是利用这一判据，依照零部件的层次关系，由高到低逐层判断零部件的包围盒是否干涉，这是一个由粗到精、逐步细化的递归过程。若包围盒相交则细分零部件，判断下级零部件的包围盒是否干涉；不断递归地重复上述过程，用不同精度的包容盒筛选出不同级别的可能干涉的零件，剔除不可能发生干涉的零部件；最后对最可能干涉的零件对进行精确的几何求交计算，从而确定待检部件与装配环境是否发生了干涉碰撞。

设两参检部件 A 和 B 在装配体坐标系下的规整包围盒分别为 BOX _ $A(X_{A\min}, Y_{A\min}, Z_{A\min}, X_{A\max}, Y_{A\max}, Z_{A\max})$、BOX _ $B(X_{B\min}, Y_{B\min}, Z_{B\min}, X_{B\max}, Y_{B\max}, Z_{B\max})$，只要它们满足以下三个条件中的任意一个，则部件 A 和 B 两个参检对象就不会干涉：① $X_{A\min} > X_{B\max} \vee X_{B\min} > X_{A\max}$；② $Y_{A\min} > Y_{B\max} \vee Y_{B\min} > Y_{A\max}$；③ $Z_{A\min} > Z_{B\max} \vee Z_{B\min} > Z_{A\max}$。

5.2.3　子装配包围盒层次结构的分解规则

如图 5-12 所示，A 的包围盒与 B 的包容盒相交，但是实际上两个子装配体是不相交的，那么，我们可以将 B 分解，分别用其组成部件 b1、b2、b3 的包围盒与 A 的包围盒进行相交判断，如果还有相交出现就继续细化包围盒 A，将部件分解为零件，不能再细化为止，这样可以有效地消除包容盒内非实体空间对定性干涉检测的影响。若细分到最后参与检测的是两个零件的包围盒，且它们也相交，则还得进一步借助几何模型的精确求交结果来判断零件是否干涉。

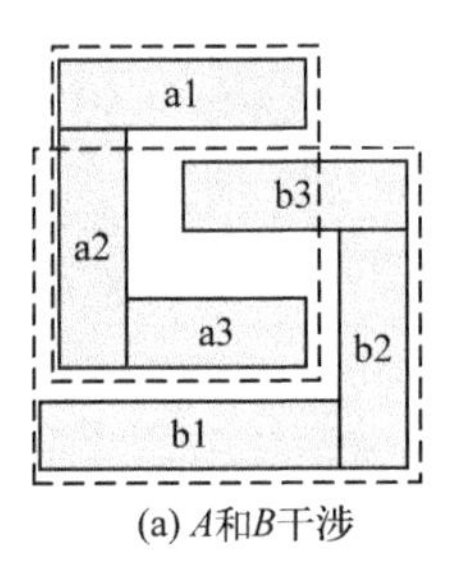

(a) A和B干涉

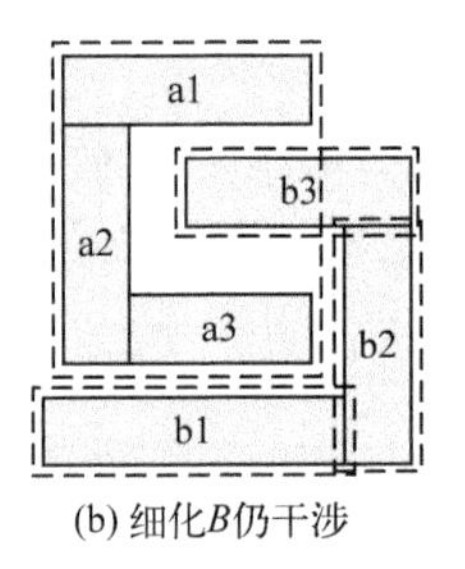

(b) 细化B仍干涉

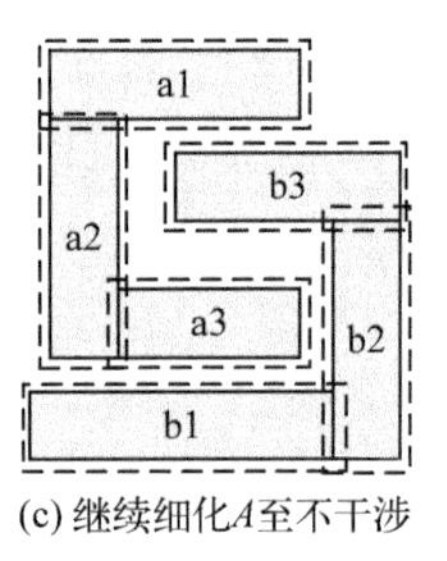

(c) 继续细化A至不干涉

图 5-12　包围盒分解示意图

从以上例子可以看出，在求解两个子装配体是否干涉时，一般使用的分解原则是先细分一个参检部件，至分到不能再分的零件为止，如果还有包容盒相交，则再细分另一个参检部件。也就是先对其中一个参检子装配层次结构进行深度优先搜索，待到以单个零件为基础的包围盒依然与另一子装配包围盒相交时，再对另一参检子装配层次结构进行深度优先搜索。

上述方法中，分解的先后顺序并没有相应的指导规则，也不会检测、生成与遍历结构数据相关的启发信息，只是盲目地搜索自身结构并确定下一个将要访问的节点。为了加快包围盒干涉判断的速度，引入一个启发式规则：对包围盒体积较大的一方先进行分解，因为包围盒越大，发生干涉的可能性就越大。直到 A、B 均遍历到零件节点且规整包围盒仍有干涉时，就可以进行精度更高一级的 OBB 包围盒的干涉预检测，如图 5-13 所示，此时两零件的 AABB(虚线)虽然明显相交，但它们的 OBB 包围盒(实线)却不干涉，在经过 OBB 包围盒的分离轴测试确定不相交后，即可提前退出边界面的层次包围体检测，加快干涉检测的速度。

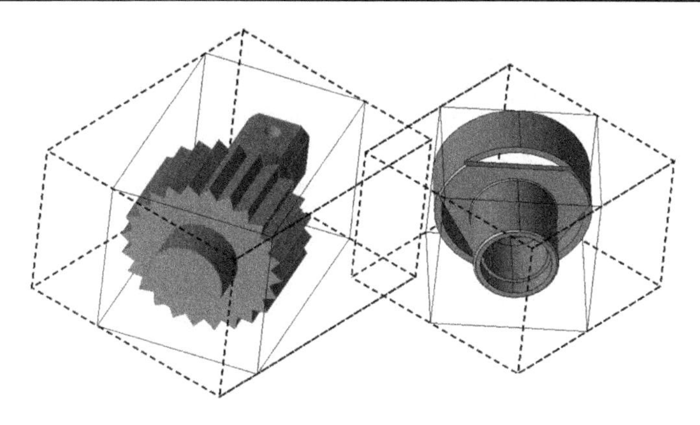

图 5-13　AABB 相交但 OBB 不相交的情况

综合利用层次分解过滤法与零件 OBB 包围盒干涉预检测求解出可能的干涉零件对信息，其数据结构为 CollisionElement: <MovingPart, CollidedPartList>，其中，MovingPart 表示正在运动的零件，CollidedPartList 表示与该运动件经过 OBB 包围盒相交测试后可能发生干涉的装配环境零件集合。

5.3　基于模型边界面的层次包围盒结构的精确碰撞检测

5.3.1　零件干涉面对的提取

前述的面向模型的空间分解法或层次包围盒法是一种通用的碰撞检测算法，它以零件精确几何模型面片化后的多边形模型作为建立碰撞检测模型的数据源，故而可以应用于没有几何拓扑结构的纯面片模型，只需空间三角面片模型的顶点数据以及各面片的组成顶点索引就可确定面片模型的空间结构。这种面片模型虽然在图形轻量化显示和碰撞检测方面具有较大优势，但应用到数字化装配系统中时却存在着不足：一方面，面片模型没有考虑精确的几何信息，使得碰撞检测的准确性降低，如平面贴合或轴孔配合的面会检测到干涉，但在实际装配中这却是合理的；另一方面，面片模型作为一个整体，在对其进行包围盒或空间分解层次结构划分时，需要对大量的三角面片数据进行分析，以构建出平衡的层次结构树，模型预建立过程比较复杂且耗时，故单一的面片模型限制了数字化装配在制造业中的应用。

为解决上述问题，碰撞检测算法应充分利用零件的精确几何模型(B-Rep 模型)，边界表示法是一种以物体的边界表面为基础，定义和描述几何形体的方法，其实就是将物体拆成各种有边界的面来表示，并使它们按拓扑结构的信息来连接，能区分实体边界的内外空间；同时引入公差信息，在多边形碰撞检测的基础上进行精确几何层的碰撞检测，提高碰撞检测的准确性，同时又不失算法的实时性。系统中的模型数据结构如图 5-14 所示，其中精确几何模型中的面 Face 是边界模型中的拓扑实体面，而面片模型中的面 Shell 则是几何面面片化后的三角面片集合。

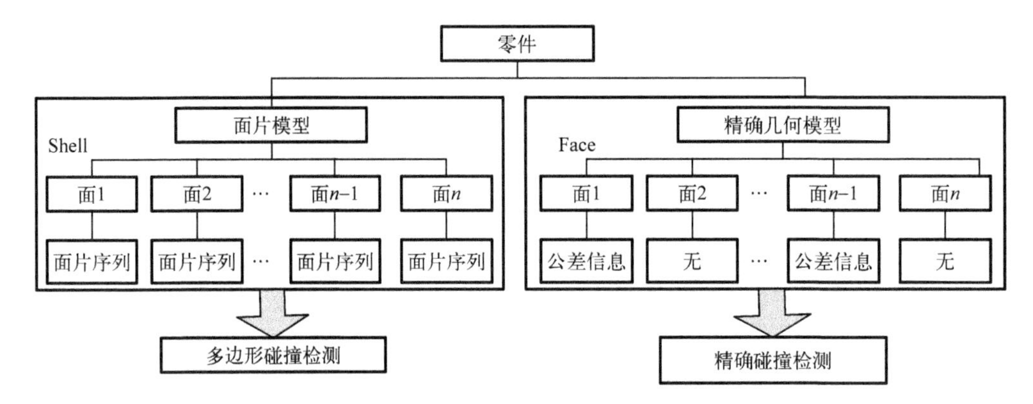

图 5-14　零件模型几何数据与显示数据的映射

在 5.2.3 节已获取的可能干涉的零件对的基础上，为检验两零件几何实体是否真正发生干涉，还需进行精确的几何求交检测。若两模型干涉，则必然有相交的几何面对，根据这一前提，可以对组成零件的几何面对进行碰撞检测。如果几何面对的 OBB 包围盒相交，则利用这些几何面的 OBB 包围盒层次结构进行三角面片精确检测。由于零件几何面所包含的三角面片数量相比较整个零件模型而言大大减少，故可以利用这一几何面层的干涉检测排除大量不可能相交的几何面，将精确的三角形求交计算控制在为数不多的三角面片上。

设零件 A 的 OBB 包围盒为 OBB_A，零件 B 的 OBB 包围盒为 OBB_B，零件 A 中与 OBB_B 相交的几何面集合为 CollList_A，两零件可能的碰撞几何面对为 CollPairList，经过此步运算后，进一步筛选出了两零件可能干涉的几何面对。该算法的伪代码如下：

```
if(Overlapped(OBB_A, OBB_B))
{
    for(Surface_i∈A)
    {
        if(Overlapped(OBB_Surface_i,OBB_B))
            Add(Surface_i,CollList_A);
    }
    for(Surface_j∈B)
    {
        if(Overlapped(OBB_Surface_j,OBB_A))
        {
```

```
                for(Surfacei∈CollList_A)
                {
                    if(Overlapped(OBB_Surfacei,OBB_Surfacej))
                       Insert(Surfacei,Surfacej,CollPairList);
                }
            }
        }
    }
```

5.3.2 基于模型边界面的层次包围盒的精确求交计算

在确定了可能相交的几何面对后，就应该对组成这两个几何面的三角面片进行精确的求交计算，然而对于大型曲面模型而言，其中样条曲面所包含的三角面片数量仍然较大，若对组成面片进行两两测试，将花费大量的计算时间，无法满足实时性需求。因此，有必要为各几何面的面片模型 Shell 建立对应的层次包围体结构(bounding volume hierarchy，BVH)，在集合图元测试之前先对包围体执行计算，以有效改善测试性能。基于前述零件模型 OBB 构造算法的实现以及各类包围盒的性能分析，在此采用 OBB 树形结构。

在构造树形结构的过程中，树的度数是首要考虑的问题，它决定了所构建树的深度以及计算机自动构造实现时的复杂程度。通常情况下，具有较大度数的树的深度值一般较小，可以降低根节点至叶节点之间的遍历时间，但这也会增加每一层的节点访问数量，随着当前访问节点的子节点数量的增加，二者相交测试的次数也会加剧；相反，对于具有较低度数的树形结构，虽然深度增加，但每一个访问节点的计算量将会减少。树的度数越大，则构建树形结构所需的内部节点数量就越少。在实际应用中，往往采用二叉树来实现这类层次结构，因为二叉树易于构造，且与其他类型的树形结构相比具有更简练的表现方式以及遍历算法。

常见的树形结构构造策略有自底向上方法、自顶向下方法以及插入算法。自底向上方法首先建立图元的包围体，形成树形结构的叶节点，再基于某种合并策略对其进行分组以构造一个新的内部节点，该过程重复递归向上进行，直至分组到树根节点，虽可生成最优树，但其实现过程较为复杂且构建过程比较耗时，难于应用到实际系统中；插入算法始于一棵空树且每次插入一个对象，搜索相应的插入位置并执行插入操作，从而建立相应的树形结构，其结构的好坏取决于插入的顺序，搜索过程比较烦琐；自顶向下方法始于输入图元集合的包围体，在后续操作中将这个物体对象划分至两个子集中，将该过程再次针对这两个子集实现递归分割用以构造分支层次结构，同时将子节点链接到父包围体节点上，直到输入集合只包含单一图元时，递归过程结束并构造图元的包围体。自顶向下构造方法简单，且时间消耗相对于前两者小许多，广泛地应用于大多数碰撞检测系统中。

采用自顶向下的树形构造方法时，应该选择合适的分割面将输入面片集划分为两个子集。在此可选择所求的 OBB 中具有最大方差值的轴，同时计算各几何面片质心的平均值 m，通过点 m 且垂直于该轴的平面即为所求的分割面，根据三角面片质心位于分割面的半空间来确定其所在的子集，OBB 层次结构树的构造过程如图 5-15 所示。对已构造好的几何面的 OBB 包围盒层次结构进行层次遍历搜索判断，最后才对可能干涉的面片对进行精确的三角求交计算，以确定该检测面片对是否真的干涉。

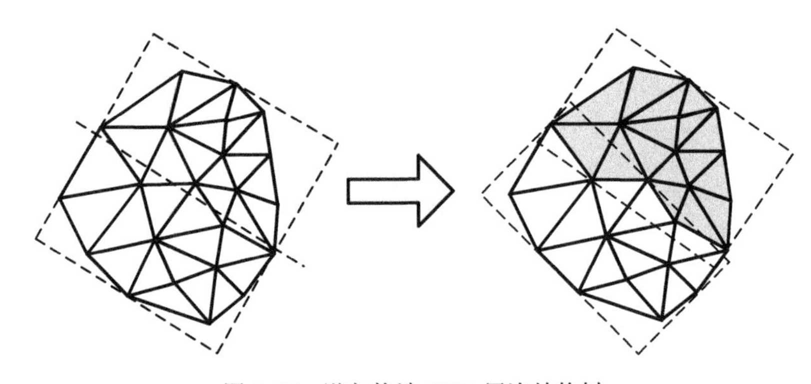

图 5-15　递归构造 OBB 层次结构树

5.4　装配仿真的基本原理及验证流程

装配仿真的实质就是将装配工艺规划好的装配序列与装配路径进行“反演”，依次对已规划序列中的各零部件的空间位姿进行连续变换，并将这一变换过程以动画的形式显示出来，真实地模拟产品的实际装配过程。通过设定合适的步长或时间间隔，将零部件的运动轨迹离散化为若干关键点，然后经过插值运算获取零部件在各关键点处的空间变换矩阵，进而将求得的变换矩阵应用于场景中该零部件所在的段上，并将模型位姿更新实时地反映到显示器窗口中，表现为在每个关键点处显示一幅相应的画面，这样就可以按关键点的顺序依次显示零部件在各时刻的瞬时画面，在视觉上产生零部件连续运动的效果。在装配仿真的同时，需要在各关键点处，将运动件与周围环境中的相关零部件作干涉检测，从而确定整个运动轨迹上物体与其他零部件的干涉情况，借此判断先前所规划好的装配工艺的可行性与合理性。装配仿真验证流程及其与装配工艺间的关系如图 5-16 所示。

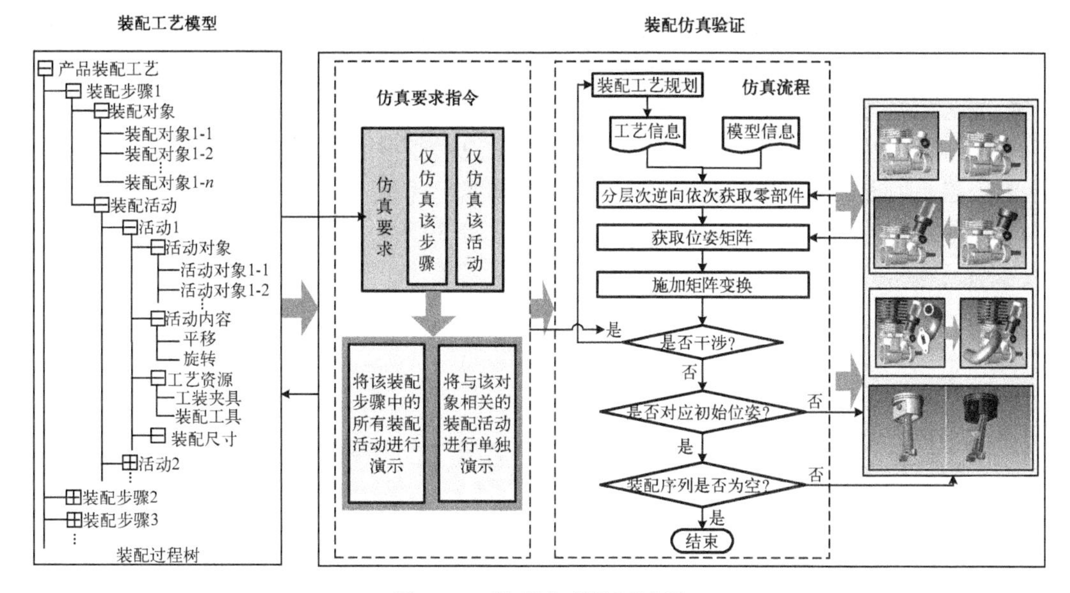

图 5-16　装配仿真验证流程

5.5　装配仿真的具体实现

如前所述，在装配工艺规划时已将相关路径信息保存并组织起来了，为了利用这些信息生成相应的工艺过程仿真动画数据，采用如图 5-17 所示的动画管理组织模式，以下对该动画信息管理中的关键要素进行简要叙述。

(1) 目标对象：指工艺设计中各工步活动所操作的相关零部件，即动画的控制对象。

(2) 关键帧：零部件运动过程中的关键位姿信息，如直线平移的起始位置、平面平移的各运动采集点、旋转运动的方位及位置等，具体参照 3.3.4 节中的路径信息。

(3) 时间轴：每一个动画对象都有唯一的时间轴，用于控制各关键帧所对应的时间点，也是插值器进行插值运算的参照。

(4) 插值器：用于管理各种类型的关键帧，并根据关键帧中的位姿信息及时间轴上的相关时间点进行插值计算，获取各时间点上的位姿矩阵，以仿真模型的运动。

(5) 动画：装配工艺中的每个装配活动都可以对应生成一个动画对象，由目标对象、插值器以及时间轴构成。

(6) 动画管理器：用于管理动画链表，并提供系统时间触发驱动源，给各动画的插值器提供插值计算的时间参考点。

根据上述的动画组织管理模式，并依据设计好的装配工艺信息，可以为工艺中对应的工序、工步、装配活动等生成相应的装配演示动画。由于工序、工步、装配活动之间具有层次包含关系，故它们的动画构成也要按照工艺的设计层次关系，即对于工艺，要按照其组成工序的顺序先后生成对应的工序动画；对于工序，则按照其构成工步顺序的先后生成对应的工步动画；而对于工步，则按照其所包含的装配活动顺序的先后生成各活动的动画。从动画的这种层次结构关系中可看出，动画对象的信息最终是从装配活动中提取出来的，即每一个装配活动都可相应生成唯一的与其操作过程对应的动画，其构造过程如图 5-18 所示。

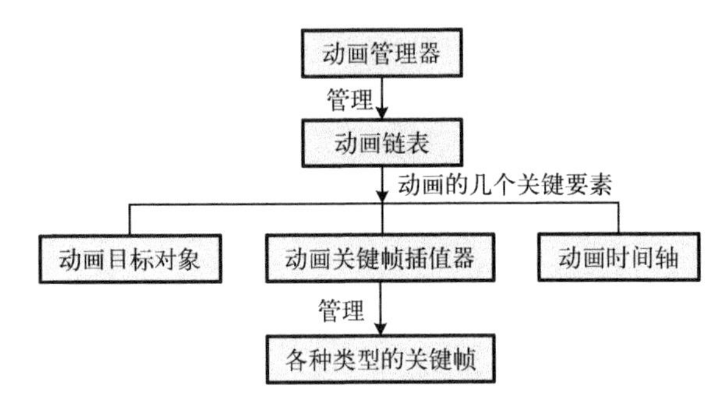

图 5-17　装配仿真中动画的管理

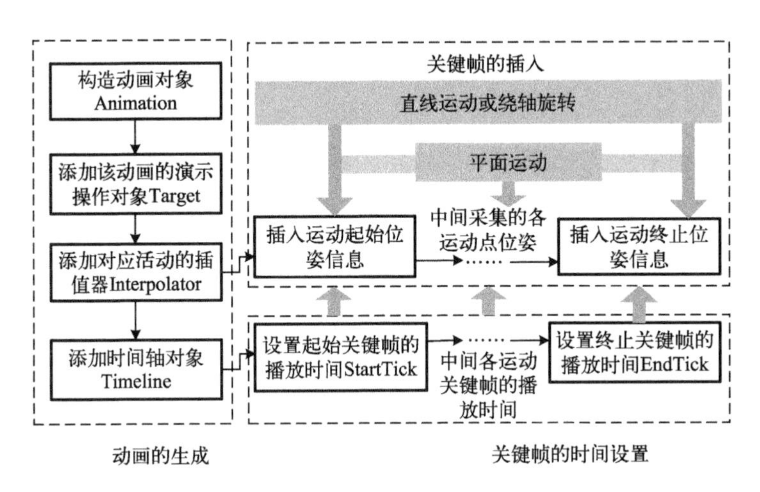

图 5-18　根据装配活动构造动画的过程

在实际的装配过程中，产品通常由多个部件构成，其中有些部件的装配相互间可能是没有影响的，也就是在装配时各部件可以并行装配，而在各部件组装时其内部又会有先后顺序，也就是装配的有序性，故整个产品模型的装配仿真过程在动画模拟时应该具有相应的连续性和并行性，也就是动画的设计要能够反映出装配序列规划中的并行和串行信息。对于工步中并行的活动，应将对应动画的起始播放时间设置成相同的，而对于没有并行性的活动，则按照先后顺序将其动画的起止播放时间衔接起来。对于工序中并行的工步，使各并行工步中的第一个活动的起始播放时间(也即该工步的起始播放时间)相同；对于没有并行性的工步，将各工步的起止播放时间按顺序衔接起来，工步的终止播放时间以最后一个活动的终止时间来衡量。同理，对于工艺中并行的工序，则使其第一个工步中的第一个活动的起始播放时间(该工序的起始播放时间)相同；对于没有并行性的工序，将各工序的起止播放时间按顺序衔接起来，工序的终止播放时间以其最后一个工步的最后一个活动的终止时间来衡量。考虑并行性和连续性的工艺动画时间设置流程如图 5-19 所示。

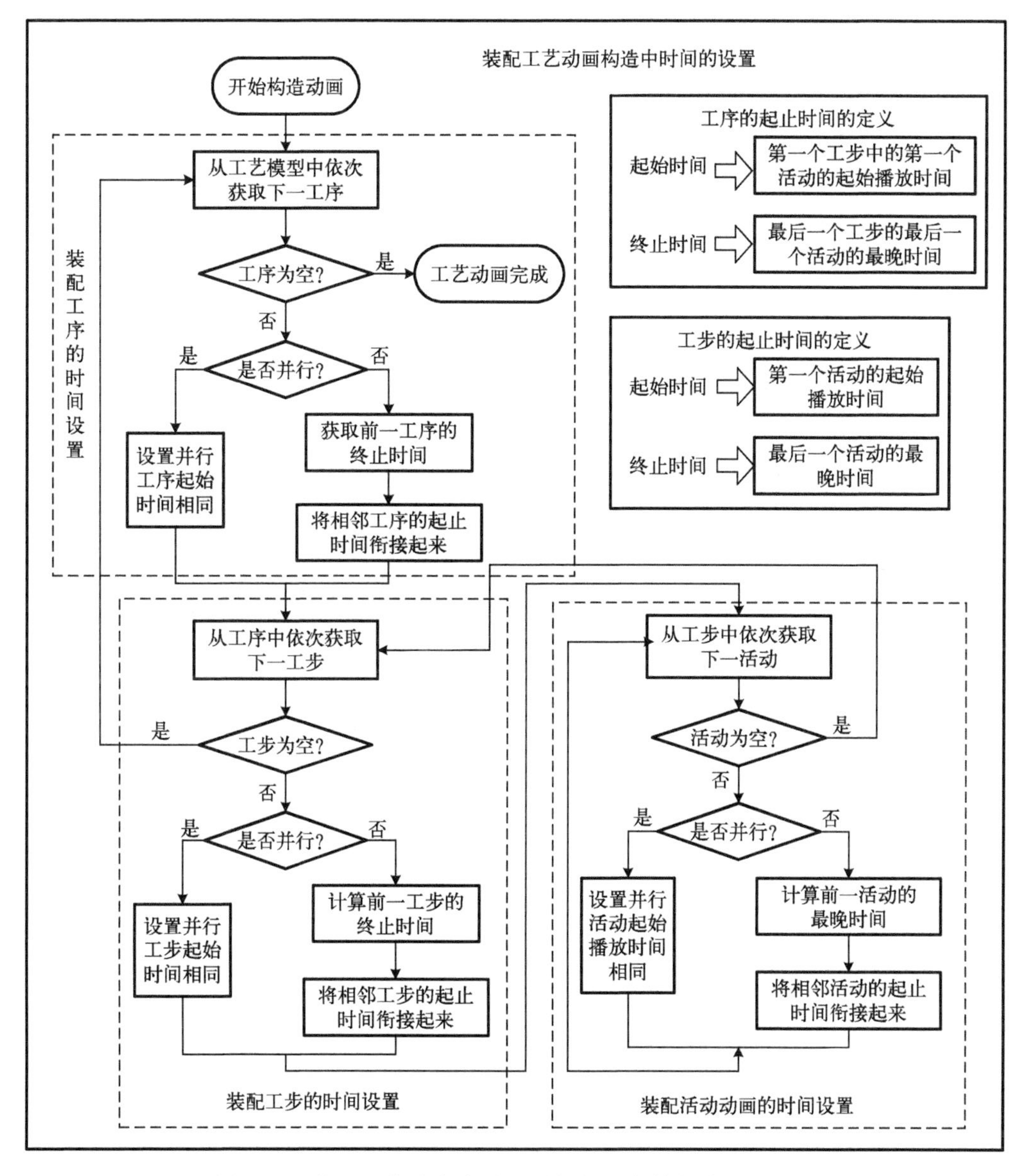

图 5-19　装配工艺仿真中动画时间的并行性与连续性设置

在生成装配工艺对应的动画信息之后，就可以在工艺模型树上选中自己要查看的工序、工步或装配活动的装配仿真过程，其中仿真功能包括工艺仿真、工序仿真、工步仿真以及活动仿真。工艺仿真就是仿真其所包含的所有工序，工序仿真就是仿真其所包含的所有工步，而工步仿真则是仿真其所包含的所有活动，活动仿真就是仿真单一的装配活动，其仿真过程也是按照前述的层次结构来进行选择性的仿真，系统装配仿真功能如图 5-20 所示。

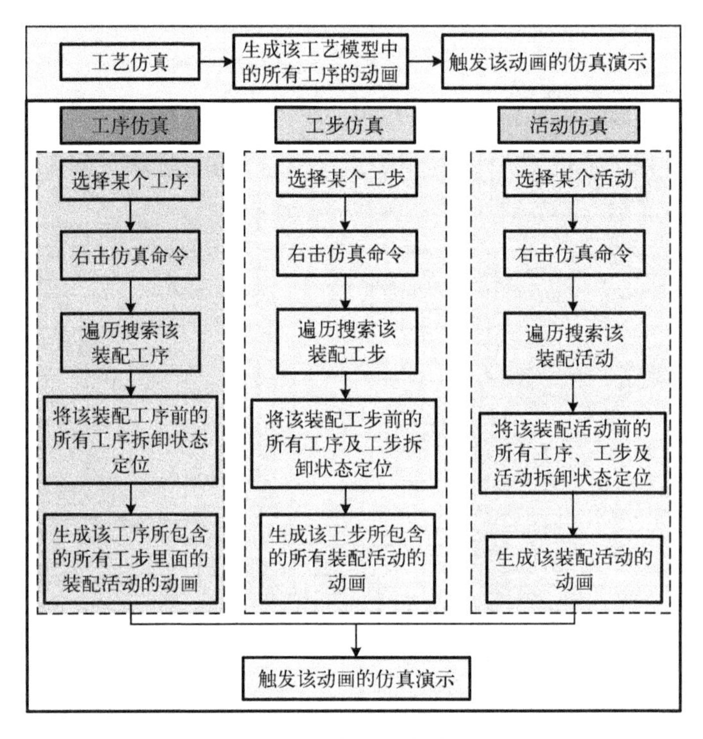

图 5-20　装配仿真功能

第 6 章　三维装配工艺设计中资源的使用

工装是装配工艺规划过程中的重要因素。装配工艺系统遵循“先拆后装、拆后重装”的设计准则进行工艺设计，即假设产品的装配过程是拆卸过程的逆向过程，因而，在装配工艺系统中应用工装时，要求先将工装与产品进行装配，然后再进行工艺设计[94]。本章将主要讲述三维装配工艺设计中工装模型的表达以及装配操作的实现方法。

6.1　装配工装概述

6.1.1　工装模块的主要功能

装配工装是指在装配活动中，保证装配过程能正确执行的各种装置，包括夹具、刀具、量具、辅具、检具等。重点研究装配夹具，它通过对基准零部件施加外力使其获得可靠定位，以便完成待装零部件的装配，提高装配精度、装配效率及装配安全性。

如图 6-1 所示，在工装管理方面，实现了工装扩展、工装缩减、工装预览及工装导入。在工装应用方面，实现了工装建模、工装移动、约束交互式定义、工装的装配实现及工装退出，其中，最关键的是工装建模与工装的装配实现：导入工装，构建工装模型；通过求解装配约束和定位关系，实现工装的装配。

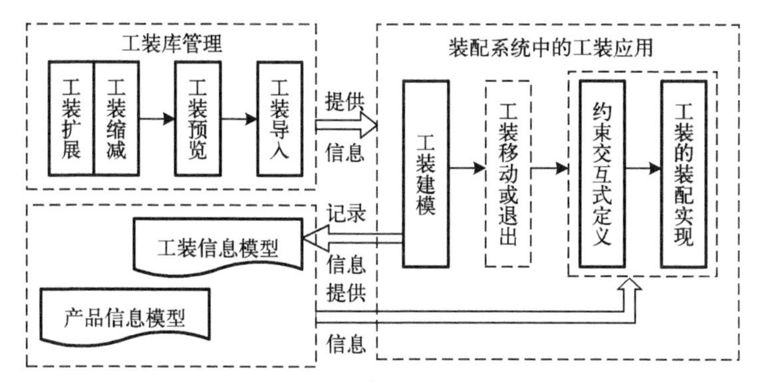

图 6-1　工装的管理与应用（增加、删除）

6.1.2　装配定位的主要模块

在工装模块中，装配约束的实现主要通过 4 个子模块来完成，包括工装模型、约束的交互式定义模块、约束与定位求解模块和约束管理模块。各模块之间关系及数据流向如图 6-2 所示。

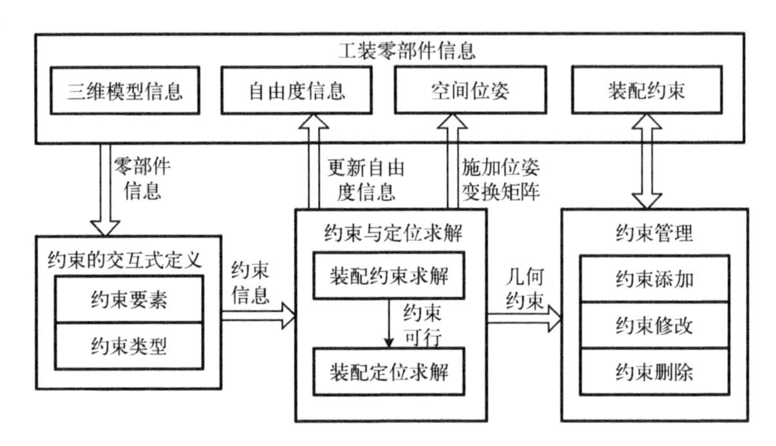

图 6-2　子模块之间的关系及数据流向

其中，工装模型即工装零部件信息模型，是装配约束的载体，主要包括三维模型信息、空间位姿、装配约束和自由度信息等。

约束定义模块提供交互式几何约束定义方法，其定义流程包括约束几何元素的选择、约束关系类型的选择。

约束与定位求解模块的作用主要体现在：根据新施加的几何约束和零部件的当前自由度状态，通过相关的算法进行约束的可行性判定，计算零部件空间位姿的变换矩阵，调整零部件空间位姿，并更新零部件的自由度信息。

约束管理模块管理所有可行的几何约束，不包括矛盾的、冗余的几何约束。约束管理模块的作用主要体现在：添加、删除、修改几何约束等，并与工装模型进行约束信息的交互。

6.1.3　装配定位交互式实现的总体流程

零部件之间的装配是根据待装零部件相对于基准件在空间中的位姿变换实现的，待装零部件是还没有完成装配的零部件，基准件是已经装配的零部件。通过零部件间几何元素的约束关系，求解待装零部件的位姿变换矩阵(解不一定存在)，由此改变待装零部件的空间位姿，实现零部件间的装配关系。交互式添加约束，实现装配关系的流程如图 6-3 所示，零部件间装配关系的具体实现步骤如下。

Step1：从工装库中预览工装，选择需要的工装，导入系统中。

Step2：选择需要施加约束的约束要素，即几何元素。

Step3：根据几何元素类型，显示可用的约束关系类型，选择要添加的约束关系类型，如重合、同轴等。

Step4：进行装配约束求解，判断新施加的约束与零部件当前约束状态是否矛盾，即是否过约束。

Step5：若没有过约束，进行装配定位求解，计算位姿变换矩阵；否则，提示过约束。

Step6：根据位姿变换矩阵，变换待装零部件的位姿；根据约束状态，更新自由度信息。

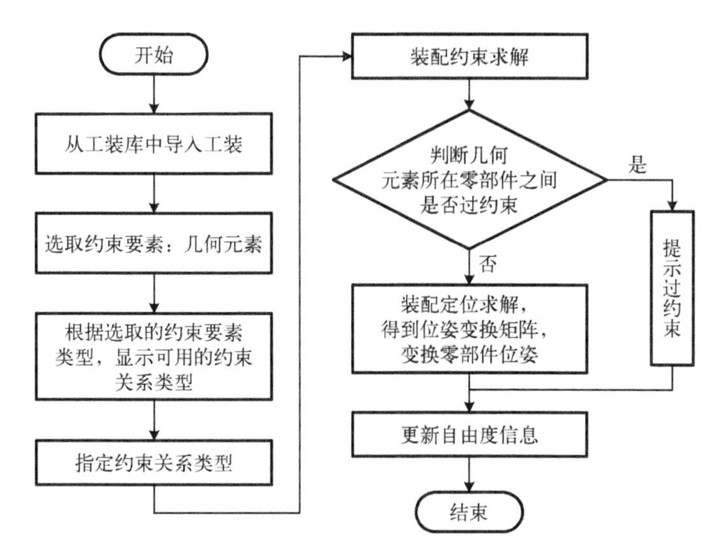

图 6-3　装配关系交互式实现的流程

6.2　装配工艺系统中的工装模型

6.2.1　工装模型的表达

为实现工装的应用，引入工装对象是最基础的工作，即首先要构建工装信息模型。工装信息模型是一种集成化的信息规范，它与其应用功能紧密相关。在装配系统中，工装需实现导入、装配操作、退出等应用，并与装配模型相兼容。

利用转换接口，读取设计文件，提取文件中的有效信息，添加其他必要信息，最终生成工装信息模型。工装信息模型表达如图 6-4 所示。

工装模型包括管理信息、显示信息、几何信息、装配约束及自由度信息等。

1)管理信息

ID 是工装的编号，具有唯一性；名称是工装的显示名；类型是按工装使用范围进行的分类，有通用工装、专用工装和标准工装。

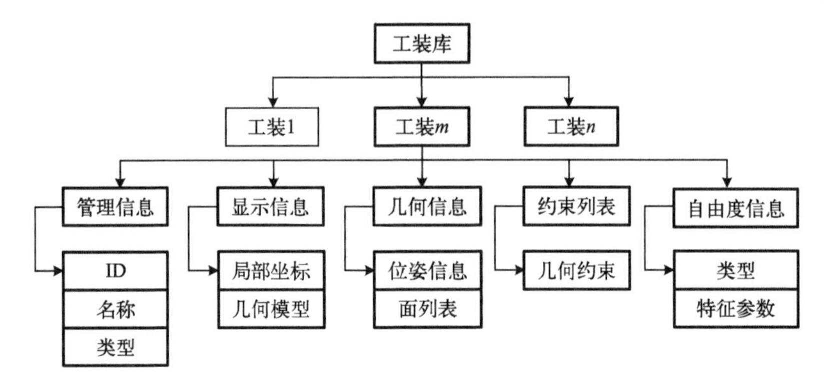

图 6-4　工装信息模型表达

2) 显示信息

局部坐标是工装零部件所在局部坐标系；几何模型是零部件在模型视图区的面片显示信息，也是装配约束的求解对象和载体，零件几何模型为装配功能的实现提供了必要信息。因此，零件几何模型可表示为

<GeomModel> = {<ID>, <MeshData>, <GeomElem_List>}

其中，ID 是零件几何模型的标识；MeshData 是零件在模型视图区中的显示数据，是设计文件中零件精确几何数据经过离散化、面片化处理后得到的，它有助于节约系统内存，提升运行效率；GeomElem_List 是几何模型对应的几何元素列表。

3) 几何信息

位姿信息是工装零部件在全局坐标系中的位置和方向；面列表是零件的几何面列表，零件的装配通常是利用几何面间的约束关系实现的，因此，几何元素可表示为

<GeomElem> = {<ID>, <Type>, <EntityData>}

其中，ID 是几何元素的标识；Type 表示几何元素的类型；EntityData 表示精确的几何数据。

4) 装配约束

装配约束是一组几何约束列表。几何约束是零部件上几何面之间施加的约束关系。几何约束是约束求解的核心对象，是零部件定位的基础，用于确定零部件的装配关系，因此，如何描述几何约束信息以利于约束求解就显得至关重要。几何元素是几何约束的直接载体，几何模型对应着几何元素列表，零件几何模型是几何约束的间接载体，几何模型和几何元素是约束信息的基本要素，当对几何元素施加约束时，需要记录约束类型。因此，几何约束可表示为

<ConsUnit> = {<ID>, <ConsType>, <GeomElemList>, <GeomModelList>}

其中，ID 是几何约束的标识，具有唯一性；ConsType 表示约束类型；GeomElemList 表示参与约束的两个几何元素；GeomModelList 表示 GeomElemList 对应的两个零件几何模型。

5) 自由度信息

自由度信息中，自由度是剩余自由度；类型是自由度的分类；特征参数是对自由度类型的参数化表达，描述零部件的自由空间；自由度类型及其参数可表示为

<DFInfo> = {<Status>, <Type>, <TypeObj>}

其中，Status 是自由度状态；Type 是自由度类型；TypeObj 是类型对象。

6.2.2　零件几何模型与几何元素

设计文件通常包含零件特征的生成方法、精确的几何和拓扑信息，以满足用户的设计需求。而在工装模块中，工装零件几何模型的主要用途体现在：为零件在模型视图区中的显示提供数据；在视图区中显示零部件的装配关系，关联精确的几何元素。因此，零件几何模型不必包含设计文件中的所有信息，其他信息可通过转换接口过滤特征生成等方法生成，并对实体几何数据进行面片化处理后得到。这将大大节约系统内存，提升系统运行效率。

零件装配的本质是对几何元素施加约束关系，根据约束关系，调整零件模型的位姿，实现零件的装配。因此，在工装模块中，几何元素的主要作用体现在：作为几何约束的约束要素，根据约束关系，参与几何约束的求解。几何元素间的约束关系主要包括点与点的约束、点与线的约束、点与面的约束、线与线的约束、线与面的约束以及面与面的约束。在实际物理实体中，几何面是主要的装配特征，因此，在工装模块中，参与约束的几何元素是各种类型的几何面，主要包括平面、圆柱面、圆锥面等。重点讨论几何面与几何面之间的约束关系，下面若无特殊说明，几何元素都仅表示几何面。

常用的面与面之间的约束关系主要包括以下类型：①平面与平面的约束；②平面与圆柱面的约束；③圆柱面与圆柱面的约束；④圆柱面与圆锥面的约束；⑤圆锥面与圆锥面的约束。

在模型视图区中，选择约束要素施加约束关系，视图区的几何模型信息并不是精确数据，不能用于装配约束求解，因此，要获得精确的几何数据，必须使得几何元素与几何模型上的相应信息一一对应，几何模型与几何元素的关系如图 6-5 所示。

6.2.3　装配约束与几何约束

常用的几何约束关系类型主要包括：①重合；②平行；③垂直；④相切；⑤同轴；⑥距离；⑦角度。

零部件上一组几何约束共同作用形成装配约束，几何约束是零部件装配约束的基本单元，装配约束与几何约束的关系如图 6-6 所示。

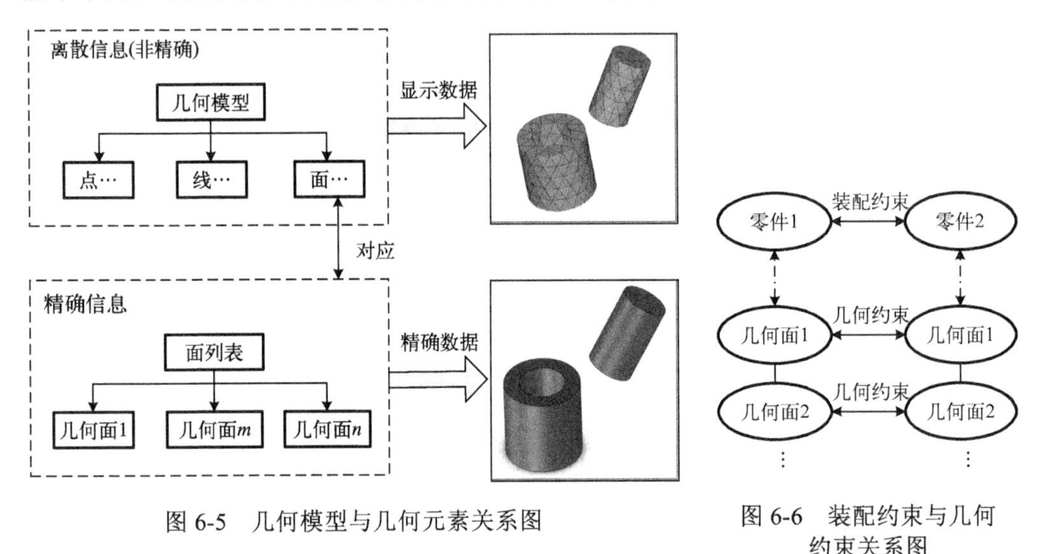

图 6-5　几何模型与几何元素关系图

图 6-6　装配约束与几何约束关系图

6.3　三维几何元素的形位表达

6.3.1　空间零件的位姿表达

工装的装配最终是通过受约束的待装配零件相对于固定零件的位姿变化实现的。零件的位姿可通过其所在局部坐标系 $O'X'Y'Z'$ 相对于全局坐标系 $OXYZ$ 做平移和旋转变换的结果来表达。零件的位姿包括位置和姿态信息，位置是指零件局部坐标系在全局坐标系中所处的具体位置，姿态是指零件局部坐标系相对于全局坐标系的方向。根据位置和姿态信息，就可以确定零件在全局坐标系中的确切方位。

在三维空间中，根据齐次坐标原理，零部件的位姿是由一个 4×4 的齐次变换矩阵 $\boldsymbol{M}$ 表示的，即

$$\boldsymbol{M}=\begin{bmatrix} x_{r1} & x_{r2} & x_{r3} & x_t \\ y_{r1} & y_{r2} & y_{r3} & y_t \\ z_{r1} & z_{r2} & z_{r3} & z_t \\ 0 & 0 & 0 & 1 \end{bmatrix}$$

式中，(x_r, y_r, z_r) 分别为零部件所在局部坐标系的 3 个坐标轴的单位方向向量；(x_t, y_t, z_t) 则为零部件相对于坐标原点的平移向量，所有这些参数均是相对于全局坐标系而言的。根据运动复杂程度的不同，零部件在空间中的运动具体可分为：①基本

变换，包括基本平移变换和基本旋转变换；②绕过原点任意轴的旋转变换；③绕空间任意轴的旋转变换。绕空间任意轴的旋转变换是一般情况，基本旋转变换和绕过原点任意轴的旋转变换是特殊情况。

绕空间任意轴的旋转变换如图 6-7 所示，其一般步骤为：首先，将旋转轴 V 平移至过原点位置，计算平移矩阵 $\boldsymbol{M}_T'$，然后，按绕过原点任意轴 V' 的旋转变换计算旋转矩阵 $\boldsymbol{M}_R'$，最后，将旋转轴平移至原来的位置，计算平移矩阵 $\boldsymbol{M}_T'^{-1}$。此时，绕空间任意轴的旋转变换矩阵为

$$\boldsymbol{M}_R = \boldsymbol{M}_T' \cdot \boldsymbol{M}_R' \cdot \boldsymbol{M}_T'^{-1} \tag{6-1}$$

当点 P 进行平移运动时，其平移变换矩阵是 $\boldsymbol{M}_T$，则点 P 的位姿变换矩阵 $\boldsymbol{M}$ 可表示为

$$\boldsymbol{M} = \boldsymbol{M}_R \cdot \boldsymbol{M}_T \tag{6-2}$$

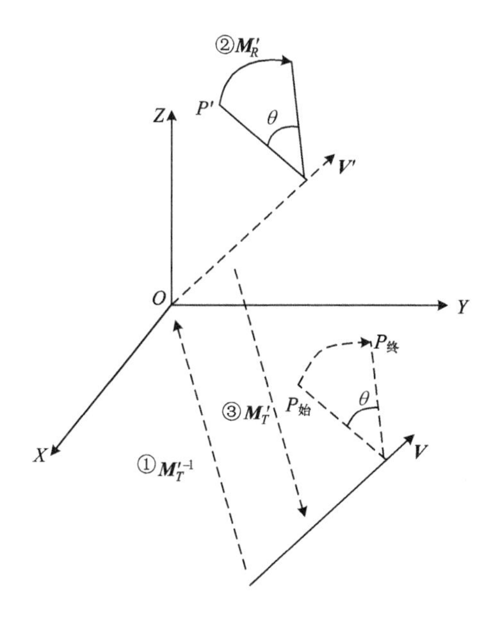

图 6-7　绕空间任意轴的旋转

6.3.2　几何元素的特征参数表达

在工装模块中，工装的装配是通过动零件的位姿变化实现的，零件位姿的变化是通过两个零件上几何元素之间约束关系实现的。为便于约束的求解，几何元素可以用特征参数表达。例如，平面可以表示为面上的中心点及面的法向量，圆柱面可表示为轴线的方向向量、轴线上一点及圆半径。表 6-1 为常见几何面在局部坐标系下的特征参数表达。

表 6-1 常见几何面的特征参数表达

类型	特征参数	备注
平面	P, N	P 是平面上一点，N 是平面法向量
圆柱面	P, V, R	P 是圆柱面轴线上一点，V 是轴线方向向量，R 是半径
圆锥面	P, V, α	P 是圆锥面轴线上一点，V 是轴线方向向量，α 是锥角

6.4 基于自由度推理的装配约束求解

两个零件之间的装配约束关系表现为两个零件的几何元素间的若干几何约束关系。装配约束的求解是在不破坏原有几何约束关系的基础上满足新的几何约束关系，可以根据几何约束关系，通过记录、分析和推理零件的自由度信息来求解。

6.4.1 自由度和约束的关系

在未受约束的情况下，每个零件的自由度(degree of freedom，DF)可分解为 3 个旋转自由度(degree of rotation freedom，DRF)和 3 个平移自由度(degree of translation freedom，DTF)，其自由空间(freedom space，FS)为整个三维空间。当零件受约束时，零件的自由度受到限制，约束满足的过程就是零件自由度不断减少的过程。约束和自由度是零件的一对相互作用的矛盾体，当添加约束时，零件的自由度减少；当消除约束时，零件的自由度增加。

为便于进行自由度分析，对剩余自由度和约束度的关系、剩余自由空间和约束空间的关系作如下表示。

1．剩余自由度和约束度的关系

剩余自由度与约束度之间的关系可表示为：RDF = DF−DC。

其中，DC 是零部件所受约束度(degree of constraint)；RDF 是零部件的剩余自由度(remained degree of freedom)。

DC 描述约束关系对零件的约束程度，DC = DTC + DRC。其中 DTC 表示平移约束度(degree of translation constrain)；DRC 表示旋转约束度(degree of rotation constraint)。

RDF 是零件受约束后还存在的自由度，RDF = RDTF + RDRF。其中 RDTF 表示剩余平移自由度(remained degree of translation freedom)；RDRF 表示剩余旋转自由度(remained degree of rotation freedom)。

2．剩余自由空间和约束空间的关系

剩余自由空间与约束空间之间的关系可表示为：RFS = FS−CS。

其中，CS 是约束空间(constraint space)；RFS 是零部件的剩余自由空间(remained freedom space)。

CS 是约束对零件自由空间的限制，CS = TCS + RCS。其中 TCS 表示平移约束空间(translation constraint space)；RCS 表示旋转约束空间(rotation constraint space)。

RFS 是零件受约束后还能够运动的空间范围，RFS = RTFS + RRFS。其中 RTFS 表示剩余平移自由空间(remained translation freedom space)；RRFS 表示剩余旋转自由空间(remained rotation freedom space)。

6.4.2　自由度分析

自由度分析的目的是得到零件在满足约束情况下的剩余自由度及其剩余自由空间。首先，获得零件在添加几何约束前的自由度；其次，添加约束后，根据约束类型判断零件受限平移自由度和旋转自由度，计算得到零件在添加约束后的剩余自由度；最后，获得零件的剩余自由空间。由此可见，几何约束的求解建立在自由度分析的基础上，约束关系的满足可以通过对零件自由度的记录、分析、推理得到。进行自由度分析，首先需要对约束关系类型进行分析，得到每种约束关系类型对零件自由度的限制和对零件自由空间的限制。

根据欧拉定理，任何零件的运动都可以分解为绕某个轴转动和沿某个方向平移。当零件运动受限制时，零件的旋转运动类型有不可旋转、绕某方向旋转、绕过定点轴旋转和自由旋转四种类型，平移运动类型有不可平移、沿某方向平移、在某个面上平移和自由平移四种类型。根据零件的运动特点，零部件的自由度表达如图 6-8 所示。

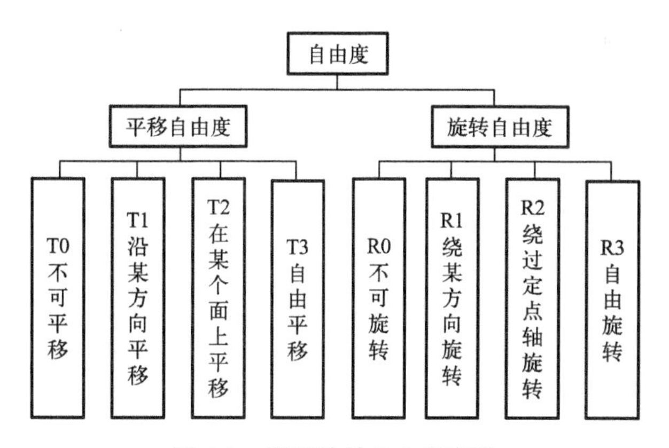

图 6-8　零部件的自由度表达

常见约束类型与自由度分析如表 6-2 所示。

表 6-2　常见约束类型与自由度分析

约束类型	几何元素	平移、旋转约束度 (DTC、DRC)	剩余平移、旋转自由度 (RDTF、RDRF)
重合	平面-平面	(1、2)	(T2、R1)

续表

约束类型	几何元素	平移、旋转约束度（DTC、DRC）	剩余平移、旋转自由度（RDTF、RDRF）
平行	平面-平面	（0、2）	（T3、R1）
垂直	平面-平面	（0、2）	（T3、R1）
相切	平面-圆柱面	（1、2）	（T2、R1）
同轴	圆柱(锥)面-圆柱(锥)面	（2、2）	（T1、R2）
距离	平面-平面	（1、2）	（T2、R2）
角度	平面-平面	（0、2）	（T3、R1）

6.4.3　自由空间的形位表达

1. 根据自由度类型用数学描述自由空间

基于自由度分析，描述了约束类型、约束度和剩余自由度的关系，得到了零件在受约束情况下的自由度类型。但是，这不足以支持系统功能的实现，为了便于系统功能的实现，需要根据自由度类型，用数学数据描述零件的剩余自由空间。

通常，平移自由度和旋转自由度分别描述，具体如下。

1)平移自由度

平移自由度可表示为

$$\mathrm{RTFS(Type)} = \{\mathrm{pt}, \mathbf{dir}\} \tag{6-3}$$

式中，Type 是剩余平移自由度 RDTF 的类型；pt 表示一点；**dir** 表示一向量。对于不同的 Type，pt 和 **dir** 有不同的意义。平移自由空间的形位表达如表 6-3 所示。

表 6-3　平移自由空间的形位表达

自由度类型	pt	dir
T0	点不存在	平移轴向量不存在
T1	直线上一点	直线的方向向量
T2	平面上一点	平面的法向量
T3	空间中任一点	任意旋转向量

2)旋转自由度

旋转自由度可表示为

$$\mathrm{RRFS(Type)} = \{\mathrm{pt}, \mathbf{dir1}, \mathbf{dir2}\} \tag{6-4}$$

式中，Type 是剩余旋转自由度 RDRF 的类型；pt 表示一点；**dir1**、**dir2** 表示一向量。

对于不同的 Type，pt、**dir**1 和 **dir**2 有不同的意义。旋转自由空间的形位表达如表 6-4 所示。

表 6-4　旋转自由空间的形位表达

自由度类型	pt	**dir**1	**dir**2
R0	点不存在	旋转轴向量不存在	旋转轴向量不存在
R1	任意点	旋转轴的方向向量	旋转轴的方向向量
R2	旋转轴上一点	旋转轴的方向向量	旋转轴的方向向量
R3	空间中任一点	任意旋转轴向量	任意旋转轴向量

2．对不同约束关系用数学描述自由空间

对于具体约束关系，下面介绍用数学方法表示其剩余自由空间。首先，将约束关系进行分类。重合、距离约束都是平面和平面之间的距离关系，归为距离类约束；平行、垂直、角度都是平面和平面之间的角度关系，归为角度类约束；还有同轴、相切约束。分别介绍如下。

1)距离类约束

对于距离类约束，如图 6-9(a)所示，待装零件 A 上平面 A-1 与基准零件 B 上平面 B-1 的距离为 d(若 $d=0$，则为面重合)。$\boldsymbol{n}$ 为平面 A-1 的法向量，P 为平面上一点，则零件 A 的剩余旋转自由空间可表示为

$$\mathrm{RRFS(R1)}=\{\mathrm{pt},\boldsymbol{n},\mathbf{dir}2\} \tag{6-5}$$

式中，pt 和 **dir**2 不存在。

剩余平移自由空间可表示为

$$\mathrm{RTFS(T2)}=\{P,\boldsymbol{n},\mathbf{dir}2\} \tag{6-6}$$

式中，**dir**2 不存在。

2)角度类约束

对于角度类约束，如图 6-9(b)所示，待装零件 A 上平面 A-1 与基准零件 B 上平面 B-1 的角度为 θ。$\boldsymbol{n}$ 为平面 A-1 的法向量，P 为平面上一点，则零件 A 的剩余旋转自由空间可表示为

$$\mathrm{RRFS(R1)}=\{\mathrm{pt},\boldsymbol{n},\mathbf{dir}2\} \tag{6-7}$$

式中，pt 和 **dir**2 不存在。

剩余平移自由空间可表示为

$$\mathrm{RTFS(T3)}=\{\mathrm{pt},\mathbf{dir}1,\mathbf{dir}2\} \tag{6-8}$$

式中，pt 为任意点；**dir**1 和 **dir**2 为任意向量。

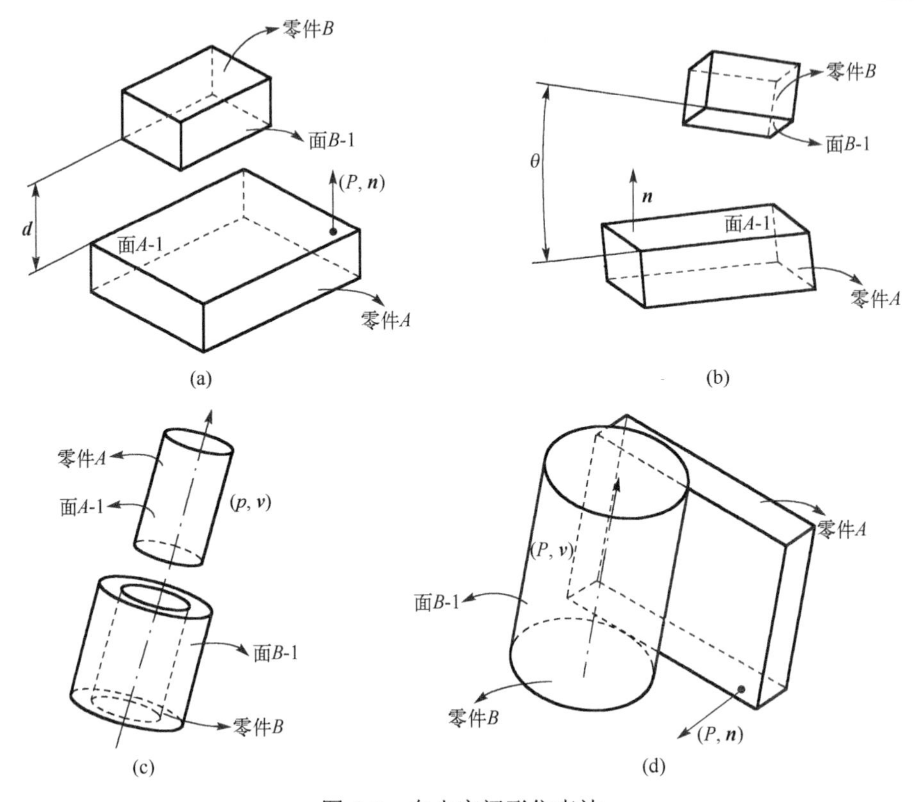

图 6-9　自由空间形位表达

3) 同轴约束

对于同轴约束，如图 6-9(c)所示，待装零件 A 上旋转面 A-1 与基准零件 B 上旋转面 B-1 同轴。$\boldsymbol{v}$ 为旋转面 A-1 的轴线的方向向量，P 为轴线上一点，则零件 A 的剩余旋转自由空间可表示为

$$\text{RRFS(R2)} = \{P, \boldsymbol{v}, \mathbf{dir}2\} \tag{6-9}$$

式中，$\mathbf{dir}2$ 不存在。

剩余平移自由空间可表示为

$$\text{RTFS(T1)} = \{P, \boldsymbol{v}, \mathbf{dir}2\} \tag{6-10}$$

式中，$\mathbf{dir}2$ 不存在。

4) 相切约束

对于相切约束，如图 6-9(d)所示，待装零件 A 上平面 A-1 与基准零件 B 上旋转面 B-1 的相切。$\boldsymbol{n}$ 是平面 A-1 的法向量，P 为平面上一点，$\boldsymbol{v}$ 和旋转面 B-1 的轴线的方向向量，则零件 A 的剩余旋转自由空间可表示为

$$\text{RRFS(R1)} = \{\text{pt}, \boldsymbol{n}, \boldsymbol{v}\} \tag{6-11}$$

式中，pt 不存在。

剩余平移自由空间可表示为

$$\text{RTFS(T2)} = \{P, \boldsymbol{n}, \mathbf{dir}2\} \tag{6-12}$$

式中，**dir**2 不存在。

6.4.4　自由度推理

在零件装配时，根据装配约束确定其位置姿态。根据上面内容可知，装配约束通常由多个几何约束的组合构成，为了表示零件的装配约束，就需要根据几何约束，对零件自由度进行推理，即在不破坏原有约束又满足新的约束的情况下，对零件自由度进行更新。它可表示为零件的剩余自由度 RDF 与约束度 DC 的交集 $\text{RDF} = \text{RDF} \cap \bigcup_{i=1}^{n} \text{DC}_i$，当零件未施加几何约束时，它的剩余自由度 RDF 为完全自由度 DF。其中，$\bigcup_{i=1}^{n} \text{DC}_i$ 是多个几何约束度的组合。由于平移约束和旋转约束的相互独立性，自由度推理也可分为平移自由度推理和旋转自由度推理。

1．平移自由度推理

零件的剩余平移自由度 RDTF 与平移约束度 DTC 的推理可表示为 $\text{RDTF} = \text{RDTF} \cap \bigcup_{i=1}^{n} \text{DTC}_i$，为便于理解平移自由度推理，首先做如下假设。

1) 当前剩余平移自由度

设待装零件当前平移剩余自由度为 T2，则剩余平移自由空间的特征参数表示为（P'，$\boldsymbol{N}'$），P' 为平面上一点，$\boldsymbol{N}'$ 为平面的法向量；若当前平移剩余自由度为 T1，则平移剩余自由空间的特征参数表示为（P'，$\boldsymbol{V}'$），P' 为轴线上一点，$\boldsymbol{V}'$ 为轴线的方向向量。

2) 新施加平移约束

设待装零件新引入的平移约束度为 1，则其剩余平移自由空间的特征参数为（P，$\boldsymbol{N}$），P 为平面上一点，$\boldsymbol{N}$ 为平面的法向量；若新引入的平移约束度为 2，则其剩余平移自由空间的特征参数为（P，$\boldsymbol{V}$），P 为轴线上一点，$\boldsymbol{V}$ 为轴线的方向向量。

然后，通过枚举法，给出了平移自由度推理准则，如表 6-5 所示。

2．旋转自由度推理

零件的剩余旋转自由度 RDRF 与旋转约束度 DRC 的推理可表示为 $\text{RDRF} = \text{RDRF} \cap \bigcup_{i=1}^{n} \text{DRC}_i$，为便于理解旋转自由度推理，首先做如下假设。

表 6-5　平移自由度推理准则

约束类型	平移约束度	剩余平移自由度(RDTF)			
无	0	T3	T2	T1	T0
重合	1	T2	若 $\boldsymbol{N}$ 与 $\boldsymbol{N}'$ 共线，则为 T2；若 $\boldsymbol{N}$ 与 $\boldsymbol{N}'$ 不共线，则为 T1	若 $(P,\ \boldsymbol{N})$ 所确定的平面与 $\boldsymbol{V}'$ 平行，则为 T1；否则为 T0	T0
平行	0	T3	T2	T1	T0
垂直	0	T3	T2	T1	T0
相切	1	T2	若 $\boldsymbol{N}$ 与 $\boldsymbol{N}'$ 共线，则为 T2；若 $\boldsymbol{N}$ 与 $\boldsymbol{N}'$ 不共线，则为 T1	若 $(P,\ \boldsymbol{N})$ 所确定的平面与 $\boldsymbol{V}'$ 平行，则为 T1；否则为 T0	T0
同轴	2	T1	若 $\boldsymbol{V}$ 与 $(P',\boldsymbol{N}')$ 所确定的平面平行，则为 T1；否则为 T0	若 $\boldsymbol{V}$ 与 $\boldsymbol{V}'$ 共线，则为 T1；否则为 T0	T0
距离	1	T2	若 $\boldsymbol{N}$ 与 $\boldsymbol{N}'$ 共线，则为 T2；若 $\boldsymbol{N}$ 与 $\boldsymbol{N}'$ 不共线，则为 T1	若 $(P,\ \boldsymbol{N})$ 所确定的平面与 $\boldsymbol{V}'$ 平行，则为 T1；否则为 T0	T0
角度	0	T3	T2	T1	T0

1) 当前剩余旋转自由度

设待装零件当前剩余旋转自由度为 R2，则剩余旋转自由空间的特征参数表示为 $L' = (P',\ \boldsymbol{V}')$，其中 P' 为旋转轴线 L' 上一点，$\boldsymbol{V}'$ 为旋转轴线 L' 的方向向量。若当前剩余旋转自由度为 R1，则剩余旋转自由空间的特征参数表示为 $l'=\boldsymbol{V}'$，其中 $\boldsymbol{V}'$ 为旋转轴线 l' 的方向向量。

2) 新施加旋转约束

设待装零件新引入的旋转约束度为 2，则其剩余旋转自由空间的特征参数为 $L=(P,\ \boldsymbol{V})$ 或 $l=\boldsymbol{V}$，P' 为轴线 L 上一点，$\boldsymbol{V}$ 为旋转轴线的方向向量。

然后，通过枚举法，给出了旋转自由度推理准则，如表 6-6 所示。

表 6-6　旋转自由度推理准则

约束类型	旋转约束度	剩余旋转自由度(RDRF)			
无	0	R3	R2	R1	T0
重合	2	R1	若 l 与 L' 共线，则为 R2；否则为 R0	若 l 与 l' 共线，则为 R1；否则为 R0	T0
平行	2	R1	若 l 与 L' 共线，则为 R2；否则为 R0	若 l 与 l' 共线，则为 R1；否则为 R0	T0
垂直	2	R1	若 l 与 L' 共线，则为 R2；否则为 R0	若 l 与 l' 共线，则为 R1；否则为 R0	T0
相切	2	R1	若 l 与 L' 共线，则为 R2；否则为 R0	若 l 与 l' 共线，则为 R1；否则为 R0	T0
同轴	2	R2	若 l 与 L' 相同，则为 R2；否则为 R0	若 l 与 l' 共线，则为 R2；否则为 R0	T0
距离	2	R2	若 l 与 L' 共线，则为 R2；否则为 R0	若 l 与 l' 共线，则为 R1；否则为 R0	T0
角度	2	R1	若 l 与 L' 共线，则为 R2；否则为 R0	若 l 与 l' 共线，则为 R1；否则为 R0	T0

6.5　基于几何约束的装配定位求解

装配定位求解的目的是确定零件的空间位姿，限制零件的自由度，自由空间。在不受约束状态下，零件处于完全自由状态，在空间中的位姿不受限制。在约束条件下，零件为了满足约束条件，空间位姿必然发生变化，其最终表现是空间位姿变化受到限制。几何约束关系可以分解为角度关系和距离关系的描述，其中，角度关系限制了零件的旋转自由度，即旋转自由空间，距离关系限制了零件的平移自由度，即平移自由空间，从零件的当前剩余自由空间中去除约束空间，得到施加约束后的剩余自由空间。

首先，通过对零件自由度的分析、推理，获得零件的剩余自由空间，然后，根据几何约束关系，在剩余自由空间内求解位姿变换矩阵：旋转变换矩阵 $\boldsymbol{M}_R$ 和平移变换矩阵 $\boldsymbol{M}_T$，使零件通过位姿变换满足新的几何约束，并更新零件的自由度信息，为下一次约束求解做准备。

若几何约束满足可行性要求，其位姿变换矩阵 $\boldsymbol{M}$ 可表示为 $\boldsymbol{M} = \boldsymbol{M}_R \cdot \boldsymbol{M}_T$。

装配定位求解过程如图 6-10 所示，具体步骤如下。

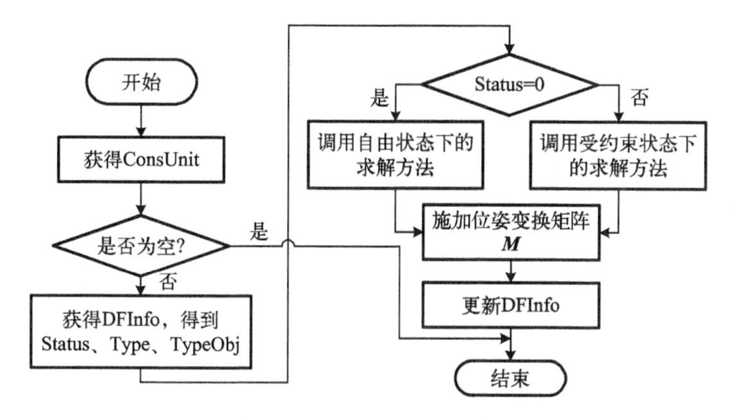

图 6-10　装配定位求解过程

Step1：通过约束的交互式定义模块，获得新施加的几何约束 ConsUnit，若 ConsUnit 为空，转 Step6。

Step2：从待装零件获得其自由度信息 DFInfo，从 DFInfo 中获得自由度状态 Status；获得自由度类型 Type；获得自由度类型对象 TypeObj，即描述剩余自由空间 RFS 的数学参数。

Step3：若 Status = 0，则待装零件处于完全自由状态，调用完全自由条件下装配定位方法，用于确定装配关系；若 Status = 1，则处于受约束状态，调用受约束条件下装配定位方法，用于确定装配关系。

Step4：求解获得位姿变换矩阵 $\boldsymbol{M}$，对待装零件施加 $\boldsymbol{M}$，确定其正确位姿。

Step5：更新待装零件的 DFInfo。

Step6：定位结束。

对零部件进行定位求解时，主要分成两种情况：一是未受约束时，即完全自由状态下的装配定位求解；二是受约束状态下的装配定位求解。

1．完全自由状态

由上述内容可知，几何约束关系可以分解为角度关系和距离关系的描述，因此，几何约束的定位求解可以分为两步实现：①姿态求解，即旋转变换矩阵的求解；②位置求解，即平移变换矩阵的求解。

自由状态下，装配约束求解的具体步骤如下。

Step1：根据 ConsUnit，获得参与约束的几何元素列表 GeomElemList，根据两个几何元素的参数信息，确定旋转轴 L_{axis}，确定夹角 α。

Step2：根据 ConsUnit，获得约束类型，确定旋转角 θ。

Step3：构造旋转变换矩阵 $\boldsymbol{M}_R$，使得零件在 $\boldsymbol{M}_R$ 的作用下，被施加约束的两个几何元素的姿态满足约束要求。

Step4：在旋转变换的基础上，构造平移变换矩阵 $\boldsymbol{M}_T$，使得零件在 $\boldsymbol{M}_T$ 的作用下，被施加约束的两个几何元素的位置满足约束要求。

Step5：根据 $\boldsymbol{M}_R$ 和 $\boldsymbol{M}_T$，确定待装零件的位姿变换矩阵 $\boldsymbol{M}$。

下面以圆柱面的同轴约束关系为例，介绍几何约束的定位求解。如图 6-11 所示，零件 A 与零件 B 是空间中任意两个零件，以零件 A 作为待装零件，零件 B 作为基准零件，分析定位求解过程。

图 6-11 中，$\boldsymbol{V}_1$ 为零件 A 圆柱面轴线的方向向量，P_1 是零件 A 圆柱面轴线上一点，$P_1=(x_1,y_1,z_1)$；$\boldsymbol{V}_2$ 为零件 B 圆柱面轴线的方向向量，P_2 是零件 B 圆柱面轴线上一点，$P_2=(x_2,y_2,z_2)$。

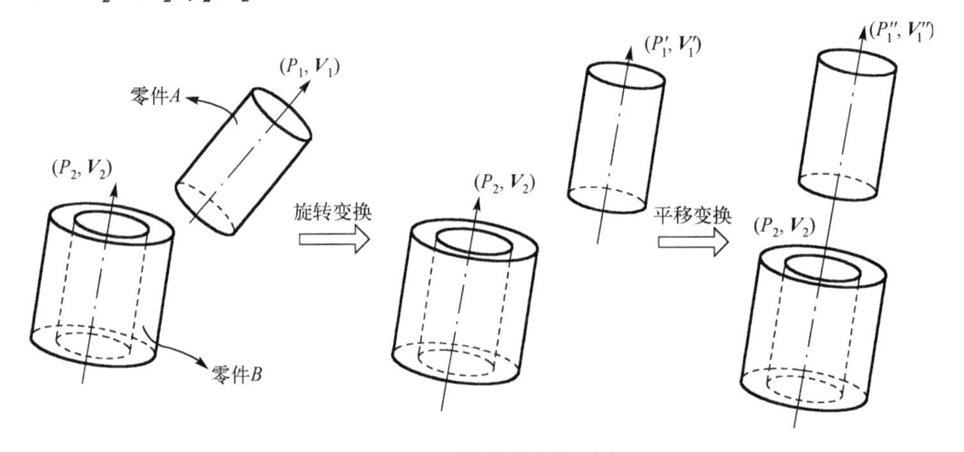

图 6-11　同轴约束定位过程

1) 姿态求解

姿态求解就是计算旋转变换矩阵，本质是获得零件实际姿态到目标姿态所要旋转的角度和旋转轴，通过旋转变换使得两零件的圆柱面轴线平行。

首先，设旋转轴为 L，$L=(\boldsymbol{e},P)$，其中，$\boldsymbol{e}$ 为旋转轴的方向向量，P 为轴线上一点，$P=(x_p,y_p,z_p)$，设旋转角度为 θ。然后，根据圆柱面轴线方向向量，旋转轴方向向量 $\boldsymbol{e}=\boldsymbol{V}_1\times\boldsymbol{V}_2$，旋转角 $\theta=\arccos\dfrac{|\boldsymbol{V}_1\cdot\boldsymbol{V}_2|}{|\boldsymbol{V}_1||\boldsymbol{V}_2|}$。

零件 A 圆柱面的轴线绕旋转轴 L 旋转 θ 所得的旋转变换矩阵为姿态求解结果。因为旋转变换是相对于坐标原点定义的，而旋转轴 L 不一定过原点，所以旋转变换包括 3 个步骤。

(1) 平移全局坐标系，使得旋转轴 L 过原点，其变换矩阵为

$$\boldsymbol{M}_T'=\begin{bmatrix}1&0&0&0\\0&1&0&0\\0&0&1&0\\-x_p&-y_p&-z_p&1\end{bmatrix}$$

(2) 零件 A 圆柱面的轴线绕 L 旋转 θ 角，其变换矩阵为

$$\boldsymbol{M}_R'=\begin{bmatrix}a_{11}&a_{12}&a_{13}&0\\a_{21}&a_{22}&a_{23}&0\\a_{31}&a_{32}&a_{33}&0\\0&0&0&1\end{bmatrix}$$

(3) 将全局坐标系平移回原来的位置。

因此，零件的旋转变换矩阵 $\boldsymbol{M}$ 为三个变换矩阵的乘积为 $\boldsymbol{M}_R=\boldsymbol{M}_T'\cdot\boldsymbol{M}_R'\cdot\boldsymbol{M}_T'^{-1}$。

2) 位置求解

姿态求解就是计算平移变换矩阵，在姿态求解完成后，零件获得了正确的空间姿态，这时再通过位置求解，使零件获得正确的空间位置。

设平移向量为 $\boldsymbol{t}=(x_t,y_t,z_t)$，则 $(x_t,y_t,z_t)=(P_2-P_1)-[(P_2-P_1)\cdot\boldsymbol{V}_2]\cdot\boldsymbol{V}_2$，则平移变换矩阵为

$$\boldsymbol{M}_T=\begin{bmatrix}1&0&0&x_t\\0&1&0&y_t\\0&0&1&z_t\\0&0&0&1\end{bmatrix}$$

式中，P_1、P_2 为圆柱面轴线上的点。

所以，零件 A 的位姿变换矩阵为 $\boldsymbol{M}=\boldsymbol{M}_R\cdot\boldsymbol{M}_T$。

2. 受约束状态

当待装零件处于已约束状态时，其求解过程需要考虑约束条件对其空间运动的限制，利用剩余自由空间来实现空间位姿变换矩阵的求解。

受约束状态下，装配约束求解的具体步骤如下。

Step1：从待装零件获得其自由度信息 DFInfo，获得自由度类型 Type，获得自由度类型对象 TypeObj，即剩余自由空间 RFS。

Step2：根据 ConsUnit，获得参与约束的几何元素列表 GeomElemList，根据两个几何元素的参数信息，在 RFS 下，确定旋转轴 L_{axis}，确定夹角 α 。

Step3：根据 ConsUnit，获得约束类型，在 RFS 下，确定旋转角 θ 。

Step4：构造旋转变换矩阵 $\boldsymbol{M}_R$，使得零件在 $\boldsymbol{M}_R$ 的作用下，被施加约束的两个几何元素的姿态满足约束要求。

Step5：在旋转变换的基础上，构造平移变换矩阵 $\boldsymbol{M}_T$，使得零件在 $\boldsymbol{M}_T$ 的作用下，被施加约束的两个几何元素的位置满足约束要求。

Step6：根据 $\boldsymbol{M}_R$ 和 $\boldsymbol{M}_T$，确定待装零件的位姿变换矩阵 $\boldsymbol{M}$ 。

下面以面面重合和面面垂直约束为例，介绍受约束状态下的定位求解。如图 6-12 所示，零件 A 与零件 B 是空间中任意两个零件，以零件 A 作为待装零件，零件 B 作为基准零件。首先对基准零件 B 和待装零件 A 施加平面 B-1 和平面 A-1 的面面重合约束，此时待装零件处于自由状态，则可根据前面介绍的自由状态下的约束实现过程进行旋转和平移的求解，从而完成平面 B-1 和平面 A-1 的面面重合约束。当平面 B-1 与平面 A-1 完成了面面重合约束后，待装零件的空间自由度受到了限制，此时待装零件的空间自由度只剩下 3 个，即绕平面 A-1 法向量 $\boldsymbol{N}_{A1}$ 的旋转自由度和沿平面 A-1 平移的两个切向平移自由度。此时，对基准零件和待装零件施加平面 A-2 与平面 B-2 的面面垂直约束，垂直约束只有角度关系，没有位置关系。

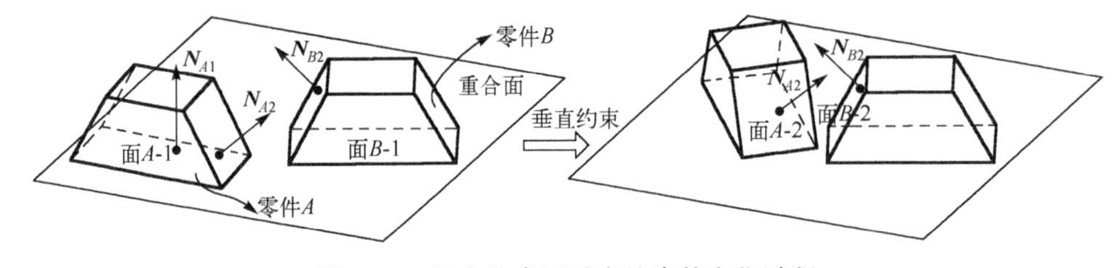

图 6-12　重合约束下垂直约束的定位过程

重合约束下垂直约束的定位求解如图 6-13 所示，设平面 A-2 的单位法向量为 $\boldsymbol{N}_{A2}$、平面 B-2 的单位法向量为 $\boldsymbol{N}_{B2}$。法向量 $\boldsymbol{N}_{A2}$ 绕 $\boldsymbol{N}_{A1}$ 旋转 360°，形成圆锥面 C-1，顶点为 P_c；设平面 B'-2 过 P_c 且与 B-2 平行。

当平面 B'-2 与圆锥面 C-1 相交或相切时，在当前约束下，可以施加平面 A-2 与平面 B-2 的面面垂直约束。此时，平面 B'-2 与圆锥面 C-1 相交线的方向向量为 $\boldsymbol{V}$，

设 $\boldsymbol{N}_{A2}$ 在平面 A-1 上的投影为 $\boldsymbol{N}_{AP2}$，$\boldsymbol{V}$ 在平面 A-1 上的投影为 $\boldsymbol{V}_P$，则 $\boldsymbol{N}_{AP2}$ 与 $\boldsymbol{V}_P$ 的夹角为旋转角 θ。旋转轴为 $\boldsymbol{N}_{A1}$，即待装零件绕 $\boldsymbol{N}_{A1}$ 旋转 θ 角，获得旋转变换矩阵，使得平面 A-2 与平面 B-2 垂直，添加面面垂直约束可行。

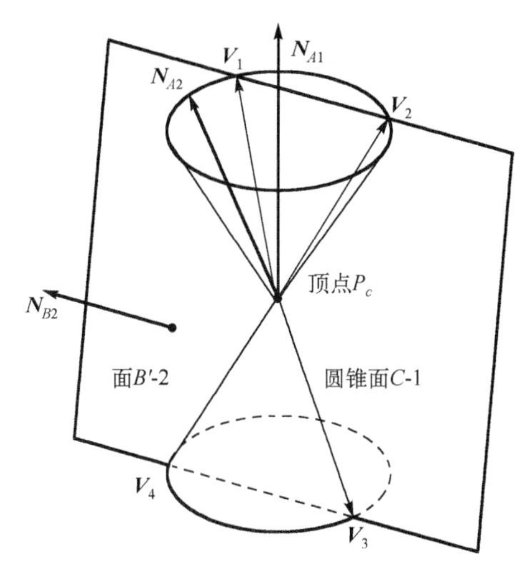

图 6-13　重合约束下垂直约束的定位求解示意图

当平面 B'-2 与圆锥面 C-1 没有交集时，无法施加平面 A-2 与平面 B-2 的面面垂直约束，添加面面垂直约束不可行。

其余约束求解的基本思想与此相同，都是在剩余自由空间内，分别计算待装零件的旋转变换矩阵和平移变换矩阵，从而求得位姿变换矩阵 $\boldsymbol{M}$，使其乘以零件的空间位姿矩阵得到最终的位姿信息。

第 7 章　装配工艺流程自动生成

装配工艺结构树作为典型的装配工艺模型，得到了广泛的使用。但是，它有如下缺点：①树形结构冗长，比较烦琐；②不能直观展示装配顺序；不能表达工序、工步间存在的并行关系；③不能快速确定当前工序、工步在整个装配工艺中的位置，不利于相关工艺信息的快速定位。相较于装配工艺结构树，装配工艺流程具有如下优势：①工艺流程比较直观，符合使用习惯，人机交互性比较好；②工艺流程能形象地展示装配顺序，并支持并行的装配过程表达；③工艺流程有利于工艺人员快速定位和查看所需的工艺信息；④工艺流程有利于工艺设计过程的追溯和回溯；⑤工艺流程能实现装配流程和进度的控制。工艺流程图克服了装配工艺结构树的缺点，可以利用工艺流程进一步优化装配工艺模型[95]。因此，本章将以装配工艺结构树为载体，以工艺信息为支撑，构建装配工艺流程模型，建立装配工艺结构树与装配工艺流程间的关系，生成装配工艺流程。

7.1　装配工艺流程模型

7.1.1　装配工艺流程数据组成

在装配工艺流程中，将包含一个或多个零部件装配过程的装配单元定义为工艺流程节点。工艺流程节点如图 7-1 所示。

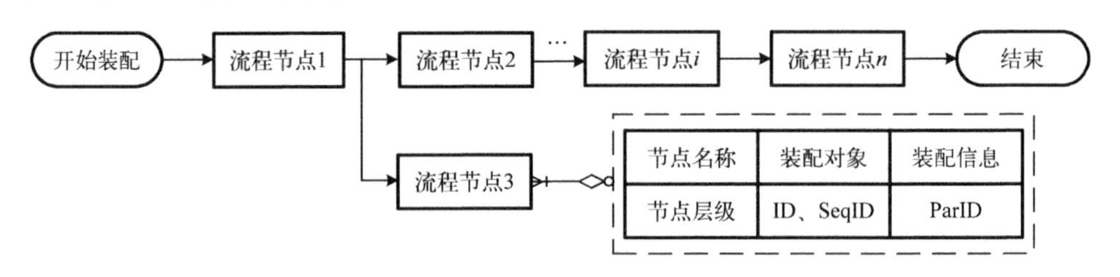

图 7-1　工艺流程节点组成

工艺流程节点的数据结构如下：

$$\langle N_P \rangle = \{ \langle \mathrm{Name} \rangle, \langle L \rangle, \langle O_N \rangle, \langle \mathrm{ID} \rangle, \langle \mathrm{SeqID} \rangle, \langle \mathrm{ParID} \rangle, \langle I_N \rangle \}$$

其中，Name 是节点名称，表示节点在工艺流程中的显示名称。

L 是节点层级，为将工艺流程节点放入相应层级的工艺流程链表中提供数据。

O_N 表示该工艺流程节点需要装配的零部件。

ID 是工艺流程节点的标识，具有唯一性。

ParID 是父级工艺流程节点的标识，具有唯一性。根据装配对象的父子关系，建立工艺流程节点的联系，用于标识装配对象的父级部件所在的工艺流程节点，即父级工艺流程节点 N_{PP}，ParID 可以为实现具有层次关系的装配工艺流程提供数据支持。

SeqID 是并行工艺流程节点的标识，具有唯一性。SeqID 可以为实现具有并行关系的工艺流程节点提供数据支持；在实际装配过程中，并行工艺流程节点包含的装配对象可同时进行装配。

I_N 是节点工艺信息，表示该节点装配对象的工艺信息。

工艺流程链表用于存储工艺流程节点。工艺流程链表的组成如下：

$$< S_N > = \{N_{Pk} \mid k = 1, 2, 3, \cdots\}$$

式中，工艺流程节点 N_P 是工艺流程链表 S_N 的基本组成元素，S_N 中 N_P 的顺序包含了基本的装配序列信息。

7.1.2　基于层次关系的装配工艺流程

装配工艺流程示意图如图 7-2 所示，流程节点间的连接箭头表示装配操作方向；流程节点的先后顺序表示节点中装配对象的装配顺序；并行的流程节点表示其装配对象可同时进行装配。

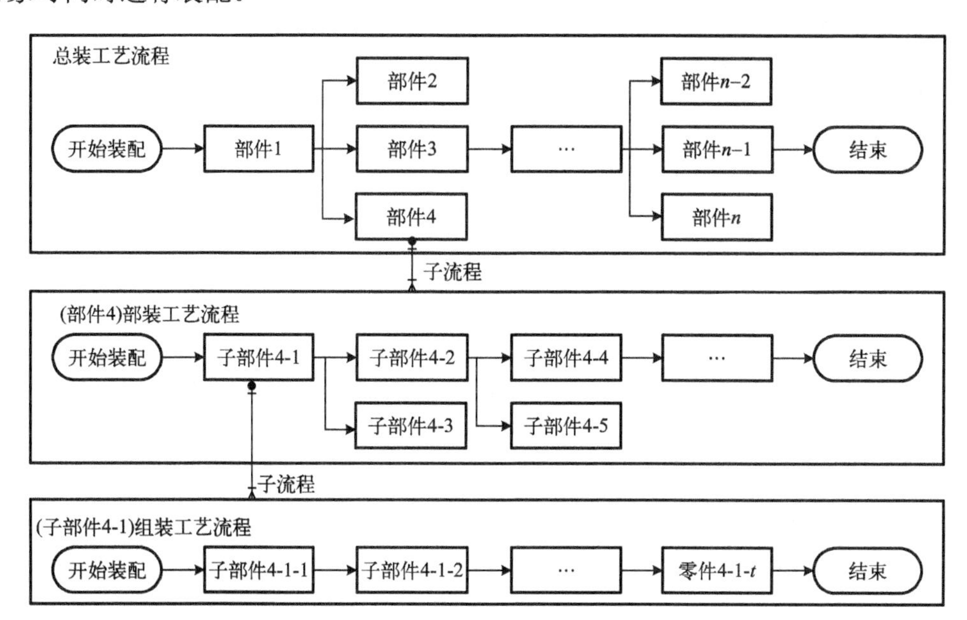

图 7-2　装配工艺流程示意图

根据各层级的工艺流程链表 S_N，可以得到具有基本序列关系的装配工艺流程；

根据 ParID，可以建立不同层级工艺流程中工艺流程节点的父子关联关系；若同层级装配工艺流程的若干工艺流程节点的 SeqID 相同，则这些工艺流程节点在装配工艺流程中表现为并行关系。根据 I_N，工艺流程节点集成了相关装配信息，包括装配对象三维模型、装配序列、装配路径、三维标注信息、工艺装备和辅助工艺信息等。因此，根据 S_N，将具有串并行关系、父子关系的工艺流程节点自顶向下排列，形成完整的装配工艺流程，包括总装工艺流程、部装工艺流程和组装工艺流程。

7.2　装配工艺结构树与装配工艺流程映射方法

装配工艺结构树向装配工艺流程的映射是快速地创建装配工艺流程的有效方法。为此，需要解决五个问题：①工艺流程节点与装配对象的关联问题；②工艺流程节点的工艺信息链接问题；③装配序列信息的保存问题；④工艺流程节点的并行关系问题；⑤装配工艺流程的层次关系问题，即不同工艺流程的工艺流程节点间的父子关系。

针对上述五个问题，给出了装配工艺流程的创建方法。首先对装配工艺结构树进行解析并预处理，获取工艺信息，然后以装配工步为基本单元，将装配工步映射为工艺流程节点，并存储工艺流程节点，生成工艺流程链表，记录装配序列信息，最终生成装配工艺流程。该方法能有效实现装配工艺结构树向装配工艺流程的映射。装配工艺结构树与装配工艺流程的映射关系如图 7-3 所示。

7.2.1　装配工艺结构树解析及预处理

为了获取装配工艺信息，首先要解析装配工艺结构树。在工艺结构树中，装配工步 P_S 是工艺信息的基本载体，可以从中获得所有装配对象 O_A 及其装配信息 I_A；根据装配工序 P_d 及其装配工步 P_S 的先后顺序关系，可以获得零部件的装配序列信息。同时，从工艺结构树中分离出不同工艺阶段的工艺过程，以便实现具有层次关系的装配工艺流程。

然而，仅仅依靠解析工艺结构树，不足以将工艺结构树映射为装配工艺流程，还需要对工艺结构树进行预处理，完善相关信息。采用深度优先遍历算法解析装配工艺结构树并进行预处理。工艺结构树解析与预处理流程如图 7-4 所示，具体步骤如下。

Step1：根据产品结构树中零部件的最大层级 n，建立 n 个工步链表 S_P，即 $\{S_{Pt} \mid t = 1, 2, 3, \cdots, n\}$。

Step2：搜索工艺结构树，获取第 k 个 P_d(k 的初始值为 1)。

Step3：若 P_d 不为空，获取 P_d 的 L_O，根据产品结构树，确定 L_O 中零部件的层级 i；否则，结束搜索。

Step4：获取 P_d 的第 m 个 P_S(m 的初始值为 1)。

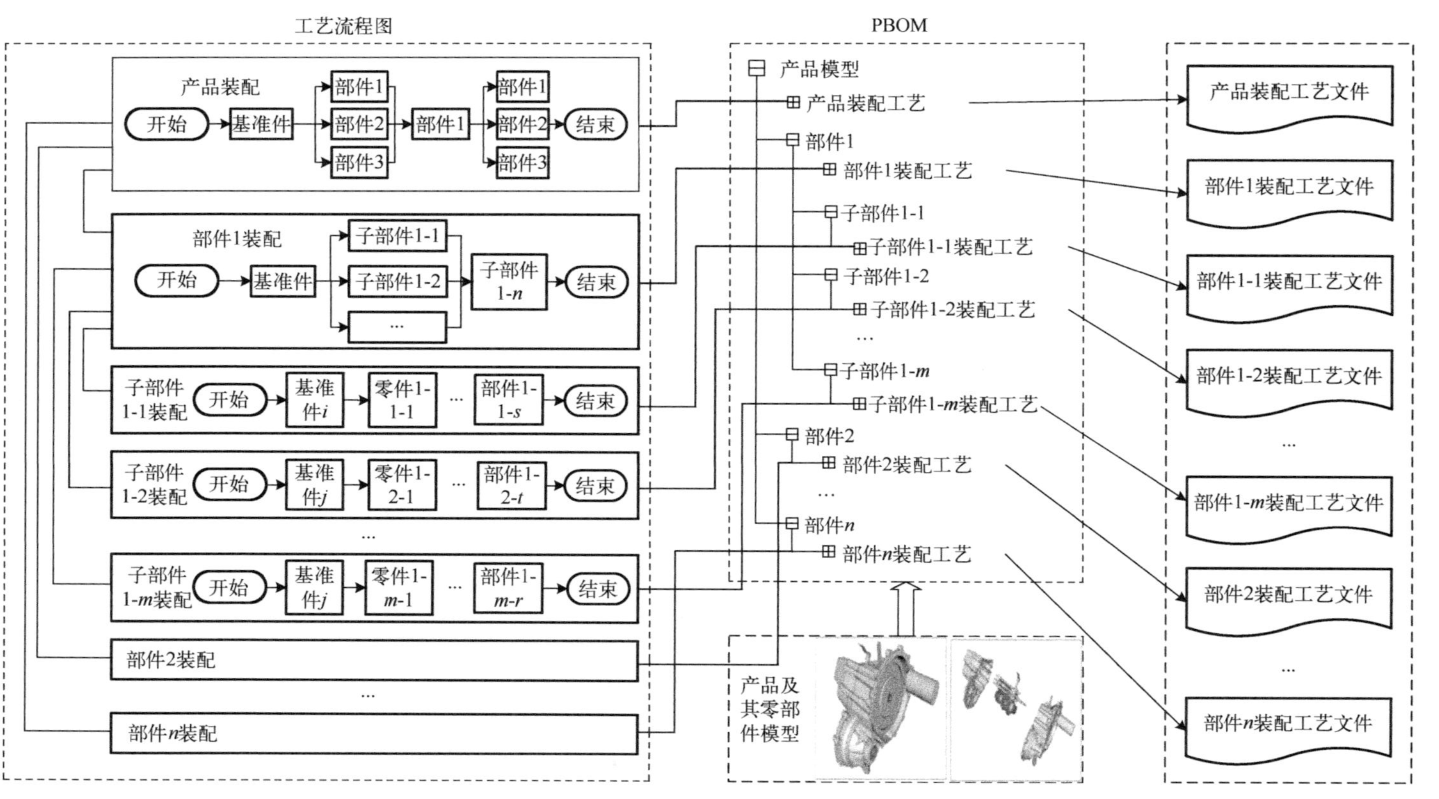

图 7-3　装配工艺结构树与装配工艺流程的映射关系示意图

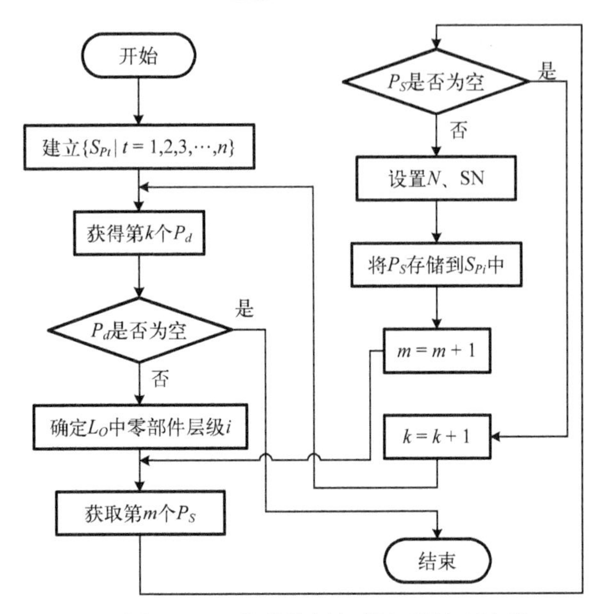

图 7-4 工艺结构树解析与预处理流程

Step5：若 P_S 不为空，设置 P_S 的编号 N 和同步编号 SN；否则，转 Step8。

Step6：将 P_S 存储到 S_{Pi} 中。

Step7：$m = m+1$，转 Step4。

Step8：$k = k+1$，转 Step2。

同一工艺阶段的装配工步被存储在同层级工步链表 S_P 中，S_P 的数据结构如下：

$$< S_P > = \{P_{Sk} \mid k = 1, 2, 3,\cdots\}$$

S_P 分离了不同工艺阶段的工艺过程，是实现具有层次关系的装配工艺流程的数据基础；同时，P_S 在 S_P 中的顺序包含该阶段工艺过程的装配序列信息。工步编号 N 是 P_S 的标识，具有唯一性，根据 N，可以从 S_P 中得到对应的 P_S，进而获得 P_S 的工艺信息。工步同步编号 SN 是并行 P_S 的标识，具有唯一性，SN 表示 P_S 的 O_A 可同时进行装配。

7.2.2 装配工步与工艺流程节点的映射

在解析工艺结构树的基础上，将 P_S 映射为工艺流程节点 N_P，并存储在工艺流程链表 S_N 中，为生成装配工艺流程提供数据准备。装配工步与工艺流程节点的映射关系流程如图 7-5 所示，具体步骤如下。

Step1：根据产品结构树中零部件的最大层级 n，建立 n 个工艺流程链表 S_N，即 $\{S_{Nk} \mid k = 1, 2, 3,\cdots, n\}$。

Step2：搜索 S_{Pi}(i 的初始值为 1)，获取 P_{Sm}(m 的初始值为 1)；若 P_{Sm} 不为空，构造 N_{Pm}；否则，转 Step8。

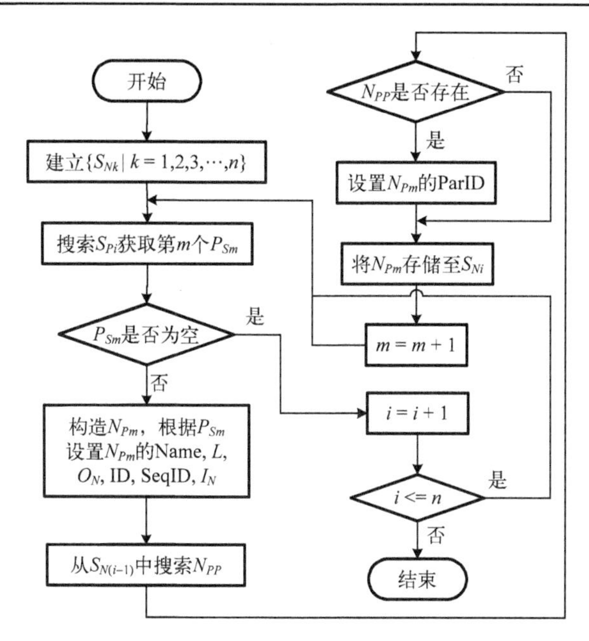

图 7-5　装配工步与工艺流程节点的映射关系示意图

Step3：根据 P_{Sm} 的 O_A，设置 $N_{Pm}{\cdot}O_N = P_{Sm}{\cdot}O_A$；设置 N_{Pm} 的 Name；根据 O_A 的层级设置 N_{Pm} 的 L。

Step4：根据 P_{Sm} 的 I_A，设置 $N_{Pm}{\cdot}I_N = P_{Sm}{\cdot}I_A$；根据 P_{Sm} 的 N，设置 $N_{Pm}{\cdot}\mathrm{ID} = P_{Sm}{\cdot}N$；根据 P_{Sm} 的 SN，设置 $N_{Pm}{\cdot}\mathrm{SeqID} = P_{Sm}{\cdot}\mathrm{SN}$。

Step5：根据产品结构树，若装配对象存在父级部件，则从 $S_{N(i-1)}$ $(i > 1)$ 中搜索父级工艺流程节点 N_{PP}，设置 $N_{Pm}{\cdot}\mathrm{ParID} = N_{PP}{\cdot}\mathrm{ID}$。

Step6：将 N_{Pm} 存储到 S_{Ni} 中。

Step7：$m = m+1$，转 Step2。

Step8：$i = i+1$，若 $i<=n$，则转 Step2，否则，停止搜索。

将 P_S 映射为 N_P 时，建立了 S_N，这利于搜索父级工艺流程节点 N_{PP}，进而建立具有层次关系的工艺流程。

通过上述流程，基本解决了上面提到的 5 个问题。根据 P_S 的 O_A，实现了 N_P 和 O_N 的关联；根据 I_A，实现了 N_P 和 I_N 的集成；根据 SeqID，为实现具有并行关系的 N_P 提供了数据支持；根据 ParID，为实现具有层次关系的装配工艺流程提供了数据支持；将 N_P 依次存储在相应层级的 S_N 中，为生成装配工艺流程提供了序列信息。

7.2.3　装配工艺流程图的生成

将工艺结构树向工艺流程映射，得到数据集$\{S_{Ni} \mid i = 1, 2, 3,\cdots, n\}$，$\langle S_N\rangle = \{N_{Pk} \mid k = 1, 2, 3,\cdots\}$，利用该数据集和 MFC 控件，为每一个工艺流程节点 N_P 构建一个控

件节点 C_N，生成装配工艺流程图。装配工艺流程图生成过程如图 7-6 所示，具体步骤如下。

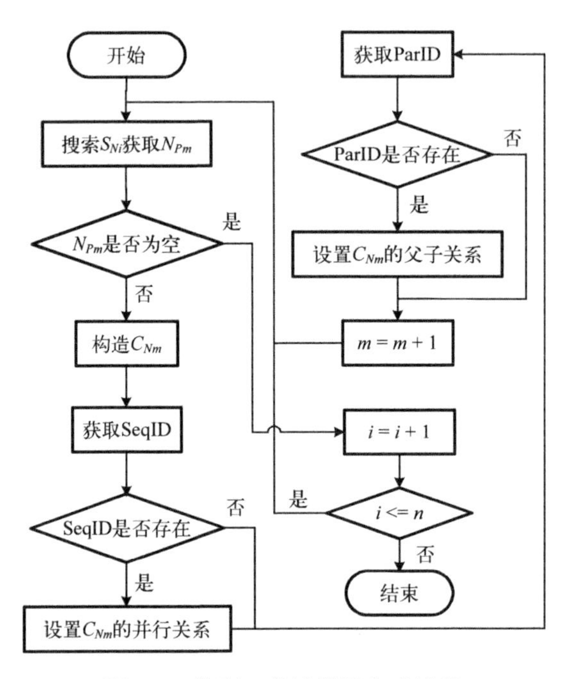

图 7-6　装配工艺流程图生成过程

Step1：搜索 S_{Ni}(i 的初始值为 1)，得到 N_{Pm}(m 的初始值为 1)；若 N_{Pm} 不为空，构建控件节点 C_{Nm}；否则，转 Step5。

Step2：若 N_{Pm} 的 SeqID 存在，且 N_{Pm}·SeqID = $N_{P(m-1)}$·SeqID($m > 1$)，则 C_{Nm} 与 $C_{N(m-1)}$在工艺流程图中表现为并行关系。

Step3：若 N_{Pm} 的 ParID 存在，N_{PP}·ID = N_{Pm}·ParID，则将 C_{Nm} 作为 N_{PP} 对应的控件节点 C_{NP} 的子节点，在工艺流程图中表现为父子层次关系。

Step4：$m = m+1$，转 Step1。

Step5：$i = i+1$，若 $i <= n$，则转 Step1，否则，停止搜索。

通过上述方法，根据$\{S_{Ni} \mid i = 1, 2, 3,\cdots, n\}$，$< S_N > = \{N_{Pk} \mid k = 1, 2, 3,\cdots\}$，生成了具有层次关系的工艺流程图。

7.3　装配工艺流程的应用

利用装配工艺流程，工艺人员既可以方便快捷地查看工艺信息，对信息进行添加、删除、修改操作，也可以仿真装配流程，监控装配进度，以模拟实际的装配过程。

7.3.1 装配工艺流程的管理

工艺人员利用装配工艺流程可快速锁定、查看所需的工艺信息。当需要查看某部件及其所有子零部件的装配信息时，工艺流程可分层次显示部件、子零部件的装配过程，工艺人员可根据需要查看相应信息。这种信息管理模式不仅有利于快速定位某零部件的工艺信息，也有助于关联顶层部件及底层子零部件的工艺信息。当只关注某个装配阶段的工艺流程时，工艺人员也可隐藏其余所有不相关的工艺流程，这时，管理界面简洁明了，突出重点，便于工艺人员使用。

在装配工艺流程图中，每个工艺流程节点包含相应的工艺信息，但是，现有工艺信息并不完善，不足以指导现场装配生产，因此，需要添加缺少的信息、删除多余的信息、修改有误的信息。为便于管理，将工艺信息分类如下。

(1)基本信息：包括该装配过程的执行车间、工位和操作人员。

(2)主要工艺信息：包括该装配过程的装配对象名称、型号，以及装配活动和三维工艺标注等信息。

(3)辅助工艺信息：包括该装配过程的必要操作语义、装配规范和技术要求、额定装配工时及实际装配工时等信息。

(4)齐套信息：包括装配对象配套零部件、装配工装、装配工具以及消耗的物料等信息。

(5)检验信息：包括负责该装配过程的操作人员和检验人员确认信息及检验报告。

每个工艺流程节点都对应着这 5 类工艺信息，工艺人员可不断完善工艺信息，为指导装配生产提供充分的信息支持。

7.3.2 装配流程仿真

利用物理实体对整个产品的可装配性进行实验，周期长、成本高，已满足不了制造业快速发展的需求。装配流程仿真能够快速模拟产品的装配全过程，分析装配顺序、装配路径的合理性，及时发现并处理装配过程中的不合理因素，缩短了产品的设计周期，节约了开发成本。

因此，在装配流程仿真中，需严格按照装配工艺流程图，遵守“从底层向顶层、从前向后、并行节点可同时装配”的原则进行装配，直至整个产品装配完成。

设某产品的装配工艺流程有 n 层，可表示为$\{S_{Ni} \mid i = 1, 2, 3,\cdots, n\}$，$\langle S_N \rangle = \{N_{Pm} \mid m = 1, 2, 3,\cdots\}$，则该产品的装配流程仿真过程如图 7-7 所示，具体步骤如下。

Step1：获得 S_{Ni}(i 的初始值为 n)，若 S_{Ni} 为空，转 Step5。

Step2：获得 N_{Pm}，若 N_{Pm} 不存在，转 Step5。

Step3：获得 N_{Pm} 的 SeqID，若 SeqID 不存在，则单独装配，否则，同时装配。

Step4：$m = m+1$，转 Step2。

Step5：$i = i-1$，若 $i< 1$，转 Step6，否则，转 Step1。

Step6：结束仿真。

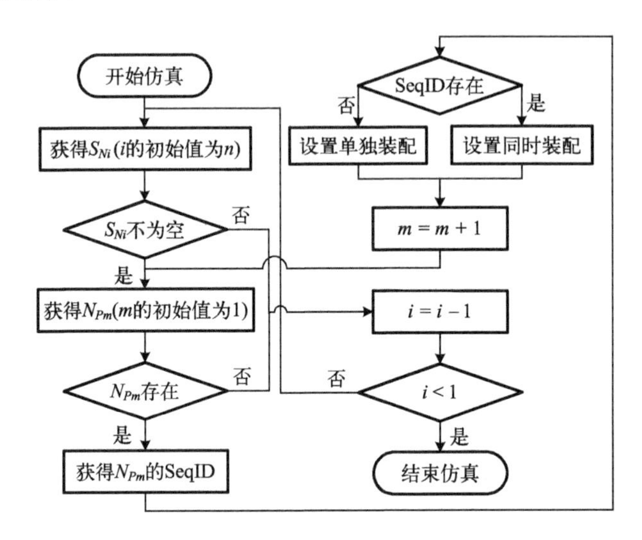

图 7-7　装配流程仿真过程

7.3.3　装配进度监控

在实际装配过程中，装配车间管理人员实时获取每一个流程节点的装配工作进展情况，实现对产品装配进度的有效监控。对所有流程节点的额定装配时间和实际装配时间进行匹配与统计处理，就形成了产品装配的进度信息。在此基础上，可以及时调整生产排程。

在装配工艺流程中，通过对流程节点的颜色标识来反映其装配状态，实时展示流程节点的装配进度。节点状态标识如图 7-8 所示，用不同颜色标识装配工作的进度，其中，绿色表示流程节点任务未开始；黄色表示流程节点任务正在进行中；红色表示该流程节点任务已完成。

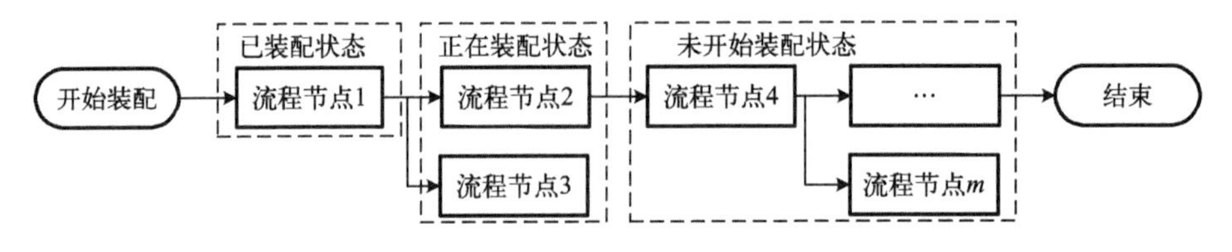

图 7-8　节点状态标识

流程节点的装配状态是进行装配进度监控的重要依据，节点状态转换过程如图 7-9 所示。在装配工艺流程中，起初，节点是绿色，处于未开始装配状态，当单击该节点时，该节点由绿色变成黄色，处于正在装配状态，并开始记录该节点实际装配时间；当完成本节点的装配任务时，设置为已装配状态，节点由黄色变成红色，停止记录实际装配时间。同时，将实际装配时间与该流程节点设定的额定装配时间进行匹配比较，确定完成时间与要求完成时间之间的差距，为装配计划调整提供数据支持。

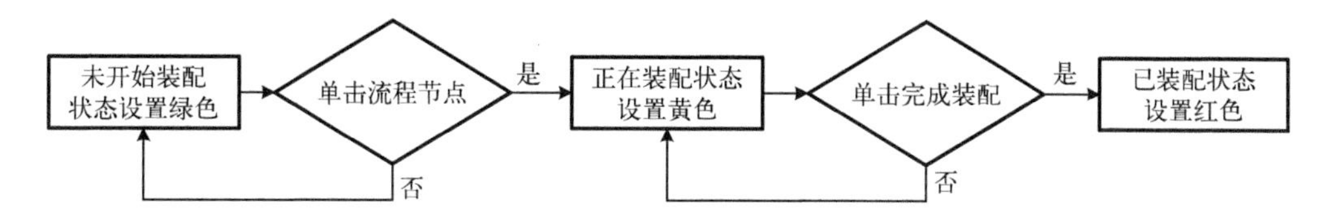

图 7-9　节点状态转换过程

此外，装配是按照一定的流程进行的。对于某个流程节点是否可以装配，需要相应的规则控制。在装配工艺流程中则体现为：当底层节点子零部件未完成安装时，顶层节点零部件无法进行安装；在同一流程中，若前面的节点零部件未完成安装，则后面的节点零部件无法进行安装。根据该规则，控制流程如图 7-10 所示，具体步骤如下。

设 N_{AP} 是当前工艺流程节点，N_{FP} 是位于 N_{AP} 前面的同层级工艺流程节点，N_{CP} 是 N_{AP} 的子级工艺流程节点。

Step1：单击某工艺流程节点，则将该节点作为 N_{AP}。

Step2：遍历 N_{AP} 的所有 N_{CP}；若所有 N_{CP} 装配完成，转 Step3；否则，转 Step4。

Step3：遍历 N_{AP} 的所有 N_{FP}，若所有 N_{FP} 装配完成，转 Step5；否则，转 Step4。

Step4：设置装配可行性标识 bAsm = 0。

Step5：设置 bAsm = 1。

Step6：若 bAsm = 0，则提示该节点不可装配；否则，可以装配。

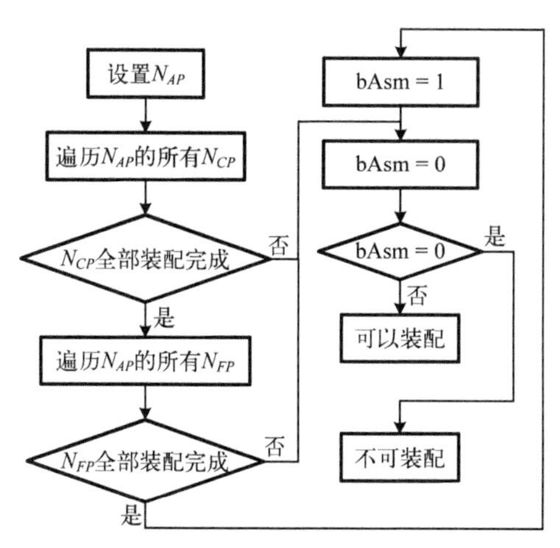

图 7-10　装配控制流程

第 8 章　三维装配工艺发布与展示技术

对于三维工艺设计技术产生的工艺文件，无法采用印刷式的二维图纸方式呈现工艺内容，需要借助专门的三维工艺演示工具才能浏览。本章针对三维工艺演示工具中的三维工艺轻量化文件技术进行研究，阐述三维工艺轻量化文件的组织结构与工艺信息模型的数据关联方法，并设计三维工艺轻量化文件的总体生成流程。除此之外，针对工艺管理系统中装配模型存在相同零部件模型组的情况，研究基于数据驱动的装配模型匹配共享技术，利用该技术实现多个装配工艺模型的子零部件模型的文件共享，从而优化三维装配在线演示时模型的网络传输问题[96]。

8.1　三维工艺轻量化文件建模技术

8.1.1　三维工艺轻量化文件数据结构

1．三维工艺轻量化文件数据组织结构

三维装配工艺模型通过在三维装配工艺设计软件中进行工艺设计得到，它所涉及的信息可表述为如图 8-1 所示的抽象数据信息结构。

从图 8-1 不难发现三维装配工艺模型除包含三维工艺内容外，还包括许多工艺过程管理信息和为了方便三维工艺设计的系统辅助信息。虽然这些工艺过程管理信息与系统辅助信息在三维工艺设计时起到了至关重要的作用，但是这些信息并不是三维装配工艺演示模型的主要内容。因此，在定义三维装配工艺模型轻量化演示文件的数据结构时，将把这些信息滤除以获得最简洁的工艺演示模型。

通过对非演示信息的滤除，提出如图 8-2 所示的三维工艺轻量化文件组成结构。

该结构下的三维工艺轻量化文件由两个子文件组成：一个子文件专门存储工艺模型的工艺数据信息，称为工艺信息轻量化文件，该文件中的工艺数据信息被组织为两个结构树的形式，即几何模型结构树与工艺信息结构树。几何模型结构树存储着各个几何模型的相互依赖关系与几何模型在工艺过程中的拓扑顺序；工艺信息结构树存储着工艺过程的详细步骤、每个工序的相关参数以及各种尺寸标注和工艺注释信息等。另一个子文件专门存储几何模型信息，称为几何模型轻量化文件，其主要保存了工艺过程所涉及的各类零部件、夹具等模型，在这个文件中为了节约存储

空间、实现整体工艺文件的轻量化，去除了模型的几何实体建模参数，仅仅保留了模型的表面三角面片数据。

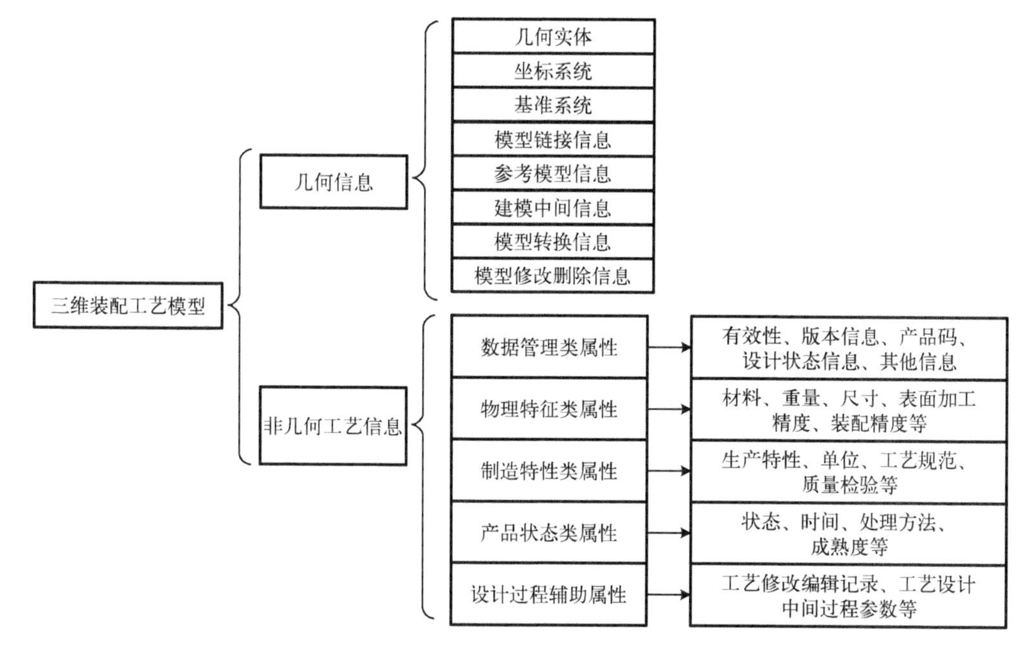

图 8-1　三维装配工艺模型可编辑数据信息结构

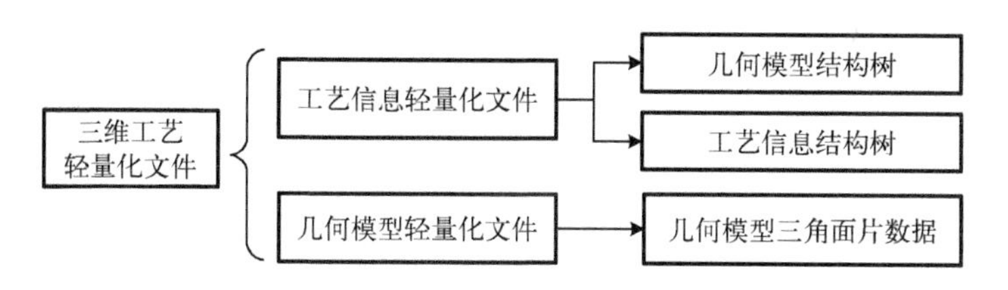

图 8-2　三维工艺轻量化文件组成结构

2．三维工艺轻量化文件的总体生成流程

三维装配工艺模型轻量化文件是在三维装配工艺设计软件得到的三维装配工艺模型的基础上生成的。工艺模型轻量化文件的生成方案总体流程如图 8-3 所示。其中三维装配工艺模型轻量化文件生成过程分为两个主要部分：一个部分负责几何模型轻量化文件生成；另一个部分负责工艺信息轻量化文件生成，两部分文件分别生成后再最终打包为一个工艺模型轻量化文件包。

在生成工艺信息轻量化文件时，首先在三维装配工艺设计软件中对最终工艺模型的设计结果进行信息提取，接着对提取出的数据进行筛选简化并重新建立工艺信息数据结构，最后把数据存储进工艺信息轻量化文件中。具体过程包括几何模型结构树的结构化文本映射、工艺信息结构树的结构化文本映射、尺寸标注以及工艺动画的参数提取、工艺文件压缩编码。关于工艺信息轻量化文件的具体数据组织结构以及信息文本提取与结构化方法将在 8.1.2 节详细介绍。

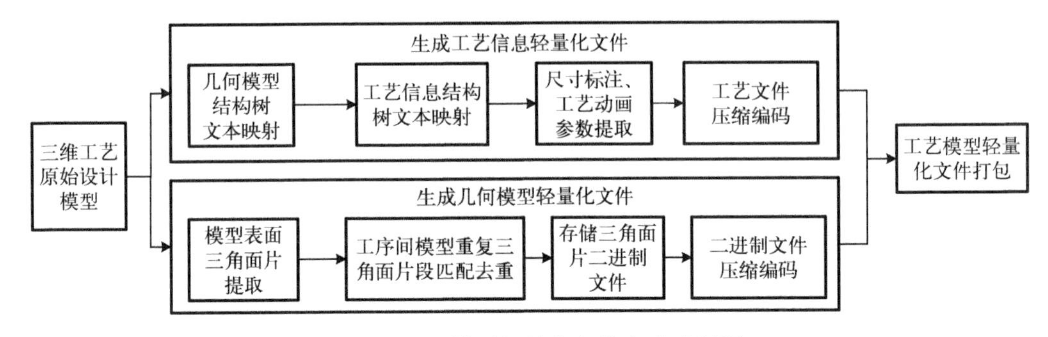

图 8-3　工艺模型轻量化文件生成过程图

几何模型轻量化文件的生成过程包括模型表面三角面片提取、工序间模型重复三角面片段匹配去重、三角面片二进制文件存储以及二进制文件压缩编码几个关键步骤环节。在 8.1.3 节里会详细介绍该过程所涉及的具体关键技术与轻量化模型二进制文件的存储流程。

8.1.2　工艺信息轻量化文件建模

1. 工艺信息轻量化文件组织结构

如上所述，工艺信息轻量化文件是由几何模型结构树与工艺信息结构树两个主要的数据模块组成的。本节将对工艺信息轻量化文件的数据组织结构进行详述。

装配工艺涉及的零部件模型较多，几何模型结构树负责组织这些零部件模型的从属关系以及装配初始状态下各个模型间的相对坐标变换关系。工艺信息结构树由多组装配工序组成，每组工序又由多组装配工步构成，三维装配工艺的参数信息记录在各个装配工步节点下，包括尺寸标注、公差标注、位姿状态、运动变换、装配关键节点以及注释标注等。其中，运动变换信息记录了装配工步操作相关几何模型的空间变换参数矩阵信息，用于实现装配模型关键节点的实时位姿状态计算，同时也是三维模型可视化演示的数据基础。其结构详见图 8-4。

2. 工艺信息轻量化文件生成流程

工艺信息轻量化文件是利用结构化文本记录几何模型结构树与工艺信息结构树的文件。工艺文本轻量化文件采用 XML 文件格式进行编码。图 8-5 为一个简单的机加工艺过程的工艺 XML 文本与工艺结构树间的映射关系。其中，该加工工艺只有一步数铣加工过程，该过程涉及的切削速度为 20m/min，表面粗糙度为 12.5～25μm。

工艺信息轻量化文件的自动编辑过程，采用在三维装配工艺设计软件中对三维装配工艺模型进行遍历提取工艺模型参数的方式进行。其遍历构造算法流程如图 8-6 所示，具体过程如下。

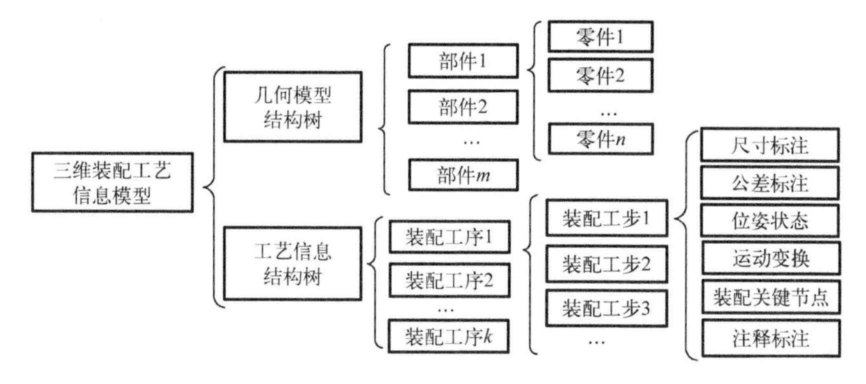

图 8-4　三维装配工艺数据结构图

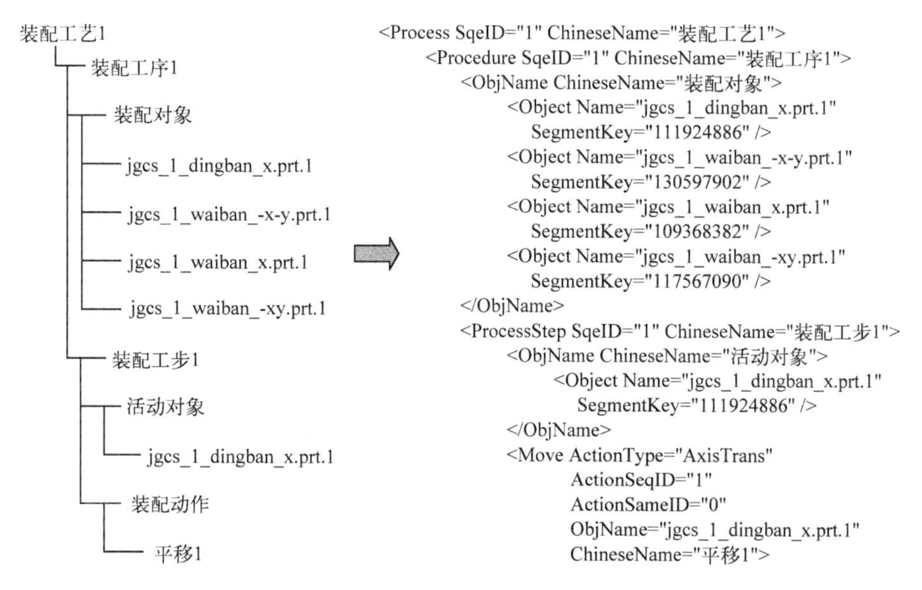

图 8-5　XML 文本与工艺结构树关系示意图

Step1：在三维装配工艺设计软件中加载三维装配工艺模型。

Step2：新建 XML 文件，并在 XML 文本中创建轻量化工艺文本根节点。

Step3：将遍历指针指向工艺模型的几何模型结构树的根节点 R。

Step4：创建遍历队列 Q，并将几何模型结构树 R 节点索引加入队列 Q 中。

Step5：在 XML 文本中创建几何模型结构树根节点。

Step6：判断队列 Q 是否为空，如果为空跳至 Step10。

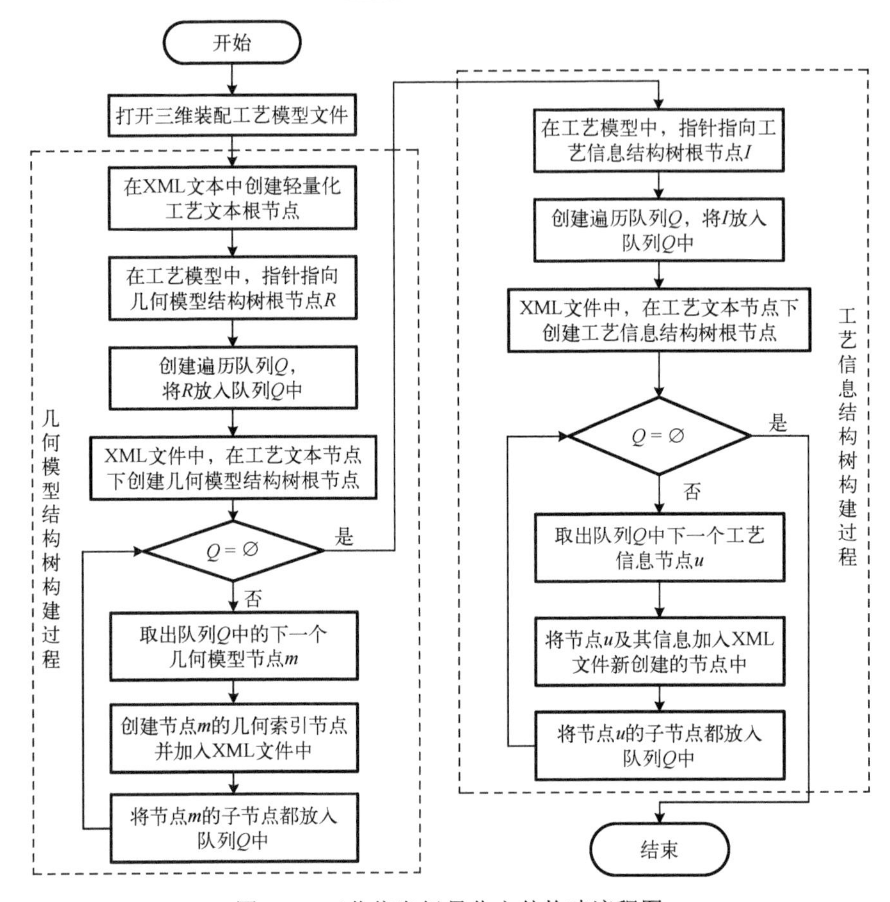

图 8-6　工艺信息轻量化文件构建流程图

Step7：从队列首部取出一个几何模型节点 m。

Step8：对节点 m 创建对应的文本节点 c，并将节点 c 加入 XML 文本对应的父节点下。

Step9：将节点 m 的子节点依次加入队列 Q 中，返回 Step6。

Step10：在工艺模型中，将遍历指针指向工艺信息结构树根节点 I。

Step11：重新创建遍历队列 Q，并将节点 I 加入队列 Q。

Step12：在 XML 文本中创建工艺信息结构树根节点。

Step13：判断队列 Q 是否为空，如果为空跳至 Step18。

Step14：从队列 Q 中取出队首的工艺信息节点 u。

Step15：将 u 节点及其工艺信息创建一个文本节点，并加入 XML 文本对应的父节点下。

Step16：将 u 节点的子节点依次加入队列 Q 中；返回 Step13。

Step17：结束。

工艺信息轻量化文件构建流程图分为两个部分，分别是几何模型结构树构建和工艺信息结构树构建两个板块，两个板块均采用宽度优先遍历算法实现。在两个结构树的遍历过程中，假设几何模型结构树的节点为 M 个，由于每个模型节点都恰好只访问了一次，因此这部分的算法时间复杂度为 $O(M)$，同样如果工艺信息结构树的信息节点个数为 N，则该部分遍历过程的时间复杂度为 $O(N)$，整个工艺信息轻量化文件生成算法的时间复杂度为 $O(N+M)$，该线性的时间复杂度效率对于轻量化模型的生成是完全可以接受的。

8.1.3　几何模型轻量化文件建模

几何模型轻量化文件建模旨在压缩几何模型文件的大小，使其便于在网络环境中传播。针对这个问题主要采用两种方法解决：一种是通过对三角面片文件的标准格式编码进行简化实现，这种方法是几何模型的经典简化压缩方法，其对所有工艺的几何模型都适用；另一种专门针对机加工工艺的工序间模型，该方法将存在于工序间模型中的重复三角面片段进行重用，从而减小重复三角面片的空间占用情况。以下将分别介绍这两种方法的具体原理与实现方案。

1．STL 格式编码轻量化压缩的经典方法

STL 文件是当前 CAD 系统下较常用一种通用格式文件，其主要有文本文件(ASCII)和二进制文件两种格式。实际应用时，由于 ASCII 文件格式占用空间较大，不适合模型轻量化文件的编码。下面介绍 STL 的二进制文件的组成方式，在 STL 二进制文件中保存的是模型的一个个三角面片的信息。文件的具体格式中起始部分存储着零件名称，占 80 字节，接着是一个表示三角面片个数的 4 字节整数 N，之后会有 N 组三角面片信息，每组三角面片信息由三个顶点数据、一个法向量数据和三角面片属性数据组成，这些数据一共占用 50 字节。

对于 STL 文件的轻量化压缩，已有许多经典解决方法，以下将介绍两种较为常见的解决方案。

第一种压缩方式在文献[97]中给出。其具体是通过将 STL 文件里三角面片数据中的法向量数据去除，进而为每个三角面片数据节省 12 字节的空间，虽然去除面片的法向量可能会导致复杂表面的图形渲染效果下降，但是鉴于机械制造领域的零部件通常表面较规整，因此其对展示效果的影响是可以接受的。当数据加载后，需要对三角面片的法矢量进行补全，补全法矢量的方式是采用三角面片的三个顶点直接计算该面片的外法矢量。外法矢量的计算公式如下：

$$\boldsymbol{n} = (v_2 - v_1) \times (v_3 - v_2) \tag{8-1}$$

式中，$\boldsymbol{n}$ 为三维空间的法矢量；v_1、v_2、v_3 为三角面片的三个顶点坐标，且按逆时针分布。

第二种压缩途径是采用低空间占用的顶点索引的方式来标记重复的顶点，以节约文件存储空间[98]，该方法常应用于 GPU 图形渲染等场景中。其方法是先将所有顶点去重排序后，保存为一个顶点序列，这样每个三维顶点就有唯一的 4 字节序列号，三角面片不再记录三个顶点的具体信息，直接记录 3 个 4 字节的索引序号，需要处理具体顶点时，再用顶点的索引序号在顶点序列中取出使用。由于三维零部件模型都是由封闭的几何面片构成的，每个图形表面的网格顶点会被不少于 3 个的不同的三角面片网格共用。以平均 3 个共享平面的下限计算，原本需要使用 9 个 4 字节的数据来记录 3 个相同的顶点，而现在只需要 3 个 4 字节的数据记录顶点信息，同时用 3 个 4 字节的索引记录模型顶点的序号，因此该方案至少能实现顶点数据 66.7%的压缩率，实际使用中，这种途径往往能达到 40%以下的压缩率，可见该方案能有效地节约存储空间。

2．三维工艺几何模型轻量化文件生成与解析

通过上述几何模型文件的轻量化建模方法，设计出三维工艺几何模型轻量化文件的具体生成流程，该流程如图 8-7 所示。

该流程中，首先将几何模型提取保存在内存或显存中的模型三角面片顶点数据；接着利用 STL 标准格式进行模型文件的编码，并剔除其中的非关键信息数据字段，如法向量数据字段；再对整个顶点序列进行索引化；然后对生成数据进行二进制文件的写入；最后对二进制文件用文件压缩算法进一步压缩。

三维工艺几何模型轻量化文件的解析过程恰好为生成过程的逆过程。首先对三维工艺几何模型轻量化文件解压缩，并读取其中二进制文件数据；然后是顶点索引数据还原；最后由几何顶点索引还原出几何模型的三角面片数据。其流程简图如图 8-8 所示。

8.1.4　工艺尺寸标注轻量化建模

1．工艺尺寸结构建模

三维装配工艺模型与传统 CAD 设计模型的一个明显区别在于三维装配工艺模型的零件模型本身除几何属性信息之外，还包括工艺尺寸标注信息，如粗糙度、装配尺寸等。通常在三维工艺中，工艺尺寸标注有其具体的信息意义，同时这些信息又以几何体的形式呈现在工艺模型中。为了方便区分尺寸标注信息模型与工艺中的零部件几何模型，将尺寸标注信息模型称为尺寸体模型、标注体模型或尺寸标注体模型。

为了在轻量化工艺演示系统中绘制有立体感的三维工艺尺寸标注的模型，需要尺寸标注体模型按照 CAD 的标准建模、尺寸标注体模型与零部件几何模型间的关联关系，而在三维空间中的尺寸标注体模型的具体位姿信息将根据以上信息在演示系统中实时生成。

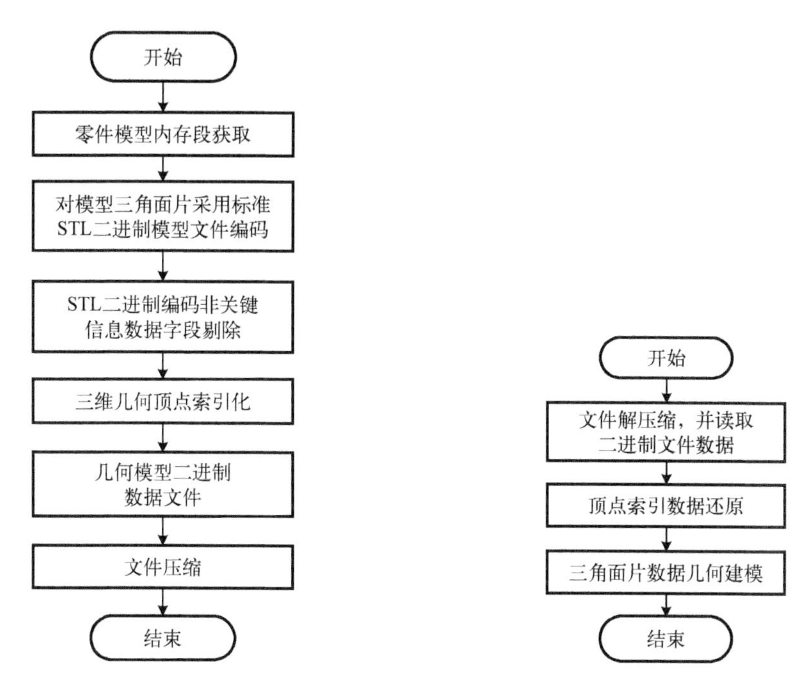

图 8-7　几何模型轻量化文件生成流程示意图　　图 8-8　几何模型轻量化文件解析流程简图

工艺尺寸标注体模型参数由两部分组成：一部分是尺寸标注的类型与文本；另一部分是尺寸标注体与零部件几何体间的空间关联关系。下面将分别讨论两部分内容。

1)尺寸标注的类型与文本

机械制造工艺中，主要标注符号模型如表 8-1 所示。

表 8-1　常见尺寸标注符号表

项目	符号	项目	符号
直线度	—	平行度	//
平面度	▱	垂直度	⊥
圆度	○	倾斜度	∠
圆柱度	⌭	同轴度	◎
线轮廓度	⌒	对称度	⌯
面轮廓度	⌓	位置度	⌖
圆跳动	↗	全跳动	⌰

续表

项目	符号	项目	符号
粗糙度	$\sqrt{Ra3.2}$	尺寸(圆)	$R7$
尺寸(直线)	20		

因为尺寸标注的符号数量有限，所以系统提前对这些符号建模，在使用时再实时生成一个尺寸标注体的模型副本。在轻量化工艺模型文件中，只需要记录每个尺寸标注的模型序号即可实现系统中的模型查找。对于长度、半径之类的数据信息则以文本形式记录在模型轻量化文件中，待演示时再实时生成即可。因此尺寸标注的类型与文本在轻量化文件中的数据结构表示为

$$D\,|\,\text{context} = \{\text{ID}, C\} \tag{8-2}$$

式中，ID 是尺寸标注体模型索引序号；C 是标注信息的详细参数。

2)尺寸标注体与零部件几何体间的空间关联关系

与传统基于二维图纸的尺寸标注不同，三维装配工艺模型中的尺寸标注并不勾画在平面上，它与几何模型一样也是一个立体的模型体。因此为了在演示环境中精准还原尺寸标注体模型的空间位置，需要保留的信息包括尺寸标注体模型相对于标注几何模型的位姿变换矩阵以及相对于零部件几何模型的位置信息。其中，记录标注体相对于零部件几何模型的位置信息是为了在演示过程中可以实时生成标注的箭头元素。因此尺寸模型的几何空间位姿信息在轻量化文件中的数据结构可以表示为

$$D\,|\,\text{geometry} = \{T, P\} \tag{8-3}$$

式中，T 表示尺寸标注体的变换矩阵数据；P 表示箭头定位信息。

2．三维工艺尺寸文本表达方式

通过上述工艺标注的结构建模，设计出针对三维工艺尺寸的文本结构格式。该文本结构格式的关键字段如表 8-2 所示。

三维工艺尺寸同样以 XML 格式作为其文本格式，并以上述关键字段作为 XML 文本中相应的属性参数名。以下将以一个尺寸标注的例子介绍具体的 XML 格式。

表 8-2　工艺尺寸文本关键字段

关键字段	含义	注释
ID	标注全局编号	标注在工艺文件中的序列号
Type	标注类型	标注的类型名称，如直线度等

续表

关键字段	含义	注释
Model_Id	标注模型索引	系统用于关联标注几何模型的索引编号
Linked_Geometry	几何关联	标注体模型与被标注对象模型的相对位姿信息
Context	标注内容	标注上显示的参数信息
Size	标注模型尺寸	标注体模型的大小，具体指其 height 与 width 参数

如图 8-9 所示的模型尺寸标注，表达为三维工艺标注文本形式如下：

```
<Marking ID="0001" Type="尺寸标注" Model_Id = "m_12345">
    <Linked_Geometry points="(0,0,10);(0,20,10);" normal_line=
"(0,0,1)" />
    <Context value="20" />
    <Size height="8",width="20" />
</Marking>
```

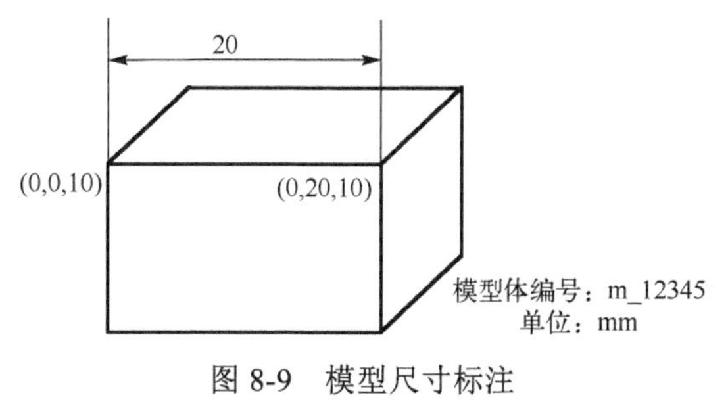

图 8-9　模型尺寸标注

8.2　基于数据驱动的装配模型匹配共享技术

8.2.1　三维装配工艺特点与模型共享技术原理

三维装配工艺模型中零部件几何模型数量往往非常巨大。过大的装配工艺轻量化文件使得需要很长时间进行模型文件下载，使得三维装配工艺模型在线演示过程中的加载等待时间过长，给用户的体验很不好。在通过对工艺管理系统进行具体研究分析后发现，实际使用中的工艺管理系统存在以下 2 个特点。

(1)对于同一个制造企业或一个制造厂，其产品类型会比较集中，大多是同一类产品，只是有不同型号间的区别，而不同型号的同类型产品间往往存在大量相同的零部件模型。

(2)产品的装配工艺在产品的整个设计研发阶段需要不断地进行版本迭代，任何一个零部件的结构变化都会导致最终的装配工艺模型发生新的版本变化需求，并且生成一个全新的工艺模型二进制文件。工艺模型新旧迭代间，可能改变非常小，大部分的模型都是一样的，但是由于它们被打包在不同的二进制文件中，所以在网络在线演示时会重新下载一遍全部数据。

从特点(1)、(2)不难发现，在三维装配工艺的网络在线演示过程中，大量的流量开支实际消耗在了大量重复的几何模型数据上。因此，本节阐述一种基于数据挖掘的装配零部件三角面片模型共享技术。利用数据挖掘技术对工艺管理系统中各个装配工艺模型的零部件组成以及工艺管理系统用户的行为数据进行分析，挖掘出普遍存在且可以重复使用的零部件模型组模式。根据不同用户各自的行为数据特征，有针对性地在其客户端本地系统保存可能会被其重复使用的零部件模型组。当用户浏览其他相关装配模型时，可直接从客户端本地系统获取装配工艺中部分已有的零部件子模型二进制文件，只需要下载本地系统缺失的零部件子模型组，从而降低了网络访问请求中装配模型下载的数据量并实现了在线演示效率的提升。

8.2.2 装配工艺模型轻量化文件数据结构

要实现三维装配工艺轻量化文件间重复子模型的共享，需要对原始三维装配工艺模型轻量化数据结构形式做适当调整。在原始三维装配工艺轻量化文件中，装配过程所涉及的所有零部件模型面片数据都存储于在同一个二进制文件中；而现在为了对零部件模型进行文件上的重用，将这些零部件模型分成一个个小组，并分别存储于不同的二进制文件中。每个二进制文件称为一个子模型组文件，其存储的零部件模型集合称为子模型组。这样一个装配工艺文件将拥有多个子模型组二进制文件，两个不同的三维装配工艺轻量化文件共享的内容就是这些子模型组文件。同时，为了能从多个子模型组文件里将原始装配工艺场景还原出来，调整后的三维装配工艺轻量化文件中将额外记录零部件模型的文件索引映射关系。在装配工艺演示时，演示工具将根据模型的文件索引以及索引文件间所涉及几何模型的相对位姿变换关系，重新还原出原始装配工艺场景。调整后的三维装配工艺轻量化文件数据结构如图 8-10 所示。

其中，三维装配工艺轻量化文件由两组打包文件构成，即工艺数据打包文件与几何模型打包文件。其第一组打包文件，工艺数据打包文件与原三维装配工艺轻量化文件内容基本一致，并将其中记录三角面片的二进制模型以信息索引的方式替换，场景中的零部件将通过各自的索引号从几何模型打包文件中获得。几何模型打包文件则由多个几何模型二进制文件组成，每个二进制文件中都保存了一部分子模型组的三角片面模型，而整个工艺模型场景即由它们的并集共同构成。这里需要特别指出的是，几何模型打包文件组是服务端根据客户端缓存区二进制模型文件的已存在情况实时打包的，其具体情况将在 8.2.5 节中详述。

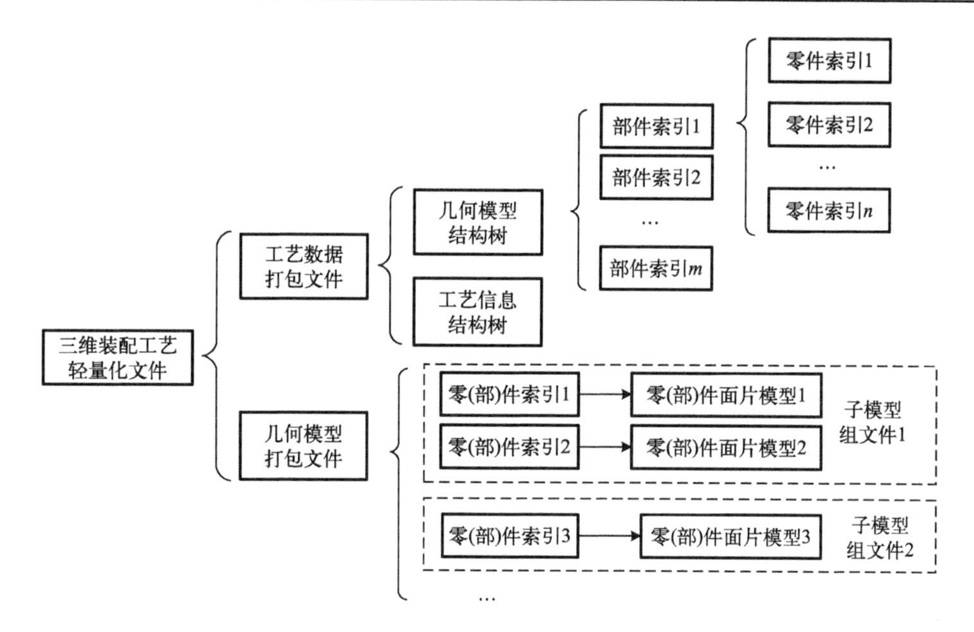

图 8-10　三维装配工艺轻量化文件模型数据结构

8.2.3　重复子模型组合模式挖掘算法

1．装配体子模型组粒度

三维装配工艺几何模型数据结构是一个树状结构，该树状结构中任意一个根节点为装配体的子树都是原工艺模型场景中的一个子模型组。不难发现，对于一个子模型组，它可以是一个零件即结构树的叶子节点、一个部件或者多个零部件组成的子装配体。把一个工艺模型场景的结构树拆成若干个不相交的模型子树，即获得一个结构树森林，结构树森林中的每一个几何结构树即为一个被拆出的子模型组。图 8-11 是一个装配体模型结构树拆成结构树森林的示意图。其中，主装配体由三个部分组成：部件 1、部件 2 与零件 1，而部件 1 又由零件 2 和零件 3 构成，部件 2 由部件 3 与零件 4 构成，同时部件 3 由零件 5 和零件 6 构成。本次拆分即将装配体模型结构树第一层拆开，共分为 3 棵子树，即部件 1、部件 2 与零件 1；这三棵子树即原装配体的三个子模型组。

为了方便后面的阐述，先定义装配体子模型组粒度的概念。装配体子模型组粒度，指一个几何模型结构树拆分后构成的子模型组结构树的大小。如果拆分后子模型组结构树节点较多，即包含的零部件较多，则称为大粒度子模型组；相反，如果子模型组结构树节点很少，则称为小粒度子模型组。例如，对一个汽车整车装配模型进行拆分，最后得到一些子模型组，这些子模型组中可能有一些是完整的部件，如整个发动机或驾驶舱等，这样的子模型组包含的零部件相对较多，即为大粒度子模型组；而另一些子模型组，可能只有一两个零件，如只有一个螺栓，这类子模型组即为小粒度子模型组。

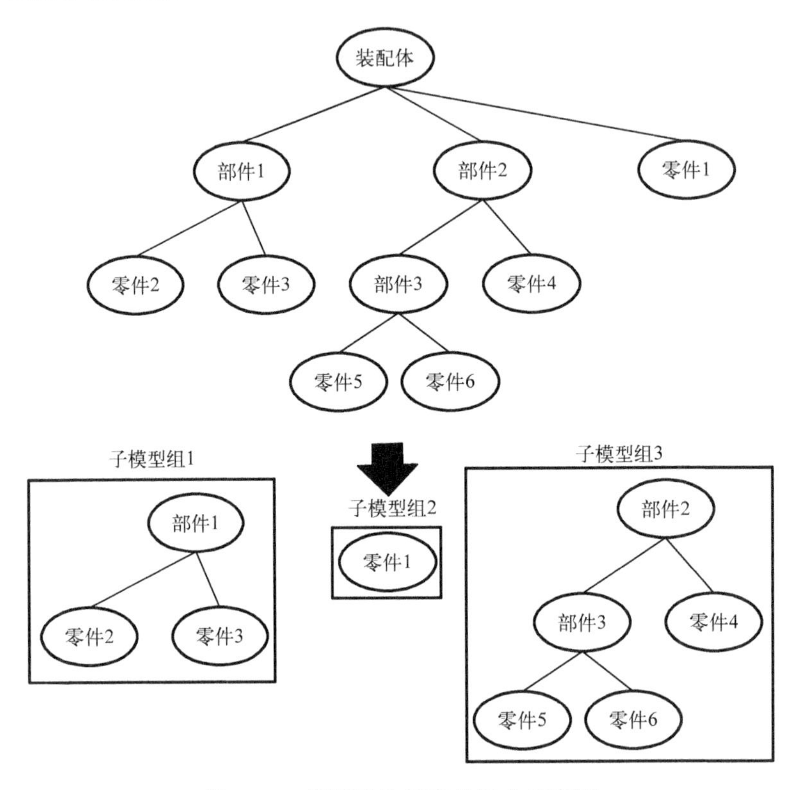

图 8-11　模型结构树森林拆分示意图

子模型组粒度的大小会对系统运行效率与文件管理产生一定影响。不难想象，如果把子模型组的粒度始终设定为最小级别的零件，那么模型共享势必达到最大化，因为任意两个不包含相同子部件的装配体模型却可能包含相同的零件。但是，如果模型拆分都以零件作为基本粒度，则很可能导致一个复杂装配体会被拆成上百甚至上千个子模型组。当每个子模型组都被打包为一个子模型组几何文件时，客户端的每一次装配工艺轻量化文件请求都会导致成百上千的子模型组几何模型文件下载需求，这将给工艺管理系统的文件管理与几何模型实时打包工作带来非常严峻的挑战。相反，如果对于装配体模型都是用大粒度的子模型组拆分，那么一个部件内的某个小部分发生修改后，会导致整个部件模型不可共享使用，从而导致公共模型匹配共享的可能性大大降低，使共享优化的效果大大下降。

因此，对装配体几何结构树进行合理粒度的划分，在子模型组文件尽量少的情况下达到尽可能高的子模型组共享率，成为子模型组匹配共享技术的问题关键。

2．基于贪心的子模型组拆分算法

为了优化子模型组的拆分粒度，需建立一些子模型组价值概念，以便对拆分后的子模型组在不同粒度下对系统运行效率的影响进行比较。

定义 8.1　子模型组 M 出现率 $P(M)$ 指子模型组在工艺管理系统不同装配工艺模型中的出现比率，即工艺管理系统中含有 N 个装配工艺模型，其中 K 个模型含有子模型组 M，那么 $P(M) = K / N$。

定义 8.2　子模型组 M 的拆分收益 $\text{profit}(M)$ 指在随机访问条件下，由于 M 被作为子模型组文件而导致单位时间周期 T 内模型传输时间减少量的期望。

考虑到拆分收益主要来源于下载量的减少，因此可以定义 $\text{profit}(M) = P(M) \times \text{size}(M) / \text{Ns} \times \text{Visit}_T$，其中 $\text{size}(M)$ 为子模型组 M 的文件大小，Ns 为客户端与服务器间的平均网速，Visit_T 为单位时间周期 T 内系统平均工艺模型访问量。

定义 8.3　子模型组 M 的拆分损耗 $\text{cost}(M)$ 指系统为了维护子模型组 M 在单位周时间期 T 内所花费的开销时间期望。

系统因为子模型组 M 所增加的开销时间来源于多个方面，首先是服务端在数据更新维护时由 M 带来的额外计算量 $\text{Us}(M)$，如对用户子模型组价值模型参数调整的维护开销；其次是子模型组在服务端实时打包花费的开销 $\text{Ps}(M)$；最后是由子模型组增多导致的子模型组相关管理查询服务的复杂度提升，由于服务器查询服务的时间复杂度并不是线性增长的，因此该项开销采用经验常量 Qs。可得 $\text{cost}(M) = \text{Us}(M) + \text{Ps}(M) + \text{Qs}$。

定义 8.4　子模型组 M 的拆分净收益 $\text{netprofit}(M)$ 指在随机访问条件下，子模型组的拆分收益与拆分损耗的差值，即 $\text{netprofit}(M) = \text{profit}(M) - \text{cost}(M)$。

子模型组粒度是否最优，可表达为子模型组的拆分净收益总和是否能达到最大值。

采用一个贪心的策略进行几何模型结构树的拆分，该贪心拆分原则如下。

对装配工艺模型，从模型结构树根节点开始，依次测试并确定是否拆解每一个节点，判断依据是该节点的拆分净收益是否比其子节点的拆分净收益总和高，如果其子节点的拆分净收益总和更高，则对该节点进行拆分；否则保持该节点作为一个整体，不再拆分下去。如果节点被拆分，则根据相同的贪心逻辑对子节点进行同样的判断与操作，并不断迭代这个贪心过程，直到整个几何模型结构树被完全遍历。算法流程如图 8-12 所示，具体步骤如下。

Step1：建立一个空队列 Q。

Step2：将初始要分解的三维模型根节点加入队列 Q 中。

Step3：判断队列是否为空，若队列 Q 为空跳转到 Step8。

Step4：从队列 Q 中取出下一个模型节点 r。

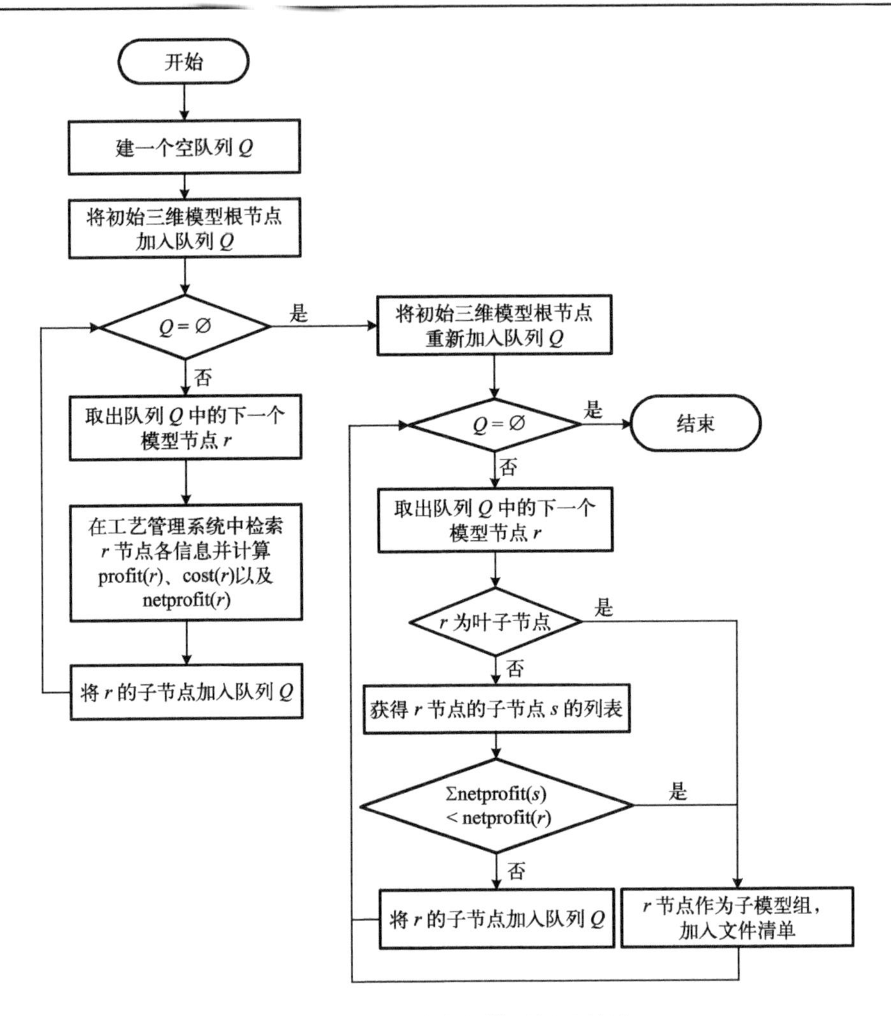

图 8-12　优化粒度的模型拆分算法

Step5：在工艺管理系统中检索 r 节点的相关信息，并以此预处理出 r 的 profit(r)、cost(r) 以及 netprofit(r) 等相关参数。

Step6：将 r 节点的子节点加入队列 Q，若无子节点则不操作。

Step7：返回 Step3。

Step8：将初始要分解的三维模型根节点再次加入队列 Q 中。

Step9：判断队列是否为空，若队列 Q 为空跳转到 Step16。

Step10：从队列 Q 中取出下一个模型节点 r。

Step11：若该节点为叶子节点，跳至 Step15。

Step12：获取 r 节点的子节点 s 的列表 sons。

Step13：判断 $\sum_{s \in \text{sons}} \text{netprofit}(s)$ 与 netprofit(r) 的大小，若后者大，跳至 Step15。

Step14：将该节点的子列表 sons 中的所有节点加入队列 Q，返回 Step9。

Step15：该节点作为一个子模型组，加入总三维模型的文件清单，返回 Step9。

Step16：结束。

该贪心算法包含两个对模型结构树遍历的大循环，前一个遍历循环的目的是预处理各节点的净收益 netprofit(r)的值，后一个遍历循环的目的是进行节点拆分的增益判断，并以此作为子模型组的划分依据。不难看出整个算法的计算时间复杂度为 $O(N)$，其中 N 为三维模型结构树的节点个数。

8.2.4　本地子模型组缓存维护

为了实现优化装配工艺模型的网络浏览效率，在客户端本地硬盘建立一个缓存空间，将访问完装配工艺模型所下载的子模型组二进制文件都保存在这个缓存空间上，当再次访问其他装配工艺模型时，如果遇到相同的子模型组即可以避免该子模型组的重复下载。但在长期使用在线演示系统客户端软件后，本地硬盘所保留的历史缓存子模型组文件势必越来越多，导致大量再访问率很低的子模型组文件占用了本地缓存空间，造成存储资源的无端浪费。本节提出一种基于逻辑回归算法评估子模型组保留价值的方案，用于清除本地缓存空间中低再访问率的子模型组文件，避免缓存空间的低效占用。

1．子模型组保留价值模型

1）子模型组保留价值定义

本地缓存的一个子模型组文件是否有保留的价值，只取决于客户端用户是否会再次访问含有相同子模型组文件的其他装配工艺模型。因此，评估子模型组缓存文件的保留价值可以定义为该子模型组文件在一段时间内会被该客户端用户再次访问的概率。

定义 8.5　Pro(m,u,T) 表示子模型组文件 m 被用户 u 在未来 T 时间段内再次访问的预测概率。

Pro(m,u,T) 即作为评估子模型组保留价值的标准，其概率越高越可能被保留在缓存区内，反之越可能被清除。

2）特征分析

通过对工艺管理系统的实际实践经验进行总结发现，子模型组的再访问率主要与以下一些场景特征有关。

(1) 有些子模型组(如标准件)在各种装配工艺模型中都很容易出现，这类子模型组有较高的共享价值。不难发现这类子模型组的一个显著特征，即其在整个工艺管理系统的出现率极高。因此，不难得出影响子模型组再访问率的第一条特征：子模型组在工艺管理系统中的出现率，记 Rate_m，即子模型组 m 在工艺管理系统中的项目占有比率。

(2) 一些装配工艺模型在其研制期间可能会被频繁地浏览访问，其所包含的子模型组由于其所在的装配工艺模型被频繁浏览，在此期间内的再访问率大大提升。但是当这个研制周期结束后，此类子模型组的再访问率又降回其原有水平。针对这种可能只有短周期出现高再访问率的子模型组，引入第二条与再访问率密切相关的特征：子模型组的时段访问率，记 $\text{Visit}_{m,[t_1,t_2]}$，即子模型组 m 在时间段 $[t_1,t_2]$ 期间被访问的频率。

(3) 相同的子模型组对于不同的用户，其再访问率往往并不相同。这是由于工艺管理系统的用户人群对不同项目的关注侧重有所不同。例如，装配车间的装配工人可能长期只负责某一类产品装配模型的装配工作，其势必长期高频浏览同一个装配工艺模型，此时即使一个全局上再访问率极低的子模型组对这个特定用户而言，却有很高的再访问率。由此不难发现第三条会影响再访问率的特征：用户模型近期访问时序的倒序，记 $S_{u,m}=\{t_{u,m}^1,t_{u,m}^2,t_{u,m}^3,\cdots\}$，即用户 u 对子模型组 m 历史访问的时间序列。

对以上归纳出的 3 条特征进行组合，从而获得子模型组保留价值建模的特征向量。对于一组用户子模型组对 (u,m)，其第一类特征向量组定义为 $X_{u,m}^{(1)}=\{\text{Rate}_m\}$；第二类特征向量组定义为 $X_{u,m}^{(2)}=\{\text{Visit}_{m,[t_1,t_2]},\text{Visit}_{m,[t_2,t_3]},\cdots,\text{Visit}_{m,[t_{k-1},t_k]}\}$，其中 k 为一个常量，即使用 $k-1$ 组子模型组时段访问率参数作为特征向量；第三类特征向量组定义为 $X_{u,m}^{(3)}=\{\mathrm{e}^{-t_{u,m}^1\omega},\mathrm{e}^{-t_{u,m}^2\omega},\cdots,\mathrm{e}^{-t_{u,m}^d\omega}\}$，其中 d 也是一个常量，即只使用用户子模型组访问时序中最近的 d 次访问数据组成特征向量，ω 是一个比例放大系数，这是由于 e^{-t} 的数值往往很小，不利于计算精度的控制，同时过小的参数也不利于算法的收敛过程。$X_{u,m}^{(2)}$ 与 $X_{u,m}^{(3)}$ 中的省略项都是时间衰减作用，一方面能控制参数在区间[0, 1]范围内，避免数值过大；另一方面能将距离现在过远的数据信号进行衰弱。

将三类特征向量进行合并，得到最终的特征向量组 $X_{u,m}=\{X_{u,m}^{(1)},X_{u,m}^{(2)},X_{u,m}^{(3)}\}$，该特征向量最终是一个 $k+d$ 维的向量。

3) 逻辑回归

逻辑回归(logistic regression，LR)，是在一个因变量和多个自变量间构建多元回归关系的方法，其优势在于面向的研究对象自变量既可以是连续的，也可以是离散的，同时变量分布可以属于非正态分布。

逻辑回归分析问题中，因变量 Y 为一个二元变量，其取值可以是 0 或 1，代表两个相反的问题。对本节的问题而言，因变量 Y 可指代子模型组文件 m 在未来 T 时间段内是否被用户 u 访问，如果在 T 时间段内被访问，则 $Y=1$；否则 $Y=0$。而自变量 X 是一个 n 维向量 $X=\{x_1,x_2,\cdots,x_n\}$。本节问题中，自变量即 $k+d$ 维的用户子模型组特征向量 $X_{u,m}$。逻辑回归模型本身是分析自变量 X 对因变量 Y 的条件概率，即求解 $P=P(Y=1|X)$ 的问题。逻辑回归模型可表述为

$$z = a_0 + a_1x_1 + a_2x_2 + \cdots + a_nx_n \tag{8-4}$$

$$P = \frac{1}{1+\mathrm{e}^{-z}} \tag{8-5}$$

式中，z 为中间过渡变量；$a = \{a_0, a_1, \cdots, a_n\}$ 为逻辑回归模型的参数；x_i 为特征向量的第 i 个参数；P 为该问题为 $Y=1$ 的概率，即在 T 时间段内会被用户 u 再次访问的概率。式(8-5)表示为逻辑函数曲线如图 8-13 所示。

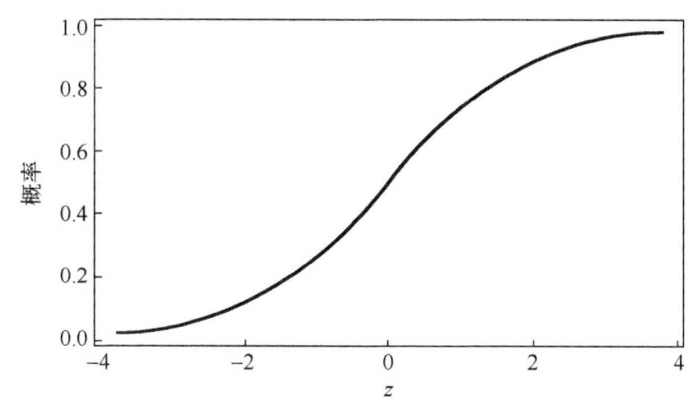

图 8-13　逻辑函数示意图

4) 逻辑回归的训练算法

逻辑回归的参数向量 $a = \{a_0, a_1, \cdots, a_n\}$ 的各项权重是通过训练数据经过监督学习后获得的。若训练数据集 $T = \{(X_1, Y_1), (X_2, Y_2), \cdots, (X_m, Y_m)\}$，其中 $X_i \in R^{n+1}$，R 为实数集，$Y_i \in \{0,1\}$，采用极大似然估计法来估计模型参数[99]，其中似然函数为

$$\prod_{i=1}^{m} P(Y_i = 1 \mid X_i, a)^{Y_i} P(Y_i = 0 \mid X_i, a)^{1-Y_i} \tag{8-6}$$

其对数似然函数为

$$L(a) = \sum_{i=1}^{m} Y_i \log P(Y_i = 1 \mid X_i, a) + (1 - Y_i) \log P(Y_i = 0 \mid X_i, a) \tag{8-7}$$

对 $L(a)$ 求极大值，即可得到的 a 估计值。由于目标函数 $L(a)$ 是一个凸函数，因此可以采用梯度下降法求解[99]。其梯度下降求解过程如下：

令

$$h_a(x) = \frac{1}{1+\mathrm{e}^{a_0 + a_1x_1 + a_2x_2 + \cdots + a_nx_n}} \tag{8-8}$$

对参数求导有

$$\begin{cases} \dfrac{\partial L(a)}{\partial a_0} = \displaystyle\sum_{i=1}^{m} (h_a(X_i) - Y_i) \\ \dfrac{\partial L(a)}{\partial a_j} = \displaystyle\sum_{i=1}^{m} (h_a(X_i) - Y_i) X_{ij} \end{cases} \tag{8-9}$$

令 $b_0=\{\beta_0,\beta_1,\cdots,\beta_n\}$ 为参数向量 a 的初值，b_k 为迭代第 k 次时的值，那么有

$$b_k=b_{k-1}-\alpha\frac{1}{m}\frac{\partial L(a)}{\partial a} \tag{8-10}$$

式中，α 为学习率，其大小决定收敛的速度，但是取值过大可能导致迭代无法收敛。

5) 近似表达式求解

下面对工艺管理系统中的历史数据进行提取并构建特征向量组，收集了工艺管理系统中120名用户共计8051组数据，一共涉及3112对用户子模型组，将其作为训练集；同时选取系统中另外30名用户共计2383组数据，一共涉及817对用户子模型组，将其作为测试集。其中，特征向量的第二类特征维度选取 $k=4$，而第三类特征维度选取 $d=2$，即模型特征向量总维度为6。之所以没有采用较大的 k、d 值是考虑到3112组训练数据并不是很大，选取过高的参数维度在加大训练计算量的同时容易发生过拟合。模型中预测的再访问率 $\mathrm{Pro}(m,u,T)$ 的时间周期 T 被设定为10天。训练过程采用梯度下降法。其训练集迭代误差变化曲线如图8-14所示。

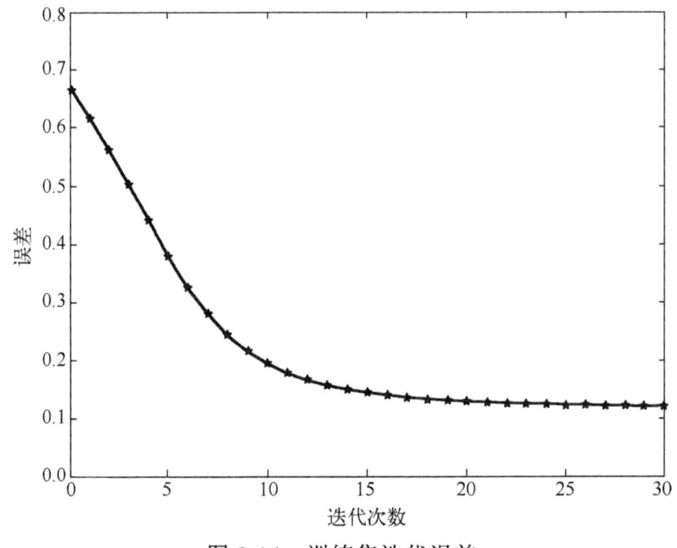

图8-14 训练集迭代误差

从图8-14中不难发现经过20次迭代，本模型基本收敛，并最终在训练集上的误差率收敛至12%附近。将训练出的模型放在测试集上进行测试后，得出其预测误差率为25.95%，即预测准确率为74.05%，可以满足本地子模型组的缓存维护需求。

2．子模型组缓存清理流程

当客户端本地缓存的子模型组文件容量大于系统设定的本地缓存空间容量上限时，客户端系统即开启子模型组缓存清理流程。该过程会将客户端本地缓存空间中的子模型组列表报告至工艺管理系统服务端处，服务端根据最新数据，实时构建用

户子模型组特征向量，并利用上面所述的子模型组保留价值模型预测用户对每个子模型组的再访问率 $\text{Pro}(m,u,T)$。以 $\text{Pro}(m,u,T)$ 的大小为关键字对子模型组进行降序排序，将排序后的子模型组列表传给客户端。客户端根据降序的列表，采用末位淘汰的方式依次清除再访问率低的子模型组缓存文件，直至本地缓存空间容量达到容量上限内。其详细流程如图 8-15 所示。

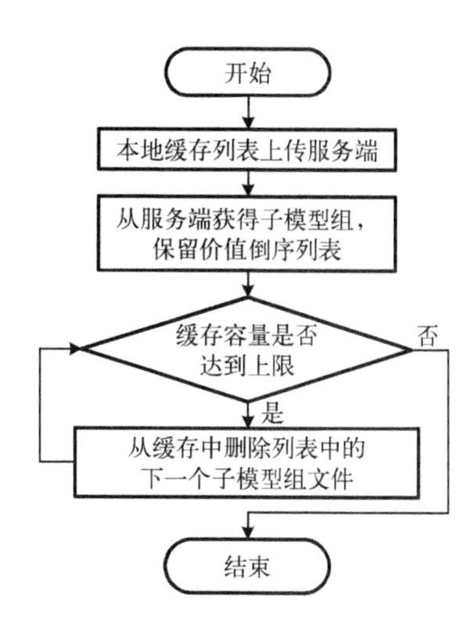

图 8-15　本地子模型组缓存清理流程图

8.2.5　装配子模型组匹配共享系统工作流程

为了实现装配子模型组匹配共享，在原三维工艺演示工具系统中集成一个用于装配工艺子模型组共享的子系统。该子系统由两个算法模块与两个数据库模块构成，其中算法模块包括子模型组拆分算法模块，以及子模型组匹配共享系统模块；数据库模块包括子模型组索引数据库与用户子模型组价值数据库。图 8-16 为子模型组匹配共享系统组成与工作原理示意图。

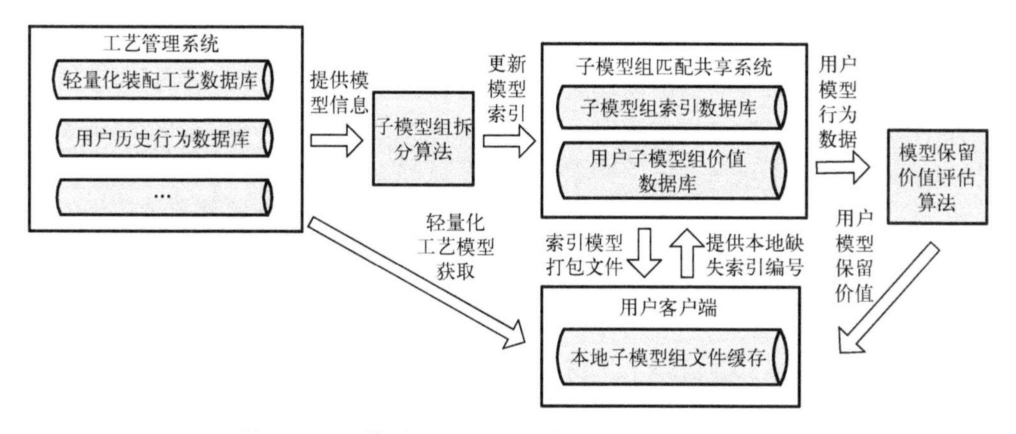

图 8-16　子模型组匹配共享系统组成与工作原理图

从三个方面分别阐述该系统的工作流程。首先是当工艺管理系统中装配工艺模型产生轻量化工艺模型更新时，装配工艺子模型组共享系统如何同步更新其数据库；其次是用户产生装配工艺轻量化模型访问浏览行为时，装配工艺子模型组共享系统如何实现子模型组实时打包下载，以及完成本地缓存空间管理等行为；最后是服务器在空闲期如何离线根据用户行为数据更新子模型组保留价值数据库。

1) 装配工艺模型更新流程

当工艺管理系统发生工艺模型更新时，利用 8.2.3 节所述算法，实现装配工艺模型轻量化子模型组文件的拆分与打包任务；并将拆分后的子模型组在子模型组索引数据库中一一匹配，将原数据库中不存在的新增子模型组加入子模型组索引数据库中，从而完成装配工艺子模型组共享的子系统数据库的同步更新。

2) 用户访问装配工艺模型时系统的工作流程

当用户对装配工艺模型发起访问请求时，工艺管理系统将其访问的装配工艺数据打包文件发送至客户端。客户端解析工艺数据文件后，获得该装配工艺模型场景所需的子模型组索引，并依据索引匹配本地缓存中的子模型组文件。之后，客户端将未能匹配的子模型组文件索引生成缺失文件索引列表，并将缺失列表返回至服务端。服务端依据缺失列表的索引从子模型组共享系统中获取对应的子模型组文件，并整体打包为一个文件后发送至客户端。客户端利用装配工艺数据结构树将所有子模型组加载并还原出原始装配工艺模型场景。

本次访问后，如果客户端缓存达到设定的空间上限，则客户端系统将缓存空间中的子模型组文件列表上传至服务端；装配工艺子模型组共享子系统会调用用户子模型组价值数据库中的数据信息，并通过 8.2.4 节所述算法计算每个子模型组的保留价值，并将排序后的子模型组列表返回客户端。客户端再根据按保留价值排序的子模型组列表，依次清除低保留价值的子模型组缓存文件。

3) 用户行为数据离线更新流程

当服务端请求较少时，如在夜间，服务器系统需要将新入库的用户历史行为数据重新生成为新的用户子模型组保留价值模型参数，并更新子模型组共享子系统的用户模型价值数据库。这是为了便于保持用户子模型组保留价值模型参数始终是最新的，防止因为长时间跨度下用户一些自身属性的改变，而导致保留价值评估模型的失效。

8.2.6　匹配共享系统效率验证

1. 模拟实验原理与环境构建

子模型组文件匹配共享系统的实验测试在离线的模拟环境下进行。其模拟实验环境是利用工艺管理系统中已有的装配工艺模型相关数据报表，以及去敏感后的注册用户数据构建的。在去除与本章节无关信息后，模拟实验环境只保留了以下数据进行仿真测试，包括：①装配模型的编号；②每个项目文件的装配体几何模型结构树信息；③每个几何模型结构树节点对应模型文件的大小；④注册用户编号；⑤用户登录系统进行三维装配工艺模型浏览的热度；⑥用户参与项目以及对每个参与项目的关注度，即访问每个项目的概率；⑦用户对项目的最多访问次数。

图 8-17 为仿真实验环境中装配工艺模型测试模型的结构图，其采用 XML 格式组织，并表示为一棵几何模型结构树。

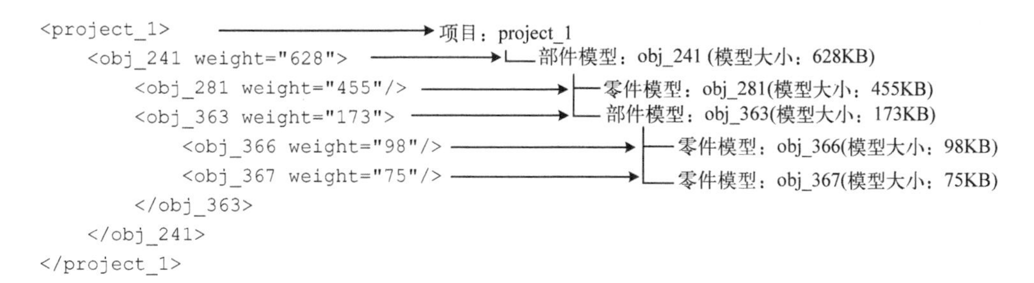

图 8-17　测试模型结构图

图 8-18 为仿真实验环境里一个虚拟用户的信息，同样采用 XML 格式进行组织，其每个节点为关注的项目编号，参数表示其关注该项目的概率大小。

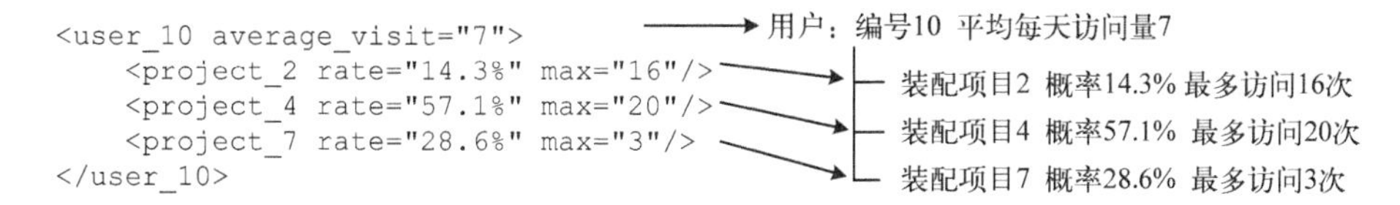

图 8-18　实验环境虚拟用户参数示意图

此处采用的实验方法是利用真实历史数据所构建的虚拟用户进行模拟访问测试。其中虚拟用户对具体装配工艺模型的访问过程采用随机模拟的方式进行。对每一个虚拟用户，在模拟其浏览装配工艺模型的过程中，他会依照用户参数中对关注项目的概率进行随机抽取访问。模拟过程中的用户选取也是依据每个用户的每天访问量构成的概率分布进行随机的独立选择。例如，所有用户的每天平均总访问量为 1000，用户 A 的每天平均访问量为 3，其中他对装配工艺模型 X 的访问率为 33.3%，那么在一次随机选择中，出现用户 A 对模型 X 访问的概率为 $3\times33.3\%/1000=0.1\%$。同时，为了模拟用户会在一段时间后不再关注某个装配工艺模型，当一个虚拟用户对同一个项目的访问次数超过对应的最大访问次数 max 时，该用户将不再对该装配工艺模型进行访问。同时，其随机选取项目的概率值将平均分配给还未达到访问上限的其他装配工艺模型。

2．实验结果与分析

基于上述虚拟用户访问模拟实验环境，分别使用传统方式与装配模型子模型匹配共享的方式分别进行多次随机模拟实验。同时，将多次实验的结果进行平均处理后，得出图 8-19 所示的实验结果图。其中模型文件下载量平均压缩率是指基于装配模型子模型匹配共享的方式下载子模型组文件大小总量与不采用模型匹配共享的传统方式所下载的子模型组文件大小总量间的比值。不难发现采用子模型组文件匹配共享后，在前 100 次演示中有明显的优化加强趋势，并在总访问量达到约 70 次时达到系统的稳定状态，在之后的模型访问中下载量平均压缩率不再进一步降低，这是因为在这之后的过程中，子模型组的本地缓存空间开始达到系统设置的上限阈值，而导致部分子模型组文件被缓存管理系统清除。本模型在该测试系统下达到最终稳定状态时，可以获得约 62%的下载量平均压缩率。

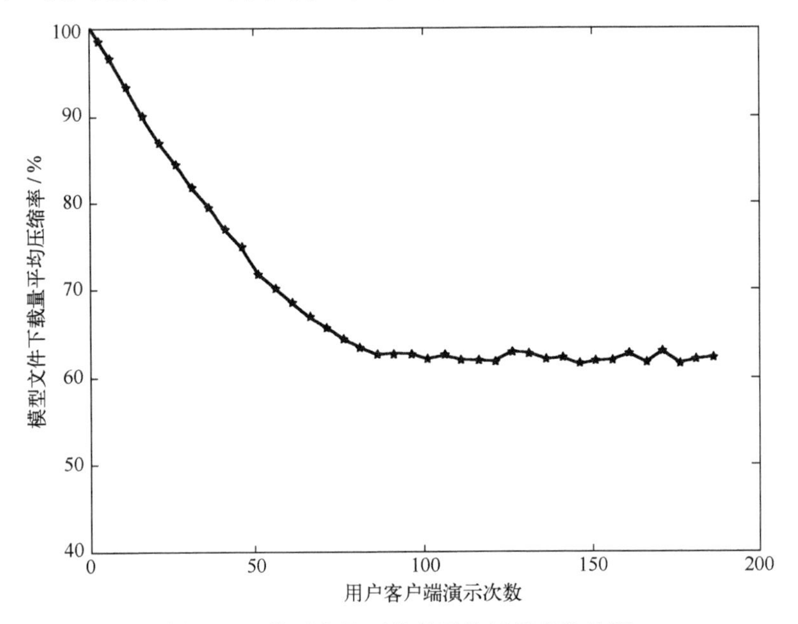

图 8-19　模型文件下载量平均压缩率统计图

由实验结果得出：基于数据驱动的装配模型匹配共享系统对于解决大型装配场景的网络传输问题是有效的。

第 9 章　基于人机交互的三维装配工艺设计原型系统

前面详细论述了基于 MBD 的三维装配工艺设计技术的理论部分，本章将基于上述关键技术，开发三维装配工艺设计系统，为基于 MBD 的三维装配工艺设计提供工具支撑。

9.1　系统开发方案

9.1.1　系统开发方式的选择

三维软件系统的开发主要可分为以下三种方式。

(1) 完全自主版权的开发，要求从底层的几何造型功能、几何数据结构定义及管理、渲染显示功能、显示数据管理到系统架构设计、软件具体功能模块开发等都得重新规划，这种开发方式需要投入的工作量大、知识涉及面广且专业性强、所设计的底层功能稳定性高等，导致软件开发的周期过长，实现起来很困难。

(2) 基于某个商用 CAD 系统的二次开发，如 UG、CREO、CATIA、SolidWorks、SolidEdge、Inventor 等，这种开发方式主要有两种弊端：①相关的软件功能与自身应用需求密切相关，系统交互操作要求较高，商用系统难以事先提供相应的接口以满足设计者的要求，开发功能受限于商用三维软件厂商提供的 API(应用程序接口) 函数，无法访问或修改底层数据；②装配工艺设计系统要集成工艺数据库、工艺资源库、工艺知识库等模块以构成独立的应用系统，是针对特定需求自主开发的系统，而二次开发受制于商用软件系统环境，无论从灵活性还是从商业版权角度考虑都具有较大的局限性。

(3) 基于成型商用内核的原型系统开发，此类开发方式介于前两种方式之间，较二次开发可以更深入核心层，又避免了完全自主开发中底层内核设计的复杂性，具有开发周期短、见效快、系统稳定性好、功能定制灵活等特点。

通过对上述三种开发方式特点的分析和比较，本系统将采用基于内核的方式进行开发。

9.1.2　系统内核的选择

在进行基于内核的三维装配工艺设计系统开发时，通常涉及零件几何模型数据结构的表示、计算和存储以及几何模型在视图区中的渲染显示等问题，前者需要几何造型内核的管理，后者需要渲染显示引擎的辅助，此二者在系统功能的开发实现中相互联系、相辅相成，缺一不可，是系统实现的基石。

1. 几何造型内核的选择

当今比较流行的CAD/CAM几何造型系统的开发主要依赖于ACIS、Parasolid、CAS.CADE、Pelorus、DesignBase等内核，其中ACIS和Parasolid最具代表性、应用最广同时功能最为强大，下面对二者进行介绍和比较。

ACIS是美国Spatial Technology公司推出的三维几何造型引擎，它集线框、曲面和实体造型于一体，允许这三种表示共存于统一的数据结构中，同时支持非正则形体造型技术，能够处理非流形体。建立在软件组件技术基础上的开放式体系结构形成了ACIS的重要特色，其主要特点如下：①基于组件的开放式体系结构，通过采用组件技术，可使不同用户、不同应用根据需求采用不同的组件组合，开发者也可以用自己开发的组件替代ACIS中的某些组件，为3D应用程序的开发提供了极大的柔性和功能基础；②ACIS的几何总线(geometry bus)，ACIS的开放式体系结构和它的SAT构成了ACIS几何总线，使线框、曲面、实体的几何与模型数据能够自由交换，当SAT模型在总线上流动时，不需任何解释和翻译，摆脱了数据翻译的负担，无须为模型的互操作做任何工作，这是封闭式系统所没有的；③强大的组件功能。ACIS除在它的ACIS 3D Toolkit中提供强大的内置组件外，还在Optional Husks中提供了满足更高级需求的可选组件。另外，还有很多第三方开发的组件，也可嵌入基于ACIS的应用中。

Parasolid是美国UGS公司推出的CAD/CAM开发平台，其研制目标是在以复杂曲面为边界的实体造型领域提供通用的开发平台，在几何造型功能上与ACIS基本差不多，但相比而言，其造型能力更强、更丰富。

两个内核其实各有优劣，ACIS对较简单的三维模型来说更节省计算资源和存盘空间，而Parasolid对造型复杂、碎面较多的实体具有优势。鉴于本系统所导入的几何模型已事先在高端CAD系统中建好，不需要较强的复杂曲面实体造型能力，只要能简洁完整地表达实体几何的B-Rep数据即可，故对于本系统来说ACIS是个不错的选择。

2. 显示渲染引擎的选择

计算机可视化与虚拟现实技术的飞速发展，使得人们对真实感渲染以及场景复杂度提出了更高的要求，传统的直接使用底层图形接口，如OpenGL、DirectX、Direct3D开发图形应用的模式越来越暴露出开发复杂性大、周期长、维护困难等缺陷，为此国外出现了许多优秀的三维渲染显示引擎，如 Delta3D、OGRE、OSG、Unity3D、VTK、HOOPS 等，以下仅对其中应用最为广泛的 OGRE、OSG 和 HOOPS 的性能和易用性进行比较。

OGRE 隐藏了 Direct3D 和 OpenGL 的所有细节，正因为这种完全的封装，用户无法对基本图形 API 进行直接操作，提高了入门的难度；它只专注于渲染绘制，不负责其他模块，功能单一；它虽然有强大的资源管理器，能大大减轻资源管理复杂度，但其架构设计过于庞大和复杂，使用户感觉掌握困难。

OSG 在 OpenGL 的基础上提供了很多实用方便的功能包，并没有对底层图形接口进行抽象，可以在 OSG 应用中加入 OpenGL 的 API 调用，比 OGRE 更容易上手；它还包括一些 OGRE 中没有的模块，如仿真模拟、声音支持等；它虽有丰富而强大的功能模块和第三方插件的支持，但 OpenGL 的渲染效率没有 Direct3D 高，只适用于支持 OpenGL 的系统平台。

HOOPS/3dAF 是一个成熟、健壮、可扩展、模块化和开放的图形应用程序框架，它采用层次清晰简洁的场景段树结构，将几何、属性、子段等数据进行封装，进行底层数据的优化管理，并提供了形形色色的渲染设置功能，将场景树管理与渲染显示设置分离开来，方便用户对整个场景显示效果的控制；同时它支持多种图形驱动，如三维显示驱动 DX9、OpenGL、OpenGL2，以及二维图形打印驱动 Image、PDF、PostScript 等，保证在不同平台上具有良好的兼容性；对底层的基本几何图形创建和编辑也提供了相应的 API，用户程序编写灵活；拥有与各种 GUI 集成的组件模块，提供了高效的用户界面选择与交互功能，并内置了仿真和干涉检测等功能；融入了各种字体，方便产品制造信息的标注。它在继承了各种渲染引擎的优化性能的基础上，解决了前述几个引擎中的弊端，设计了自己独特的性能。

综上所述，HOOPS/3dAF 的性能基本上在各方面都较其他渲染引擎优越，故将其选为本系统的显示渲染引擎。

9.1.3 开发方案的确定

ACIS 是用 C++编写而成的开放式造型内核，HOOPS/3dAF 也支持 C++应用开发，同时 MFC 是微软以 C++类的形式开发的面向 Windows 窗口应用程序的框架和引擎，故本系统将采用 C++作为开发语言，以 Visual Studio 2008 作为开发环境，并以前述的 ACIS 和 HOOPS/3dAF 内核作为底层支撑，开发三维装配工艺设计系统。通过对 ACIS 以及 HOOPS/3dAF 框架的深入学习，并在熟练掌握其编程用法和各组件间的内在关系后，设计本系统的基本开发方案和框架体系，如图 9-1 所示。

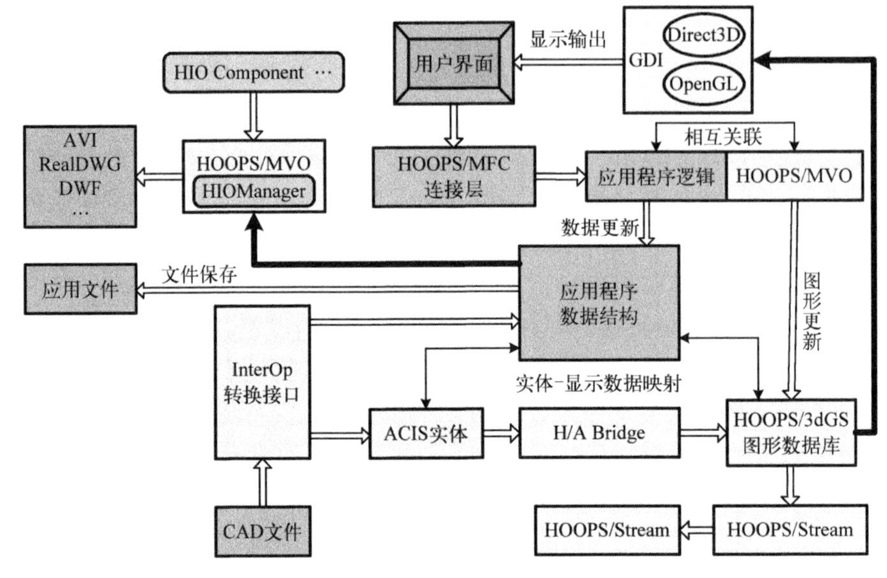

图 9-1　原型系统的开发方案和框架体系

9.2　三维装配工艺设计软件的总体方案

9.2.1　系统需求分析

当前，基于三维模型的装配工艺设计系统具有对产品进行装配工艺设计、装配工艺仿真、导出自定义工艺文件等功能。在试用过程中，赢得了用户的认可，但是，依旧存在不足之处，并提出了以下需求。

(1)将工装引入系统，实现工装的装配定位，使得工艺规划更精确、更拟实。

(2)构建更为合理的装配工艺模型，以便捷、高效地管理装配工艺信息。

(3)完善工艺信息，实现工艺信息的交互式添加、修改，为装配生产提供更详细的信息支持。

(4)实现装配过程仿真与监控，模拟实际装配过程。

针对上述需求，为使系统更趋完善，项目组经过深入分析，规划了系统的体系结构、功能模块，建立了系统的工作流程，提出了工装模块与装配工艺流程模块的数据流向。

9.2.2　系统体系结构

基于三维模型的装配工艺设计系统的体系结构主要包括五层：用户层、功能层、技术层、模型层、数据层。基于三维模型的装配工艺设计系统体系结构如图 9-2 所示。

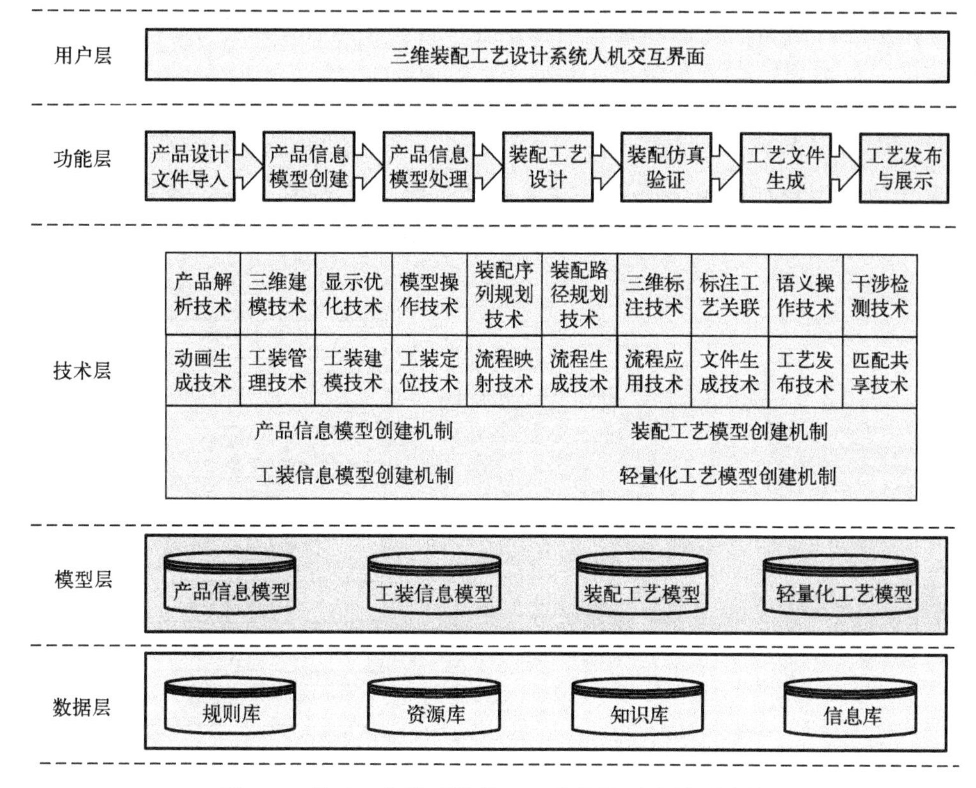

图 9-2 基于三维模型的装配工艺设计系统体系结构

用户层的作用有两方面：一是在实现系统功能时，方便用户的操作和系统响应；二是使系统具有和谐的人机环境，用户能便捷地使用系统功能模块。

功能层包含系统的主要功能模块，系统已有的功能模块有产品设计文件导入、产品信息模型创建、产品信息模型处理、装配工艺设计、装配仿真验证、工艺文件生成、工艺发布与展示。根据用户需求及系统完善目标，扩展了装配工装管理、装配工装建模、产品与工装的定位及装配工艺流程功能模块。

技术层为功能模块提供技术支持，主要包括装配序列规划技术、装配路径规划技术、三维标注技术等。为进一步完善系统，扩充了工装管理技术、工装建模技术、工装定位技术、工装定位技术、流程映射技术、流程应用技术以及工艺发布技术。

模型层原本由产品信息模型、装配工艺模型、工装信息模型和轻量化工艺模型组成。产品信息模型是将产品设计文件导入系统中创建的，是用于装配工艺设计的产品对象。装配工艺模型是装配工艺设计的结果，包含了工艺流程、工艺对象、工艺资源、工艺标注等信息。工装信息模型为其与产品的装配提供信息支持，主要包括装配定位信息和装配约束信息等。轻量化工艺模型是处理工艺文件的共享问题，是工艺发布和展示的数据源。

数据层主要是用于存储和管理系统在运行过程中所使用或产生的数据信息。系统的数据层包括规则库、资源库、知识库、信息库。

9.2.3　系统功能模块

系统功能模块如图 9-3 所示，主要包括装配工艺建模模块、装配工艺规划模块、装配工艺仿真模块、工装模块、装配工艺流程模块、三维装配工艺发布与展示模块。

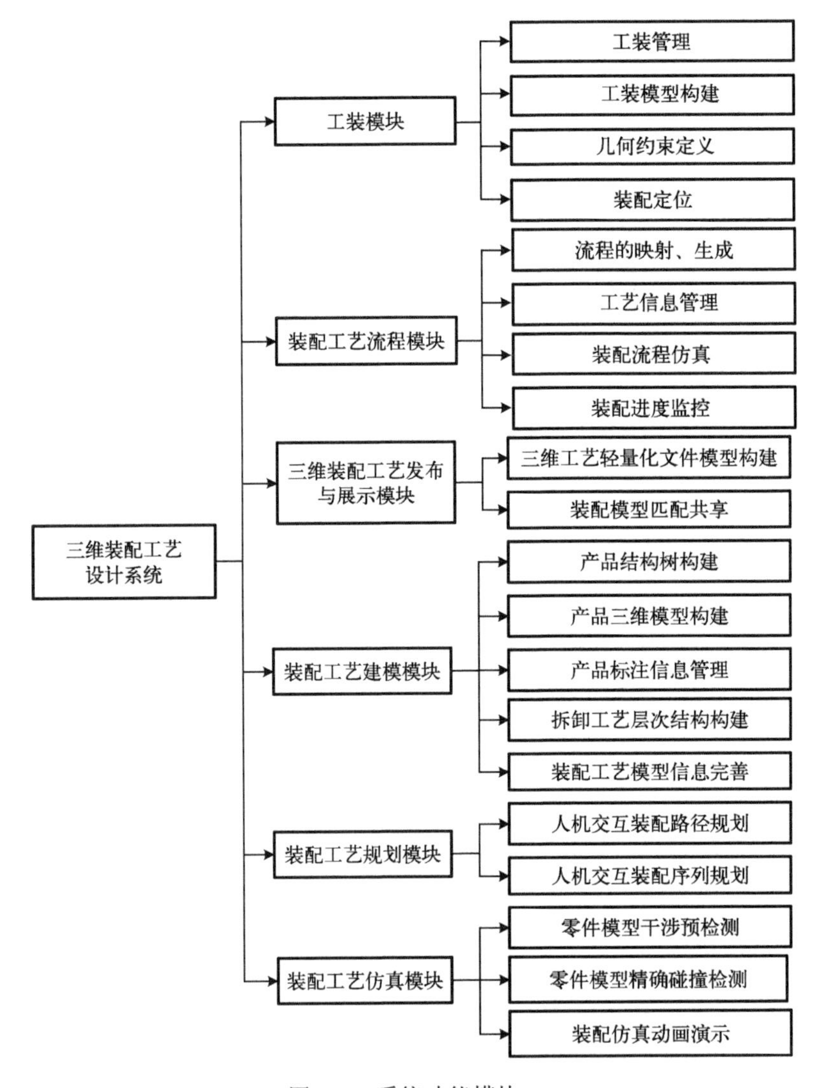

图 9-3　系统功能模块

装配工艺建模模块主要包括产品结构树构建、产品三维模型构建、产品标注信息管理、拆卸工艺层次结构构建、装配工艺模型信息完善。其主要功能是实现三维环境下产品装配工艺信息的生成，并对装配工艺信息进行有效的组织和管理。

装配工艺规划模块主要包括人机交互装配序列规划和人机交互装配路径规划。其主要功能是通过人机交互的方式实现产品装配顺序的提取；通过三维操纵手柄实现产品在三维环境下装配路径的选择。

装配工艺仿真模块主要包括零件模型干涉预检测、零件模型精确碰撞检测和装配仿真动画演示。其主要功能是实现对装配序列和路径规划结果的三维仿真和干涉检测，并生成最终的装配仿真动画用于指导现场装配。

工装模块主要包括工装管理、工装模型构建、几何约束定义及装配定位，其主要功能是工装库的扩展与减缩；在工装导入系统前，对工装进行预览以确认无误；当工装导入系统后，构建工装模型，为装配操作提供对象；当进行装配操作时，定义零部件间的约束关系，为约束求解提供对象，最终实现零部件的装配定位。

装配工艺流程模块主要包括装配工艺流程的映射、生成，装配工艺流程的应用。其主要功能是实现装配工艺结构树与装配工艺流程的映射，生成装配工艺流程，用于工艺信息管理、装配流程仿真及装配进度监控。

三维装配工艺发布与展示模块主要包括三维工艺轻量化文件模型构建与装配模型匹配共享。其主要功能是实现现场对三维工艺信息以轻量化文件格式进行浏览以及实现多个装配工艺模型的子零部件模型的文件共享，从而优化三维装配在线演示时模型的网络传输问题。

9.2.4 系统工作流程

基于三维模型的装配工艺设计系统以装配工艺设计、工艺仿真以及工艺优化为主线，实现整个装配工艺规划过程，因此，系统的工作流程主要包括以下内容：产品信息建模、工装信息建模、装配定位，装配工艺设计、装配工艺仿真验证、装配工艺流程的生成与应用以及装配工艺文件生成。系统的整体工作流程如图9-4所示。

本章主要研究工装信息建模与装配定位及装配工艺流程生成与应用。工装应用为更拟实的工艺规划提供了对象；装配工艺流程实现了更为合理的工艺信息管理机制。

产品信息建模、装配工艺设计、装配工艺仿真验证和装配工艺文件生成由项目组其他成员完成，其中，产品信息建模是装配工艺设计的基础，为装配工艺设计提供设计对象；装配工艺设计是构建装配工艺模型的过程，为装配工艺仿真验证提供信息支持；装配工艺仿真验证用来验证设计的可行性，为工艺优化提供信息反馈；装配工艺文件用于指导装配生产。

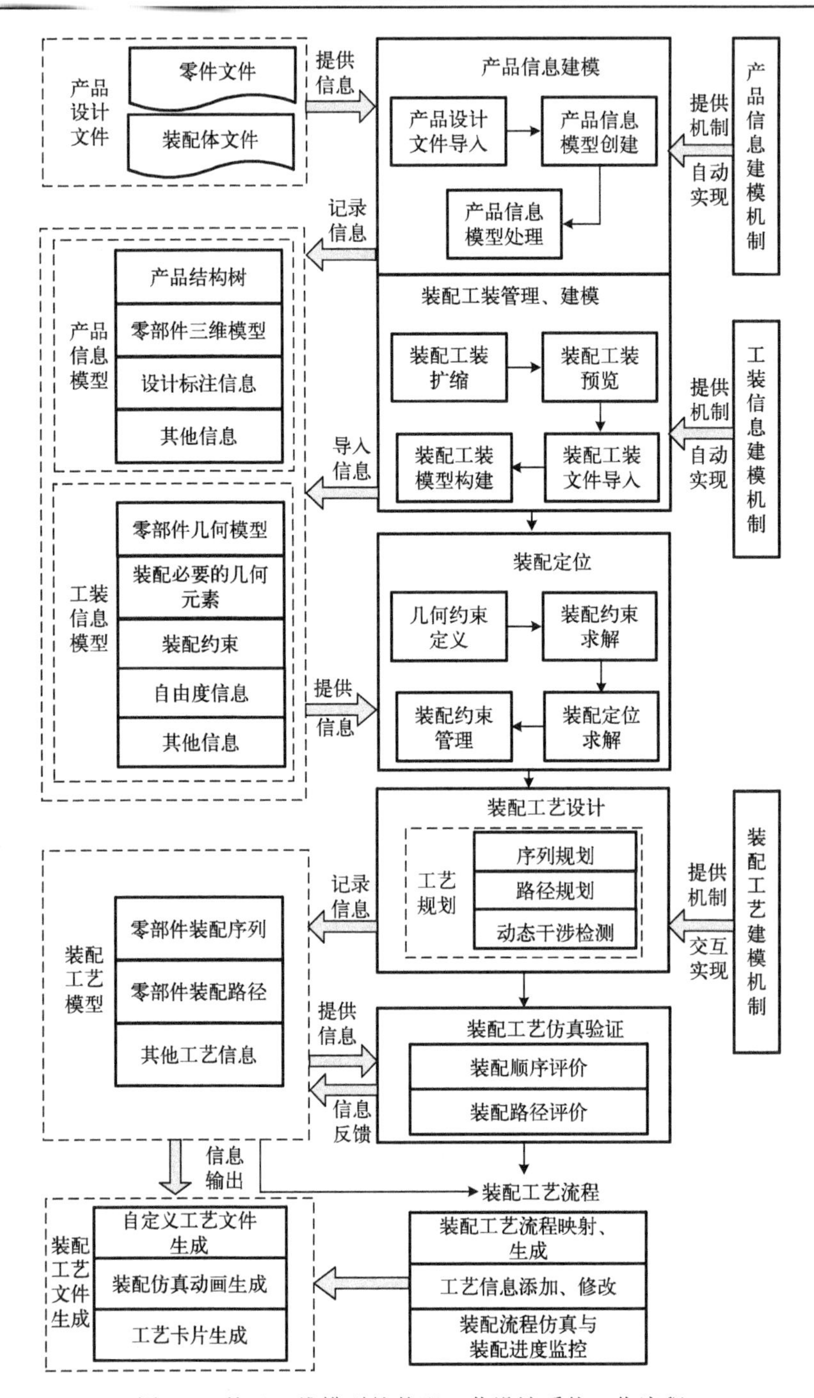

图 9-4　基于三维模型的装配工艺设计系统工作流程

9.3　系统运行实例

9.3.1　产品信息模型构建

利用该系统可以打开商业 CAD 软件设计的产品文件(系统中以 CREO 文件为例)及系统自定义的工艺设计文件(后缀名为 amt)。如图 9-5 所示，在系统正常运行后，单击“打开”菜单，调出 Windows 标准的文件打开窗口，用户可以根据路径选择打开待设计的装配体文件。

图 9-5　文件打开窗口

待文件导入后，系统会根据提取的信息创建产品信息模型，并通过模型视图显示产品的三维模型，同时在产品结构视图中显示产品结构树。如图 9-6 所示，产品结构树的节点都有对应的属性选项，可以控制该零部件是否隐藏或锁定。此外，还可以通过调整产品结构树的节点关系来改变零部件的层次关系，为装配工艺设计做准备。

9.3.2　装配资源模型构建

1. 工装管理

工装管理指利用数据库对工装进行分类管理，工装按使用范围分类，有通用工装、专用工装和标准工装；按功能分类，有刀具、量具、夹具等。系统中实现了工装的扩展、删除、预览和导入功能。

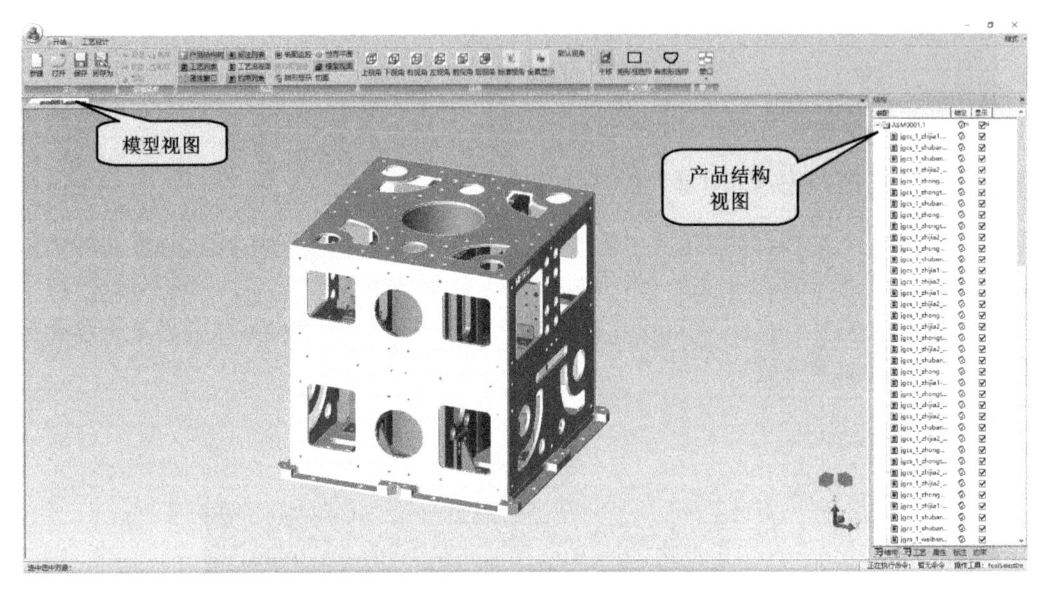

图 9-6　系统中产品信息模型的显示

1) 工装的扩展、删除

当工装库中不存在所需的工装时，系统支持从工装库外导入工装，调用文件打开窗口打开该工装，如图 9-7 所示。

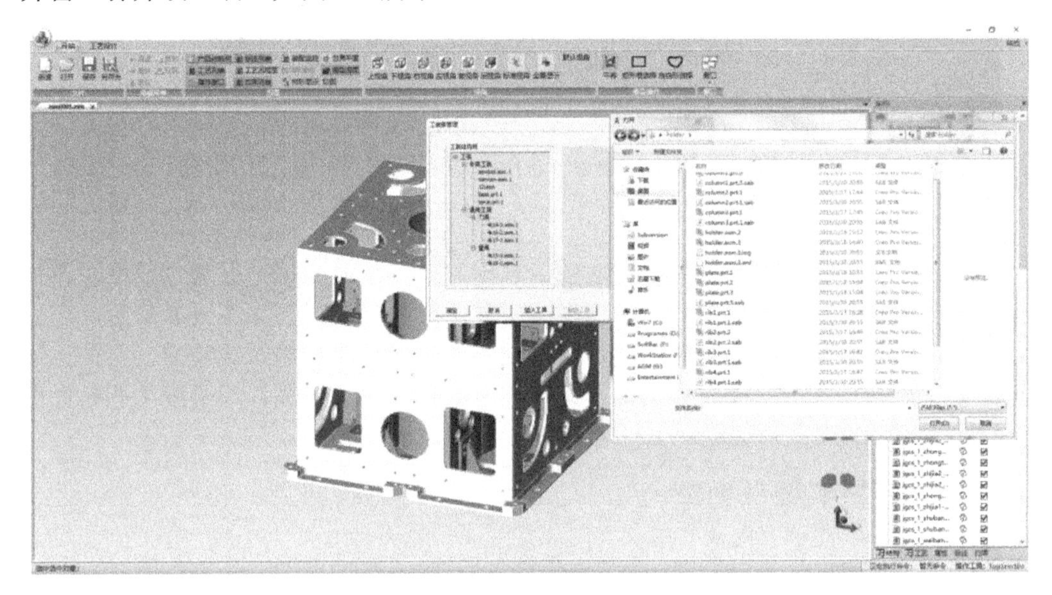

图 9-7　工装库外导入工装

随后，可根据需要，选择要添加的工装及相应的类别，将该工装加入工装库中，如图 9-8 所示。

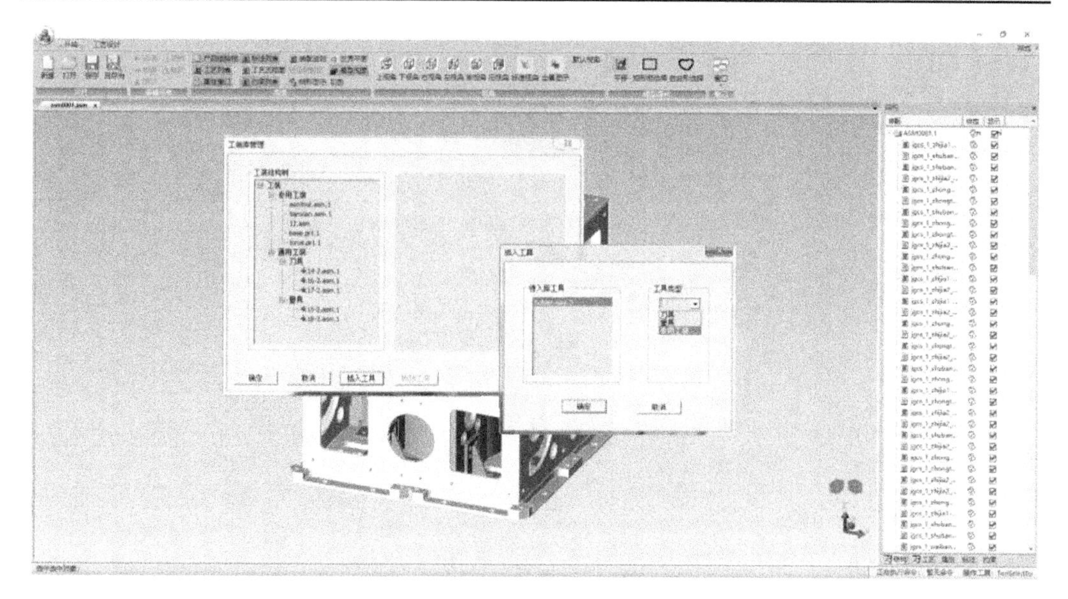

图 9-8　工装库扩展

当需要删除工装库中的某个工装时，可在工装结构树上选中该工装，单击“删除工装”按钮，删除该工装，如图 9-9 所示。

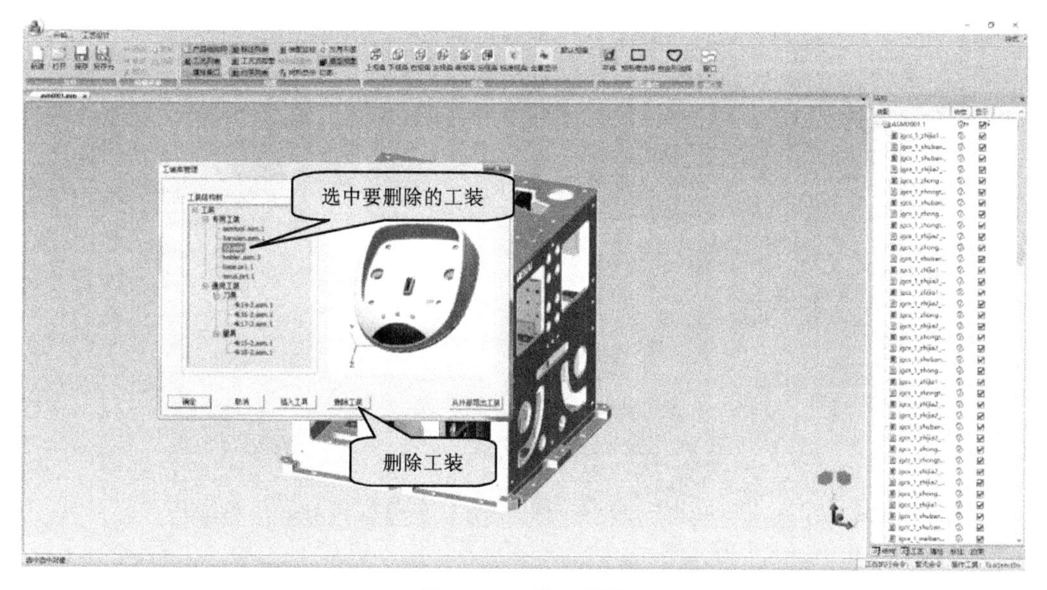

图 9-9　工装库删除

2)工装的预览

在将选中的工装导入系统前，利用 ActiveX 控件对工装进行预览，以便正确获得所需的工装，如图 9-10 所示。

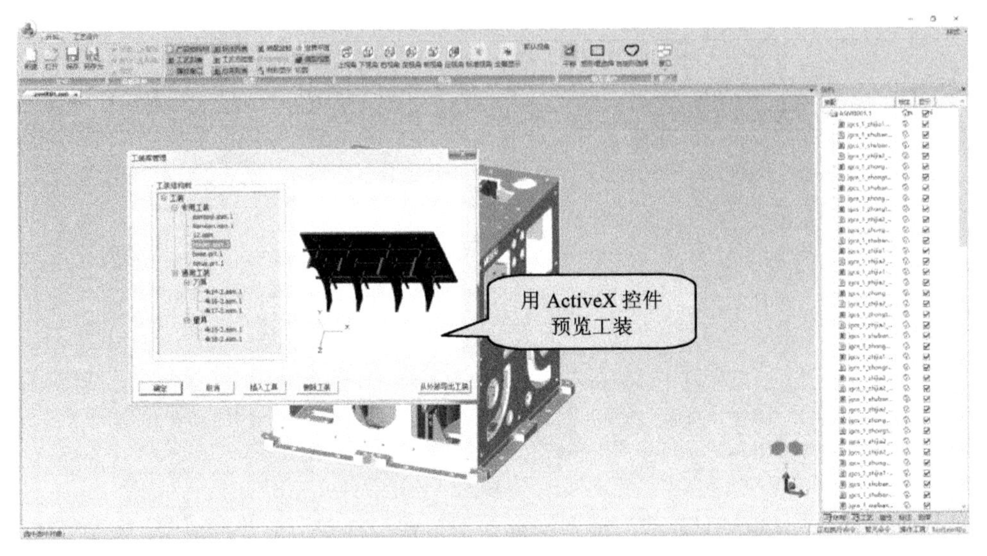

图 9-10　工装预览

3) 工装的导入

导入的工装文件，可以是零件工装，也可以是装配体工装。选择待导入的工装后，单击“确定”按钮，导入工装模型，如图 9-11 所示。

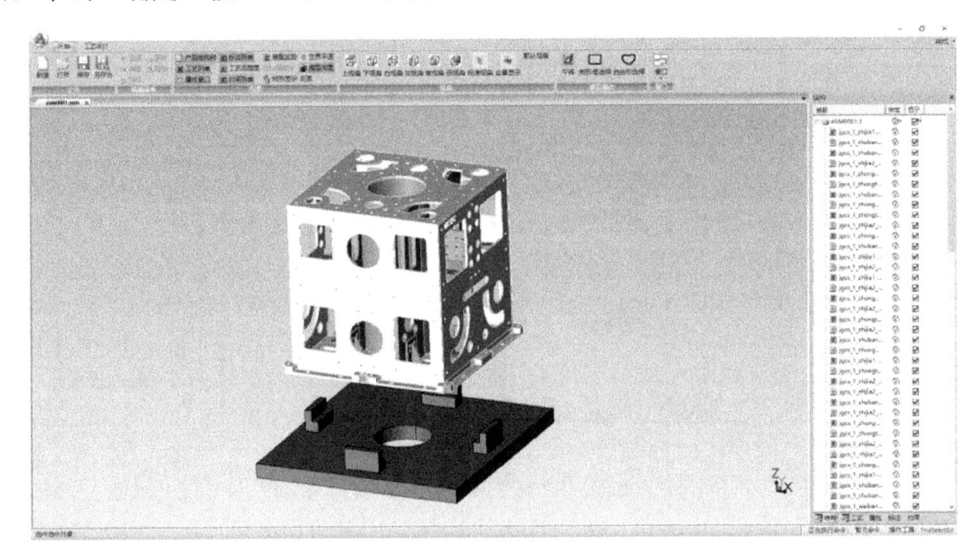

图 9-11　工装模型导入

待工装文件导入后，系统会构建工装模型，在模型视图中显示工装三维模型，使得工装与产品的三维模型相兼容，同时在产品结构视图中显示工装结构，可以控制工装零部件的显示与隐藏。另外，也可移动工装，删除工装，如图 9-12 所示。

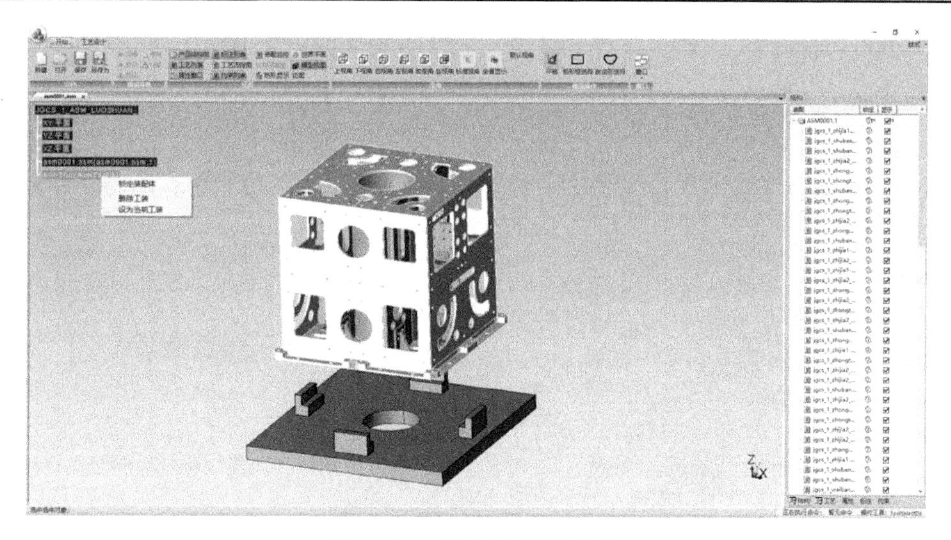

图 9-12　系统中工装的删除

2．工装装配操作

系统中，工装装配的一般过程为：首先，创建装配体工装，作为当前活动工装，然后，导入工装的零部件，对工装进行装配，最后，待工装装配完成，该工装作为当前活动工装，与产品完成装配操作。

首先，用户选择工装模型的几何面作为约束元素，选择产品的集合面作为被约束元素；然后，选择约束关系类型，几何面类型与约束关系类型需相匹配，否则该约束类型不适用；最后，若约束关系可行，实现装配定位，也可施加“反向”约束。对两零部件多次施加几何约束，实现两零部件的装配。装配过程如图 9-13 所示。

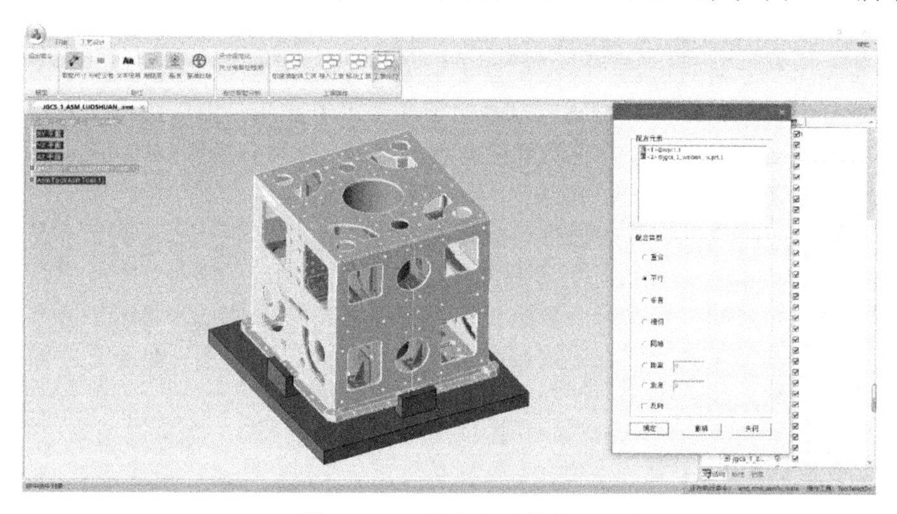

图 9-13　工装与产品的装配

当出现过约束时，系统会给予提示，无法进行装配，如图 9-14 所示。

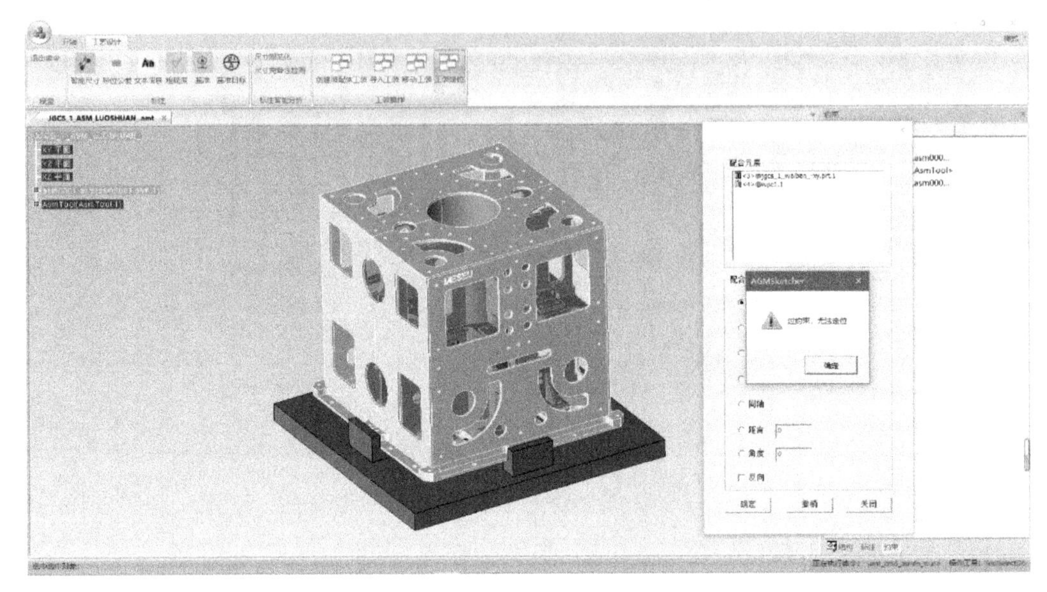

图 9-14　过约束判断

9.3.3　三维装配工艺设计

产品的装配工艺设计是基于“先拆后装、拆后重装”的设计准则进行的，即先拆卸装配体产品，得到产品的拆卸过程，然后将拆卸过程的逆过程作为装配过程。

1. 拆卸序列的规划

在进行装配工艺设计时，单击右下角的工艺视图进行产品的装配工艺序列规划。首先需要添加一个新的工艺“装配工艺 1”，在“装配工艺 1”中添加产品的装配工序。在每一道装配工序中首先要右击添加零部件，可以在模型视图中选择零件或者在产品结构视图中选择，选中的模型会被高亮显示，随后右击完成即可添加好零件，这时装配对象下面就会出现已被选中的零件名称，如图 9-15 所示。

设置好装配对象后，开始进行装配路径的规划。右击“装配工序 1”，在快捷菜单中选择“工序设计”，然后选择对应的装配对象指定相应的路径。完成的路径规划在工艺视图中以装配工步显示，如图 9-16 所示。按照以上方法，将该工序中所有需要装配的零件设置路径后即可完成装配工序 1 的设计。完成所有装配工序的设计后即完成了拆装序列的规划。

2. 拆卸路径的规划

工艺设计人员在拆卸零部件的过程中，会涉及零部件的平移及旋转运动，故在该系统中涉及操纵柄。设计人员在选择好所要拆卸的零部件后，就会根据相应的模型位姿生成相对应的操纵柄，其中，各轴表示可以在选中后沿其所在的直线做平移运动，而操纵平面则可以控制操纵模型在其平面空间内做平面平移运动，拖动旋转圈可以控制模型沿该旋转轴旋转，如图 9-17 所示。

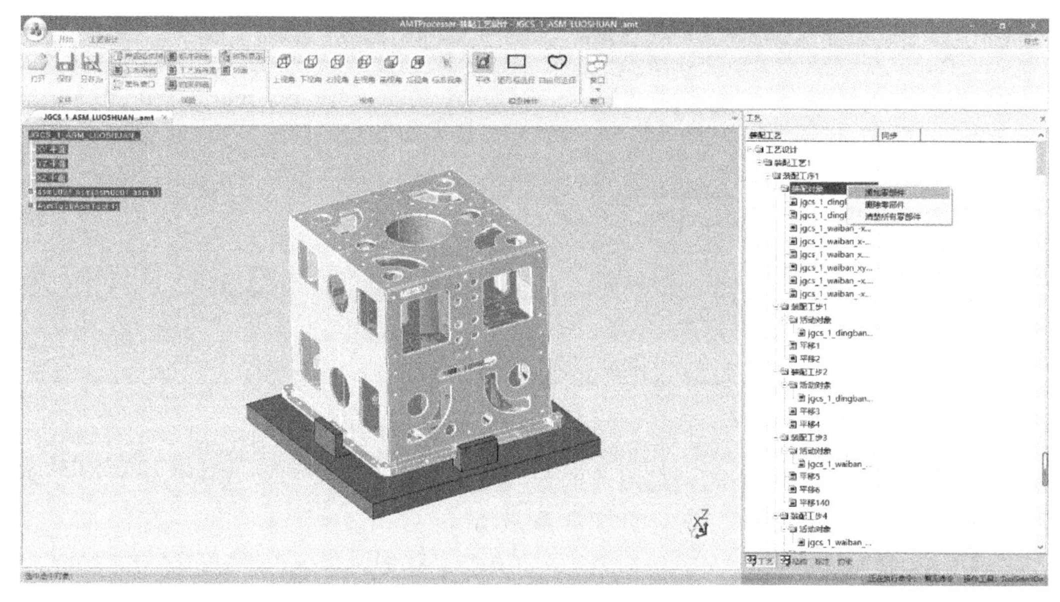

图 9-15　添加装配对象

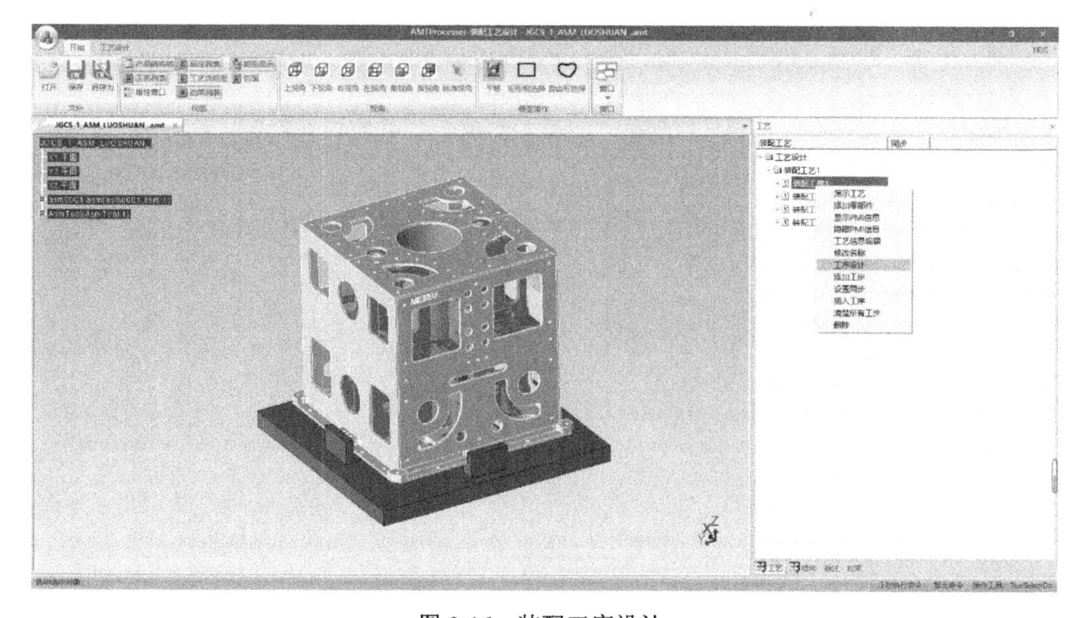

图 9-16　装配工序设计

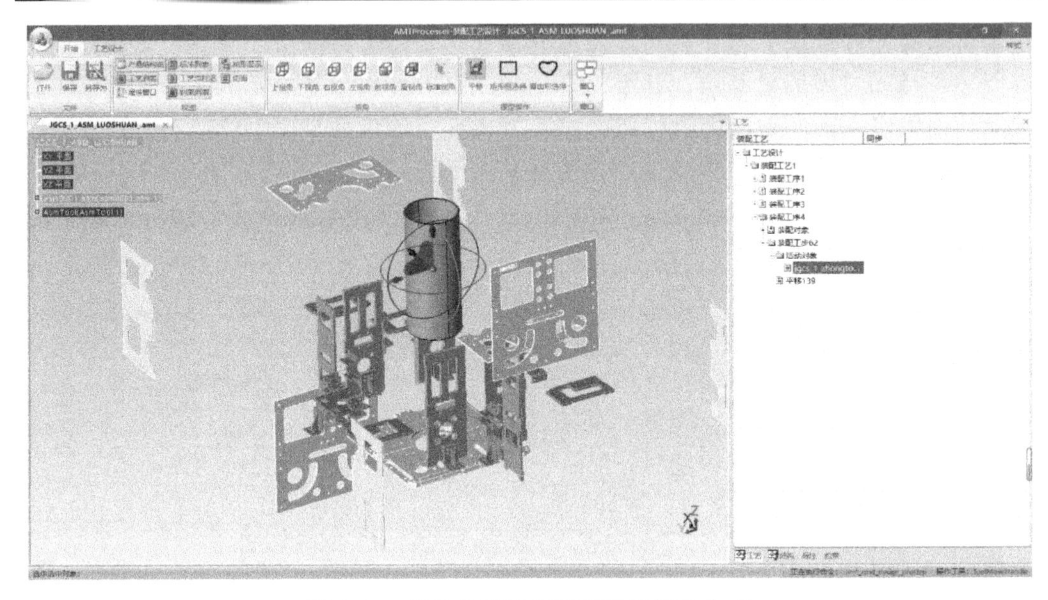

图 9-17　零件的选取及对应操纵柄的生成

若所生成的操纵柄不能满足用户的方向选择需求，则可以对操纵柄进行位姿调整，直至满足可行的拆卸方向，如图 9-18 所示。

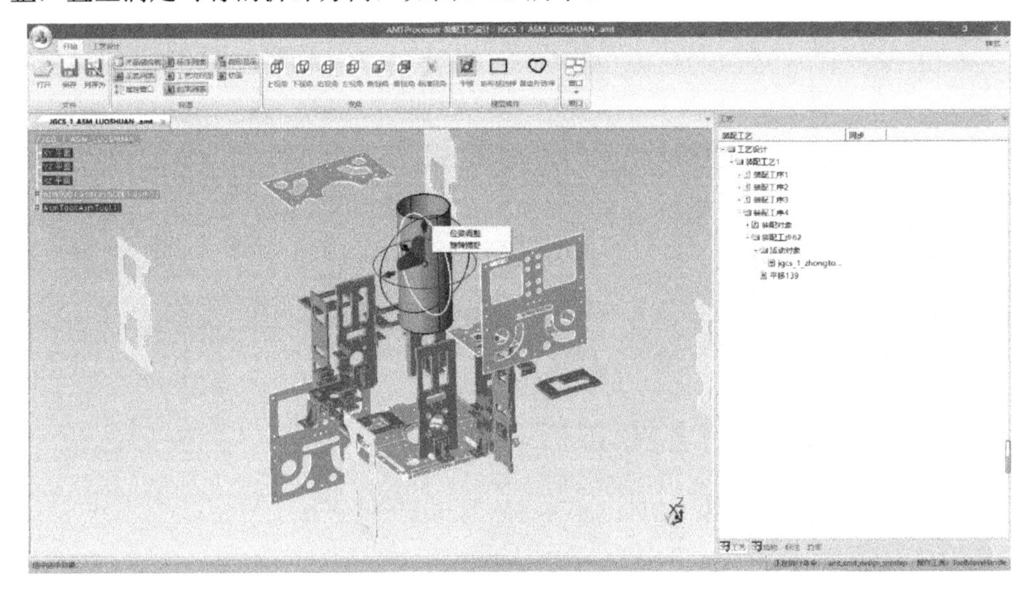

图 9-18　操纵柄位姿的调整

在零件拆卸过程中，可能需要进行适当的旋转以满足可行的拆卸需求，但用户不知旋转角度的量，此时系统可以根据用户设定的捕捉角度间隔适时地在旋转过程中捕捉到特殊角度，方便用户的操作，如图 9-19 所示。

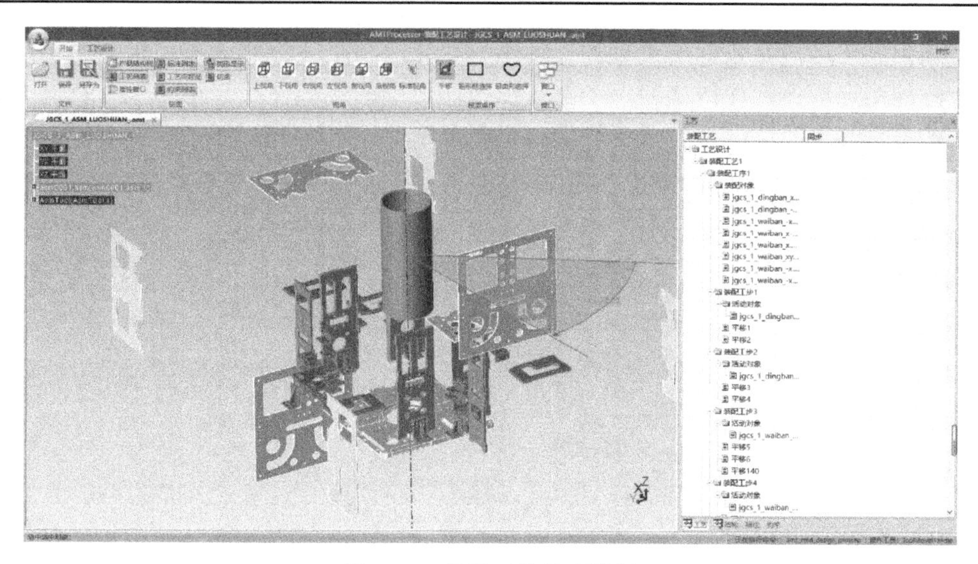

图 9-19　旋转时的角度捕捉

在工艺人员进行零部件的拆卸路径规划时，为了更好地体现零件的装配关系，实现并行装配，可以在规划拆卸路径时选中相邻工步，右击选择“设置同步”，使同种零件的拆卸同步进行，简化装配流程，如图 9-20 所示。

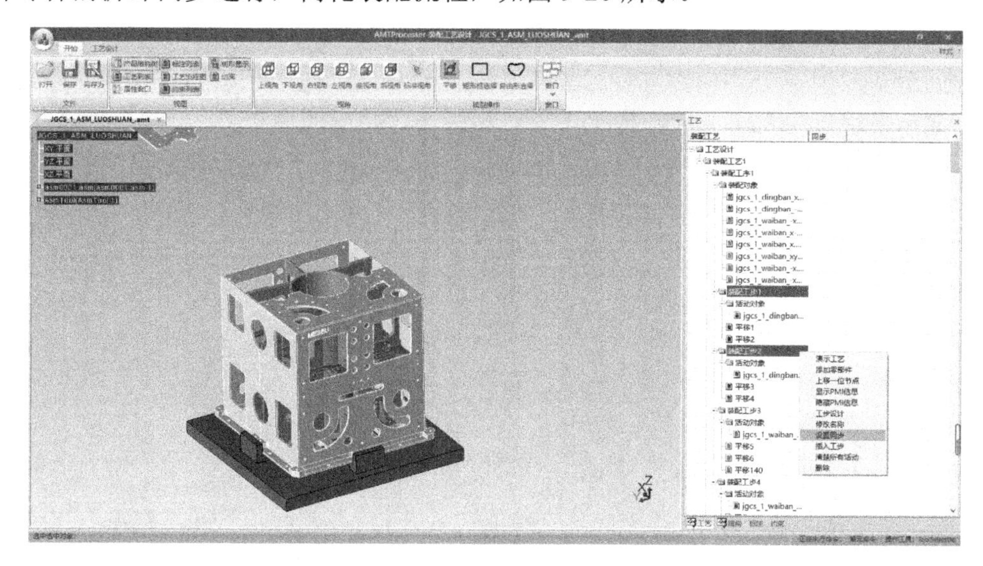

图 9-20　设置工步同步

3．装配工艺仿真验证

在工艺人员进行零部件的拆卸路径规划时，为避免与装配环境中的其他零部件或工艺装备之间发生干涉，使规划的路径合理可行，就必须在规划前设置相应的干涉检测控制选项，并依据所设置的选项进行实时动态干涉检测。本系统中的动态干涉检测控制选项设置如图 9-21 所示，可以检测所选的零部件集合相对整个装配中所有其他零件的干涉情况。

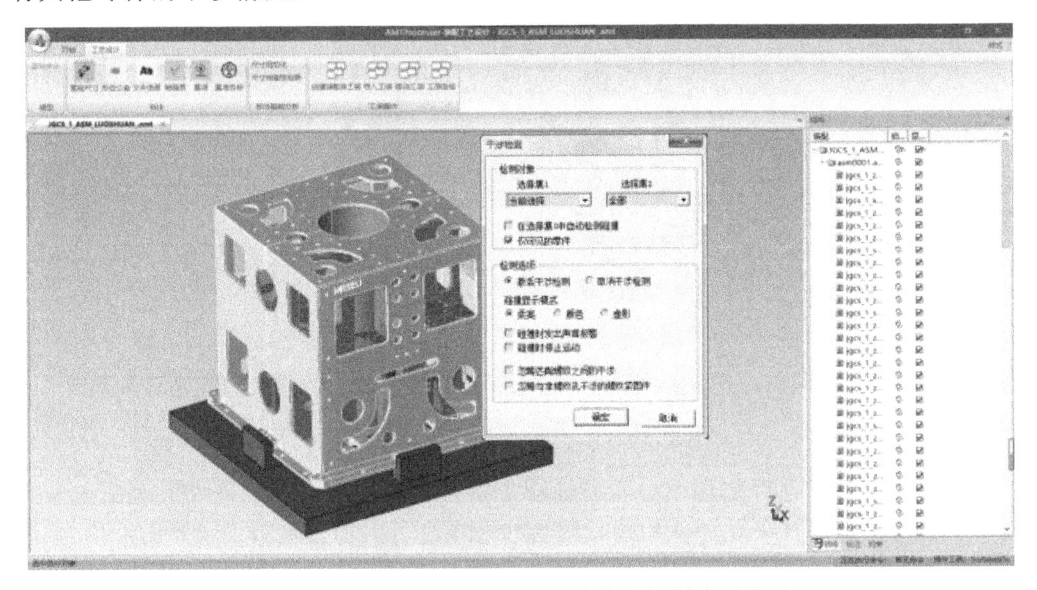

图 9-21　路径规划过程中的干涉检测控制选项设置

如图 9-22 所示，中筒零件在沿其拆卸方向平移运动时与顶板零件发生干涉，此时会显示平移方向发生干涉，提示用户对路径进行相应的调整。

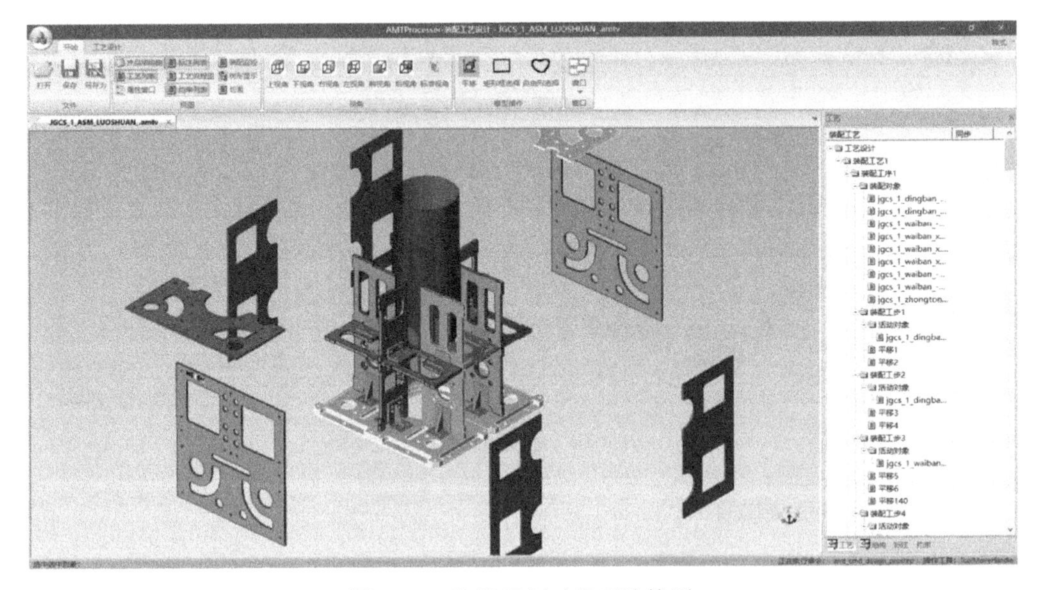

图 9-22　路径规划时的干涉检测

4．逆序得到装配序列和路径

工艺员重复步骤 1.～3.，按照生成的装配序列节点顺序逆序编排装配工艺，直至完成最后一个装配活动对象。并根据工步间的串并行关系设置同步，得到串并行序列，最后右击“工艺设计”根节点，在弹出的选择列表中选择“发布模式”，系统自动将装配工艺结构树逆序编排，生成按照装配序列自上而下的装配工艺结构树，如图 9-23 所示。

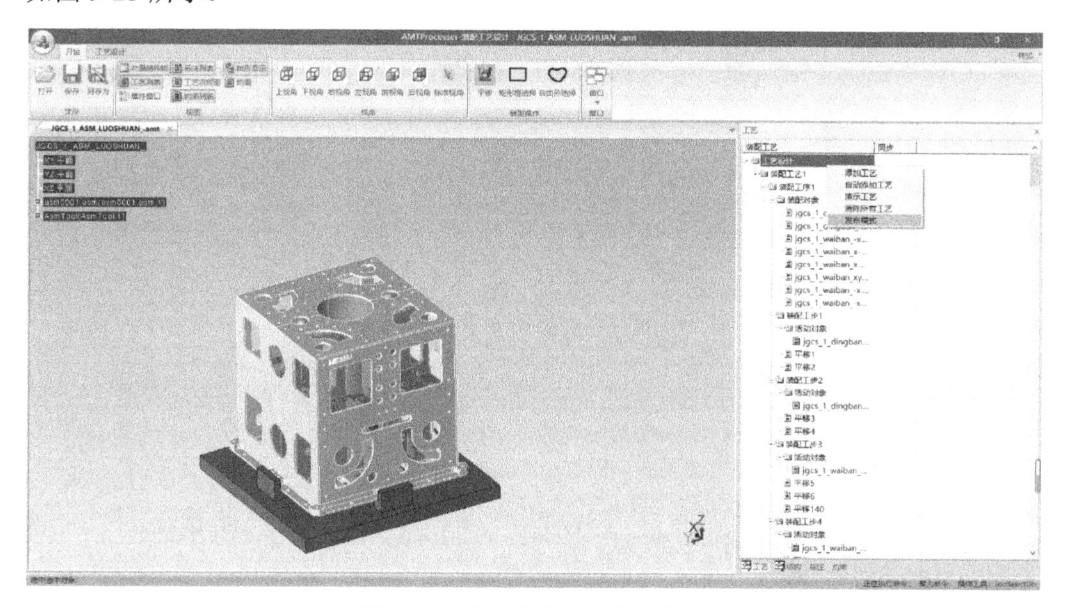

图 9-23　发布模式得到装配序列

5．装配工艺信息标注

完成装配体的装配序列和路径设计后，根据实际装配需求，在对应工步节点上增加工艺信息标注说明，包括尺寸标注、形位公差、文本信息、粗糙度、基准以及基准目标，如图 9-24 所示。完成所有工步的工艺信息标注后，即可完成装配体的三维装配工艺设计。

9.3.4　装配工艺流程生成与应用

1．装配工艺流程的生成

待产品的装配工艺规划完成后，生成了基于工艺结构树的装配工艺模型，单击装配工艺结构树的右键菜单“生成装配工艺流程”，生成装配工艺流程，如图 9-25 所示。

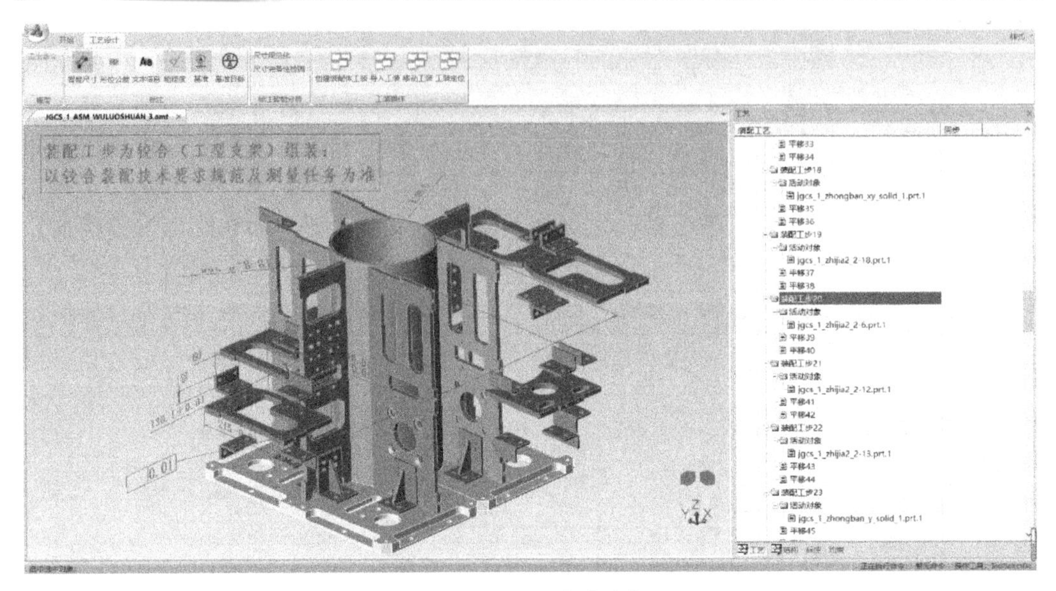

图 9-24　装配工艺信息标注

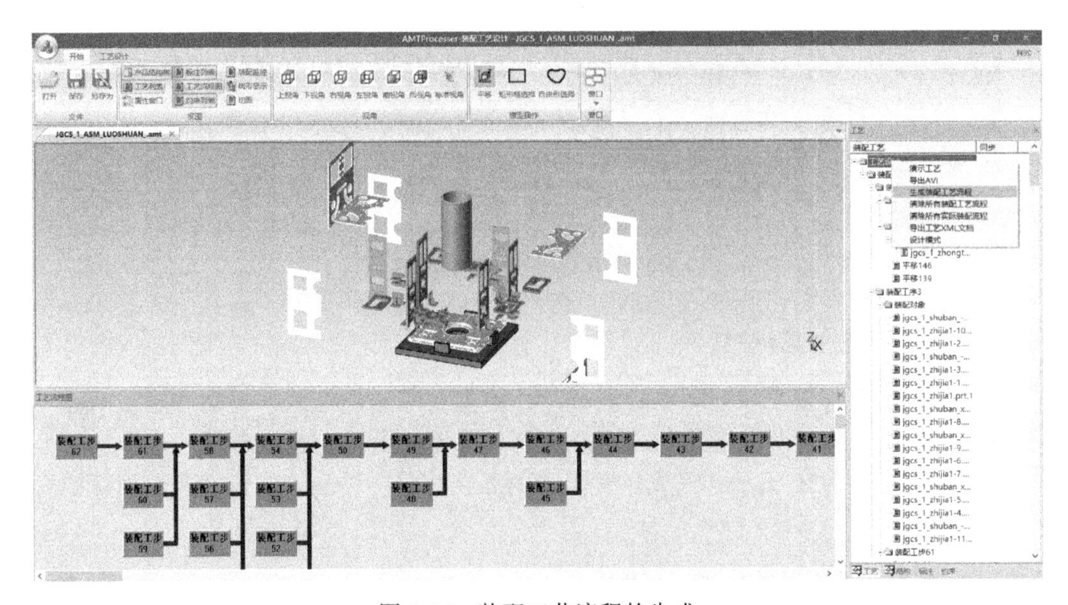

图 9-25　装配工艺流程的生成

2．装配工艺流程的应用

1) 工艺信息管理

通过装配工艺流程，可以演示每个工艺节点的装配对象的装配路径，通过工艺对话框，可以查看、添加和修改工艺信息，如图 9-26 和图 9-27 所示。

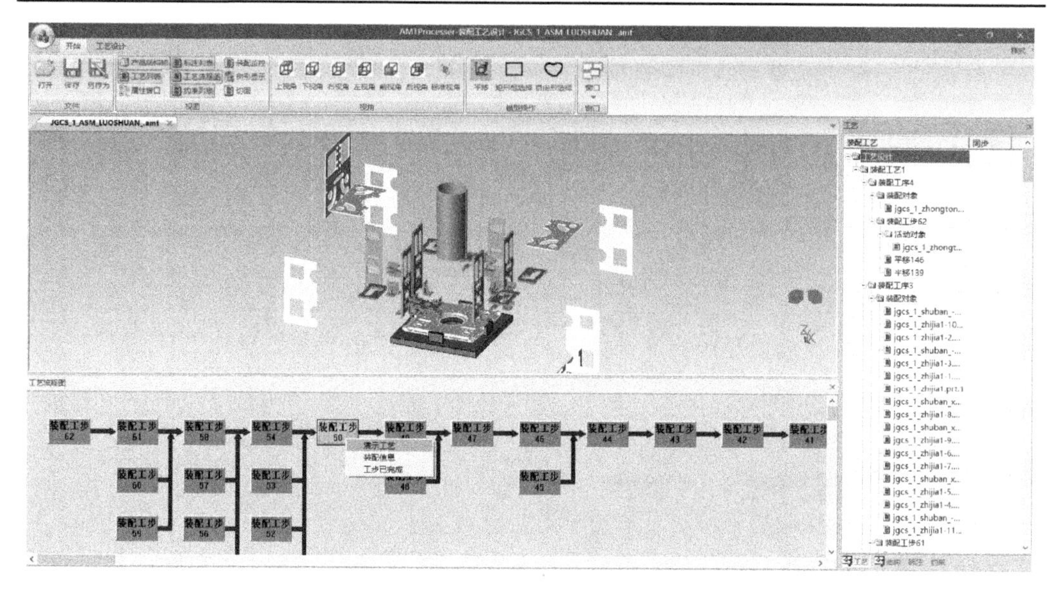

图 9-26　节点装配对象的装配路径演示

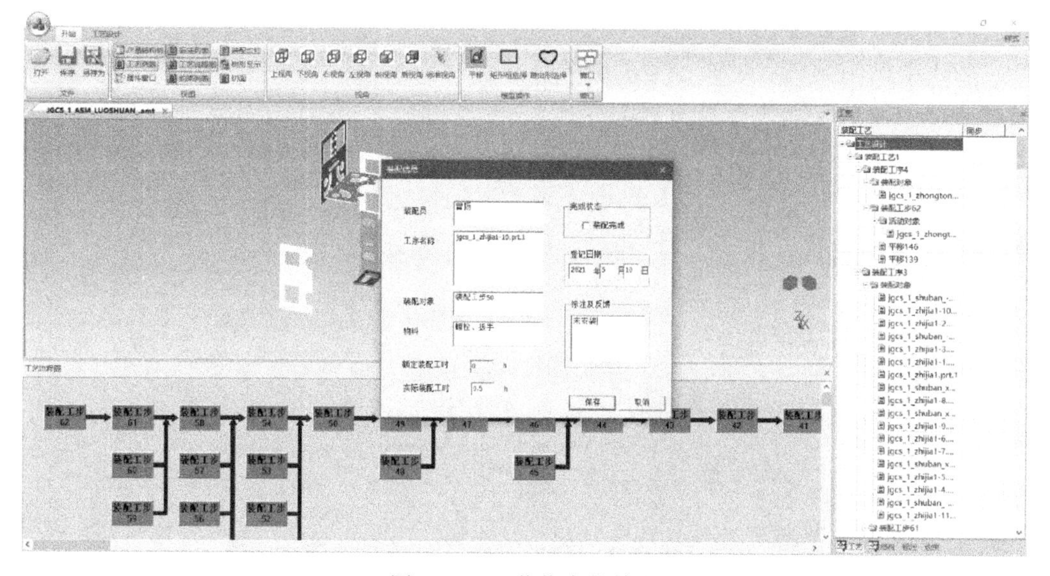

图 9-27　工艺信息的管理

2）装配流程仿真

利用装配工艺流程控制装配过程，用户必须遵守“从底层向顶层、从前向后、并行节点可同时装配”的原则进行产品的装配，否则，系统会提示不能装配，如图 9-28 所示。

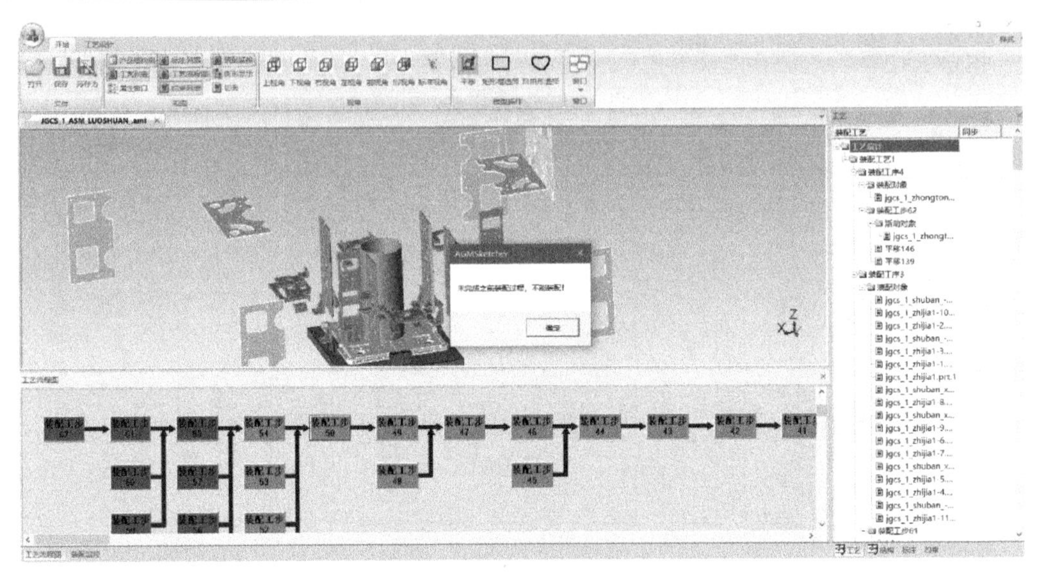

图 9-28　装配流程仿真

3) 装配进度监控

利用不同的颜色表示流程节点的装配状态，并记录每个节点的实际装配时间，以控制产品的装配进度，如图 9-29 所示。

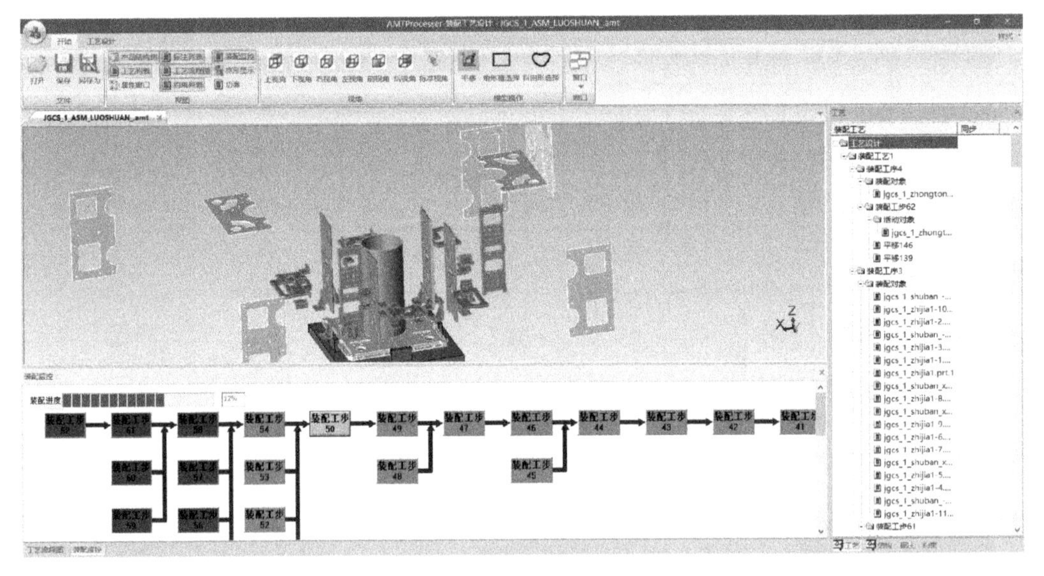

图 9-29　装配进度监控

9.3.5　三维装配工艺轻量化文件参数模型演示

三维装配工艺轻量化模型中几何零部件模型非常多，为了能够在工艺演示中区分各个零部件模型与模型结构节点的映射关系，在三维工艺演示工具中，选中模型结构树节点时，会高亮对应的三维几何零部件模型。图 9-30 为该功能的一个示例。

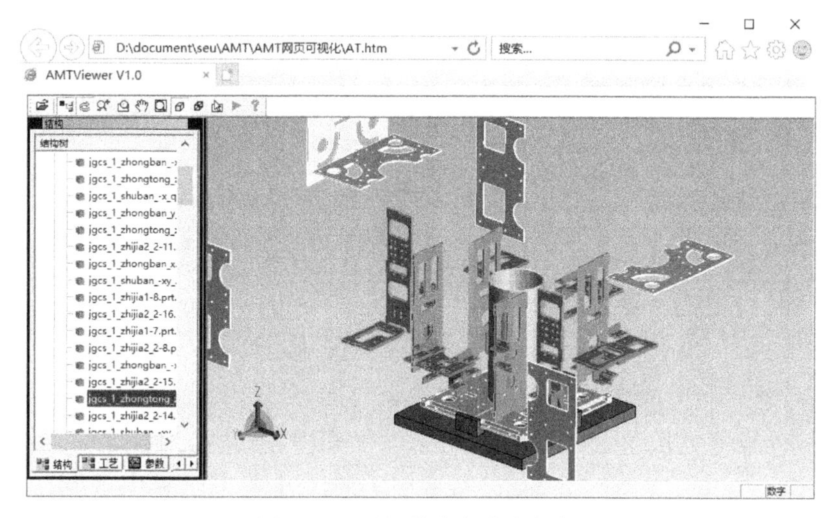

图 9-30　零部件节点选中高亮

三维装配工艺过程以工艺信息结构树的方式组织，图 9-31 为三维装配工艺的工序工步信息结构树的展示案例。

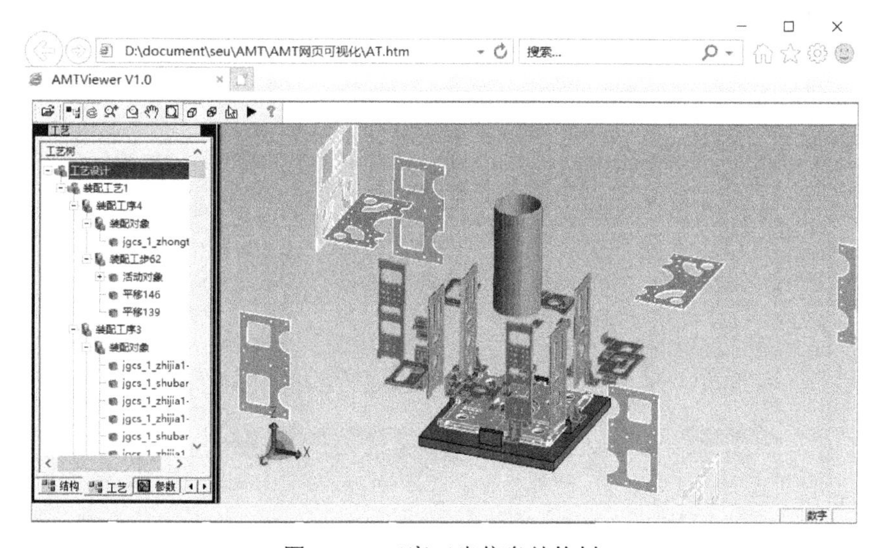

图 9-31　工序工步信息结构树

三维装配工艺演示动画是装配工艺过程最直观有效的表达方式，图 9-32 为三个连续工步的装配过程动画效果。

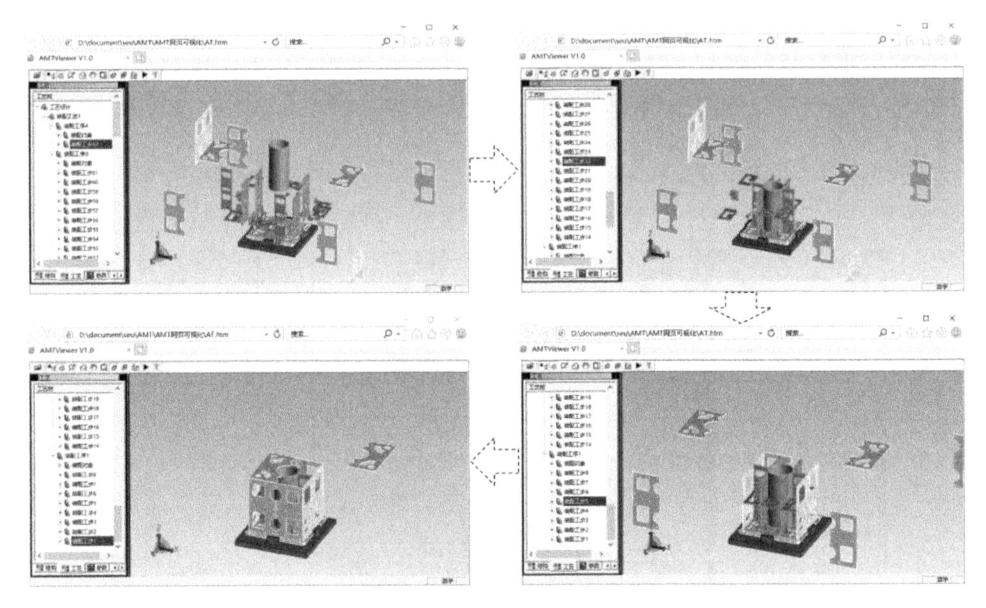

图 9-32　装配过程动画效果

在采用客户端形式登录并浏览三维装配工艺模型时，可以通过工艺信息备注栏查看其子模型组的缓存数据情况。图 9-33 为本系统客户端工具对加载模型查看信息备注的演示图，其中该装配工艺有占总容量 37%的子模型组文件已经在客户端缓存区存在，因此本次装配工艺演示节约了 1M 数据左右的下载量。

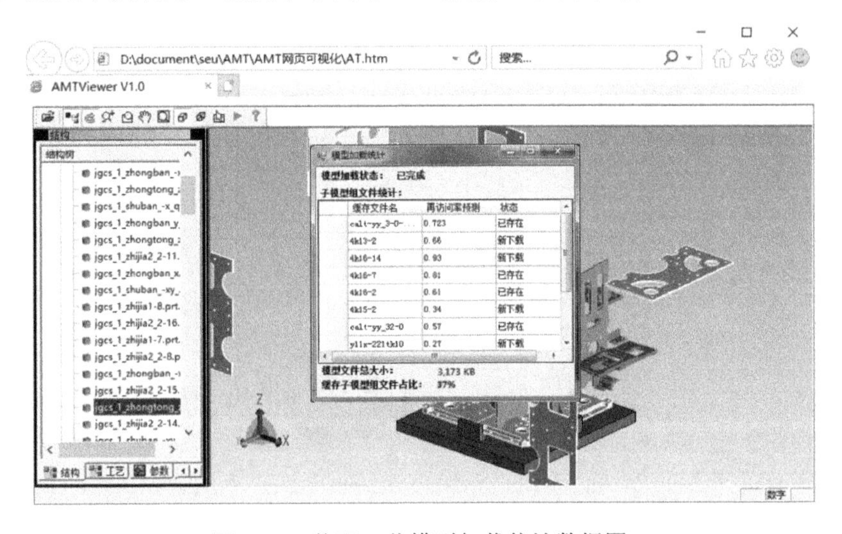

图 9-33　装配工艺模型加载统计数据图

第 10 章　装配工艺智能设计原型系统

本章综合运用第 4 章提出的装配路径与序列智能生成方法，采用 C++、CREO 等开发环境，以典型二级减速器为研究对象演示装配规划系统的基本运行流程，为理论研究应用于生产实际打下了良好的基础。

10.1　系统开发方案

1．系统开发方法的选择

三维软件系统的开发方法主要有三种：完全自主开发、基于商用内核进行开发以及基于商业 CAD 软件进行的二次开发。自主开发和基于内核的方法需要投入很大的工作量，对专业知识要求高，知识面要求广，因此软件开发的周期长、难度大、成本高。然而，商业 CAD 软件具有完善的系统框架、良好的三维建模环境及显示平台，也为开发者提供了丰富的 API。开发人员可以根据个人或企业需求，利用这些 API 函数，在商业 CAD 软件基础上对功能进行扩展。基于三维模型进行装配路径和序列智能规划，为了方便数据和模型的解析、传递和存储，采用基于商业 CAD 软件进行二次开发的方案。

2．开发平台的选择

国际和国内知名的 CAD 软件(如 CREO、UG、CATIA 等)都是商业化的通用平台，这些通用软件针对的是各行业和各地区用户的需求，而并非某一领域甚至某种产品的专用软件。要想提高 CAD 软件的使用效率，必须结合企业和个人的自身情况，基于通用 CAD 软件进行不同程度的本地化、个性化开发，并建立相关系统和数据库，形成个性化定制的 CAD 系统，这也是 CAD 软件均提供二次开发手段的原因。

从表 10-1 中可以看出，CREO、UG 及 CATIA 定位于高端产品，考虑到本系统的需求，以及应用对象主要是大型复杂产品，并从性能和运行速度考虑，这三款软件均可满足要求。但由于本书所研究的航天装备产品主要是基于 CREO 进行的全生命周期设计，所以 CREO 软件最为适用。

表 10-1　常用 CAD 软件基本情况对比

软件名称	SolidWorks	CATIA	UG	CREO
公司	达索	达索	UG	PTC
产品档次	中端	高端	高端	高端
适用企业	中型	大型	大型	大型
使用情况	较普及	较普及	较普及	普及
功能适用性	较好	较好	较好	较好
综合性价比	较差	较差	较差	较高

CREO 软件是美国参数化技术公司(Parametric Technology Corporation，PTC)开发的三维建模系统产品，其提供了包括三维造型设计、仿真、加工及分析等功能在内的完整集成的 CAD/CAE/CAM 解决方案。该软件以操作方便、参数化造型和功能强大而著称。因此，本章结合企业的实际需求，采用 CREO 2.0 进行二次开发。

3．编程语言的选择

CREO 二次开发接口 API 中的函数可被 Visual Basic(VB)、Java、C++等编程语言调用，从而扩展 CREO 的功能。表 10-2 中列出了上述编程语言的特点，开发者可以根据自身的使用习惯、开发工具等因素，选择一种合适的语言。C++作为一种面向对象的编程语言，具有语言灵活、数据结构丰富、支持类、封装、继承、多态等特性，拥有计算机高效运行的实用性特征。本章结合系统需求和开发的方便程度选择 C++作为编程语言，基于 MFC 在 Visual Studio 2012 平台上利用 Pro/TOOLKIT 对 CREO 软件进行二次开发。

表 10-2　常用编程语言特点

语言	优点	缺点
VB	(1)简单易学，很容易上手； (2)提供了强大的可视化编程能力； (3)控件众多，编程简单	(1)使用范围小； (2)数据类型太少； (3)编译速度慢
Java	(1)资源丰富，跨平台； (2)用户群较广； (3)代码复用灵活	(1)略显复杂； (2)非常注重分析的思维； (3)开发效率较低
C++	(1)是一种面向对象的编程语言； (2)具有语言灵活、数据结构丰富、支持类、封装、继承、多态等特性； (3)拥有计算机高效运行的实用性特征	(1)入门较难； (2)开发效率较低
C#	(1)语法体系先进； (2)具有强大的操作能力，语法风格、语言特性较好	(1)没有考虑代码量，文档注释不能继承； (2)编程环境要求高

4．开发方案的确定

通过上述对比讨论，确定了装配序列及路径规划系统的开发方案，如图 10-1 所示。使用 C++作为系统的开发语言，以 Visual Studio 2010 作为开发环境，以 SQL Server 为数据库平台，并基于微软公司提供的基础类库(Microsoft Foundation Classes，MFC)，在三维建模软件 CREO 2.0 的平台框架下进行二次开发。

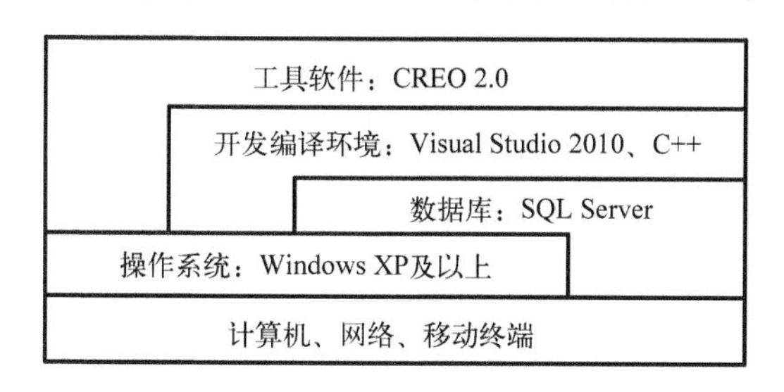

图 10-1　系统软件开发方案

10.2　装配工艺智能设计原型系统总体方案

10.2.1　系统体系结构

本系统的体系结构可以分为用户层、功能层、技术层、平台层、数据层，如图 10-2 所示。

1) 用户层

用户层为用户提供良好的人机交互环境，用户层主要包括两块内容：实现功能的人机交互和用户使用系统的体验，前者是指支持命令的操作与信息的输入输出。后者是指需要考虑使用者的操作习惯，用户通过图示化的界面可以方便、直观地完成对整个系统中各种对象的操作。

2) 功能层

功能层是指实现系统整体目标所需的各子功能模块，基于系统的工作流程和功能目标，将系统功能主要分为以下几大模块：装配信息建模、几何/信息模型管理、装配序列规划、装配路径规划。装配信息建模用于提取、处理并交互式补充装配规划所需的所有信息，并把这些信息进行有效的组织和管理。装配序列规划是基于几何和工艺等信息，并基于并行蚁群算法生成多个装配序列。装配路径规划则是首先对生成的这些序列基于实时干涉检测和所需信息进行路径推理，并验证这些序列的几何可行性；然后返回装配序列模块中，对这些筛选出来符合几何可行性的装配序列基于相似重构生成并行序列；最后根据并行序列和装配路径生成装配动画。

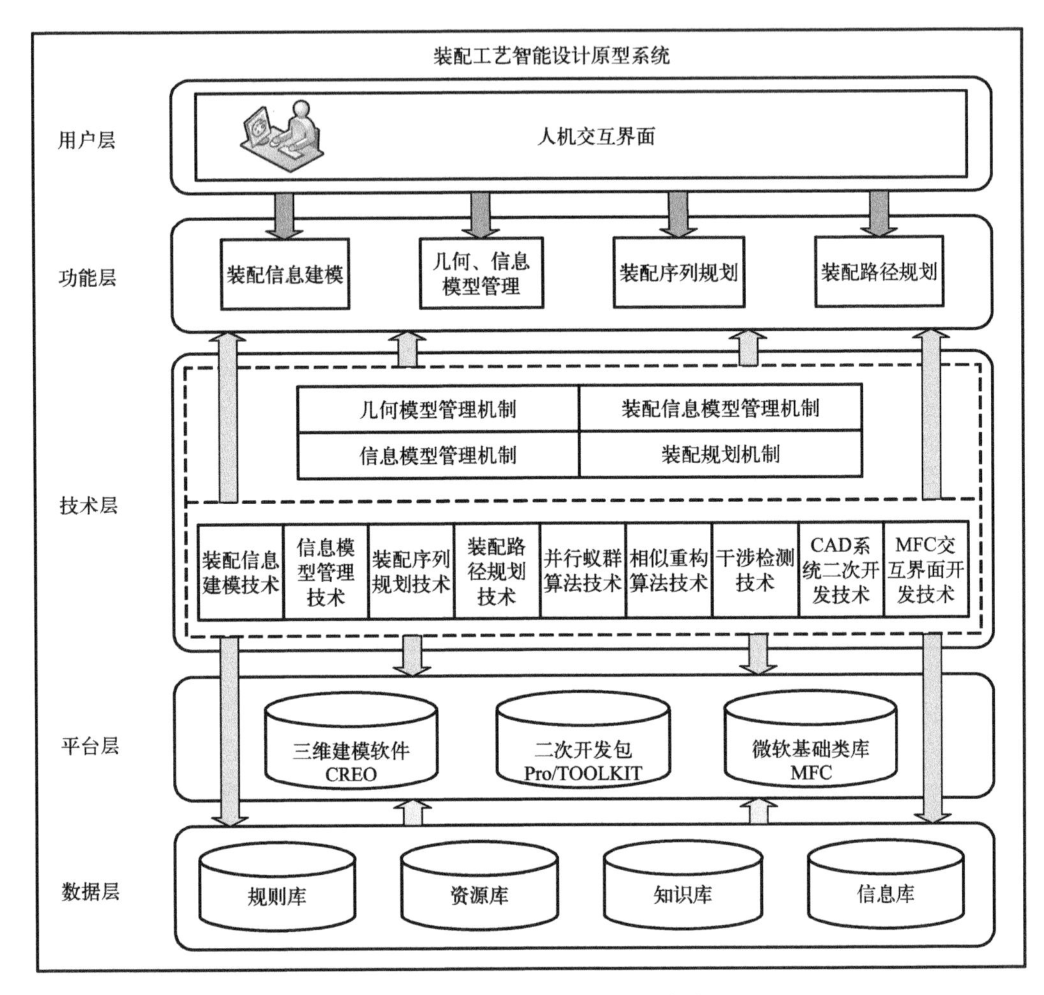

图 10-2　装配工艺智能设计原型系统

3) 技术层

技术层服务于功能层，为其提供相关技术及机制支撑。其中机制贯穿系统实现流程，是连接功能层与模型层、数据层的纽带，也起到串联各个功能的目的。系统中主要包含的机制有几何模型管理机制、装配信息模型管理机制、信息模型管理机制、装配规划机制。

4) 平台层

平台层主要是系统开发和运行所依赖的平台和技术，这里基于微软基础类库(MFC)在三维建模软件系统CREO的框架下进行开发，并依赖于CREO提供的二次开发包Pro/TOOLKIT。

5) 数据层

数据层主要用于存储和管理系统运行功能模块时所必要的数据信息。系统的数据层包括资源库、信息库、规则库、知识库。数据层是技术层和功能层的基础，是系统运行时的数据来源。

10.2.2　系统主要功能模块

系统完善的功能模块如图 10-3 所示，主要包括装配信息建模模块、装配路径规划模块和装配序列规划模块。

(1) 装配信息建模模块主要是对装配模型信息进行形式化描述，主要包含实体信息、层次信息、连接关系信息、配合信息、装配操作信息和产品属性信息。装配信息模型是装配路径规划和装配序列规划的唯一数据源。该模块主要分为信息的提取、输入和处理三个方面。

(2) 装配路径规划模块是基于装配信息模型进行路径推理，主要包含基于包围盒的干涉检测方法、路径规划前置处理和基于配合方向集的装配路径推理三个方面，并通过仿真动画的形式进行验证。

(3) 装配序列规划模块是在装配信息模型的基础上通过智能算法实现装配序列的生成，主要包括装配零件的筛选、基于蚁群算法的序列求解、基于相似计算的同步序列生成和装配序列输出四个方面。

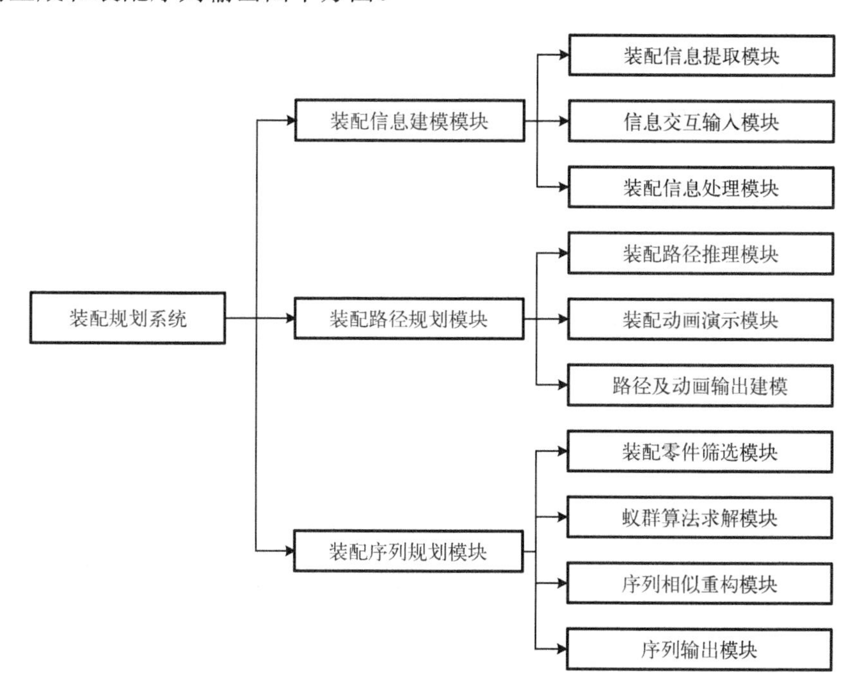

图 10-3　系统主要功能模块

10.2.3　系统工作流程

系统的工作流程可分为两个子流程：产品信息建模、基于并行蚁群算法和相似重构的装配序列规划和基于配合方向集和干涉检测的装配路径规划。系统工作流程如图 10-4 所示。

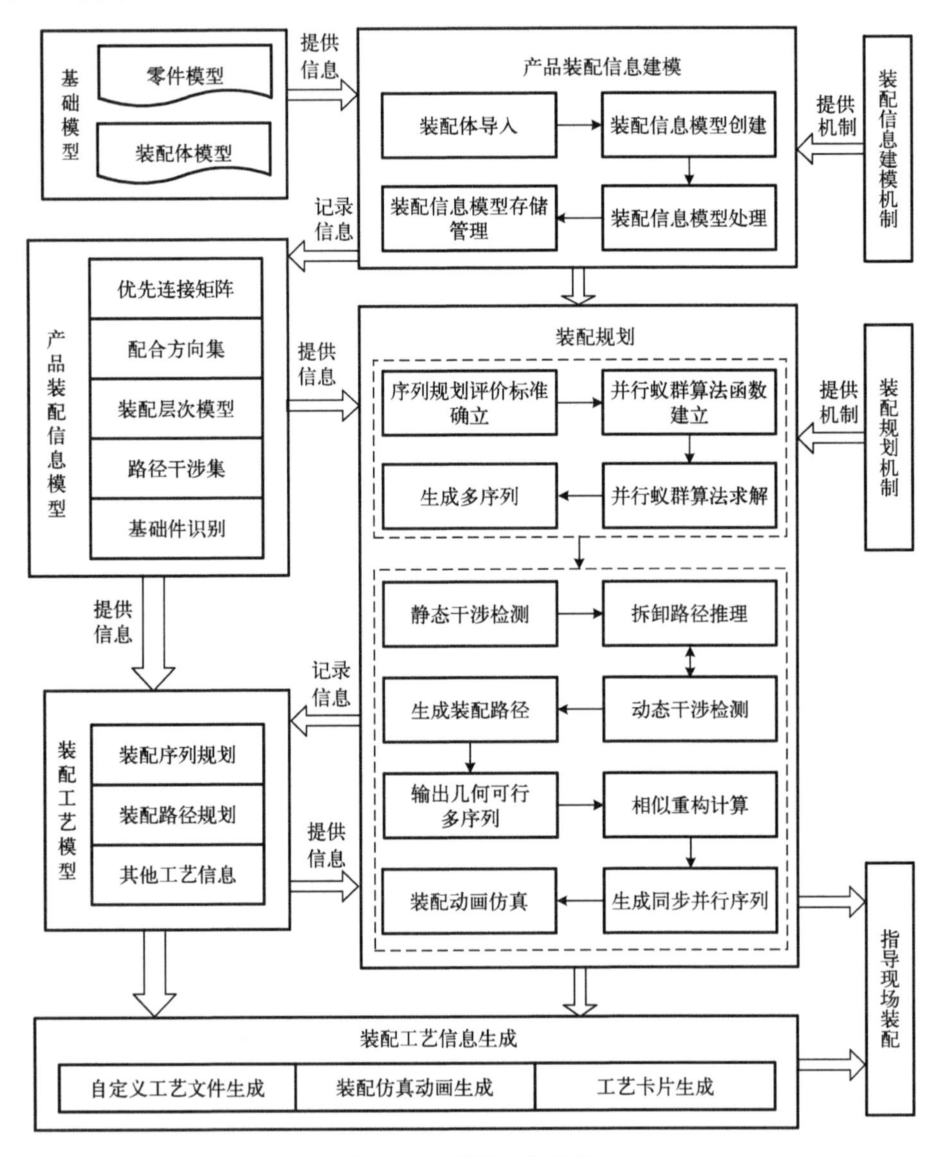

图 10-4　系统工作流程

1) 产品信息建模

为了进行装配规划，需建立几个关键信息模型。建立并生成优先连接矩阵；建立并生成约束集和配合方向集。建立装配层次模型，基于零件最大包围盒的干涉判断方法求解装配干涉集，其包括两个部分：干涉列表和阻碍列表。

2) 装配规划

装配规划是对装配序列规划的各项评价标准进行计算并建立蚁群算法目标函数后，基于并行蚁群算法求解装配多序列，然后基于配合方向集和干涉检测求解装配路径，同时验证装配多序列的几何可行性，筛选出符合几何可行性的几组装配序列，最后基于相似重构方法求解同步并行序列。

10.3　系统运行实例

10.3.1　装配信息建模

装配信息建模模块主要是从产品几何模型中提取所需的几何信息和约束信息，然后根据装配序列规划和装配路径规划的需要，对所得的某些信息进行二次处理，对于某些从产品几何模型中无法获取到的信息，则需要通过人机交互界面进行补充。装配信息建模窗口如图 10-5 所示。

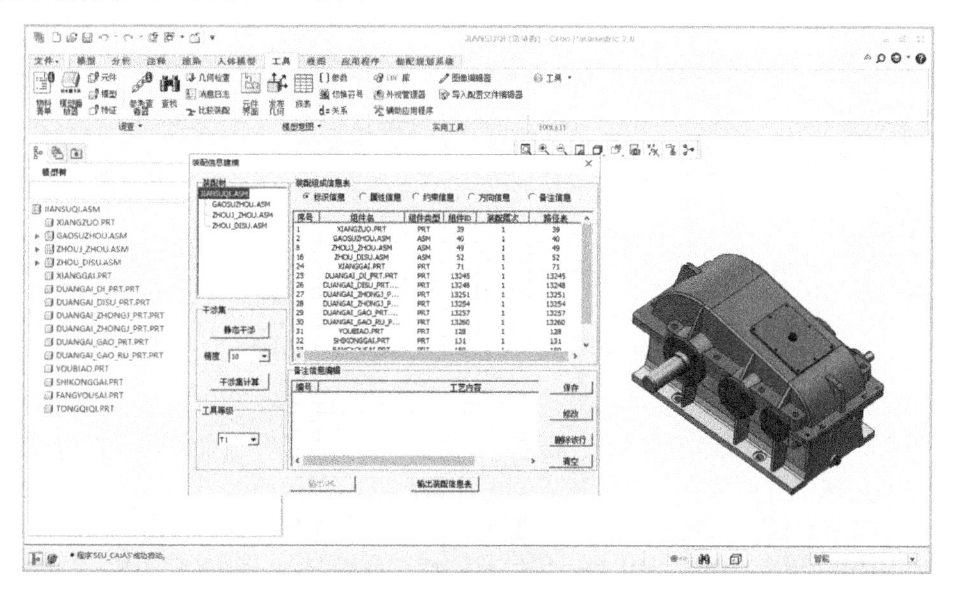

图 10-5　装配信息建模窗口

本书中，直接提取的装配信息主要包含在四类信息中：标识信息、属性信息、约束信息和方向信息，间接获取的信息主要是备注信息以及约束信息、方向信息的部分内容，如图10-6所示。其中，标识信息包括组件或零件的类型、特征标识ID、装配层次及路径表；属性信息包括组件或零件的质量、体积、密度、表面积、最大长度和包围盒坐标；约束信息主要包括各个组件或零件的约束数量、各个约束的类型及偏距，以及形成约束的双方几何元素ID、几何元素所在的组件或零件的特征标识ID；方向信息包括配合约束对应几何元素的特征向量。

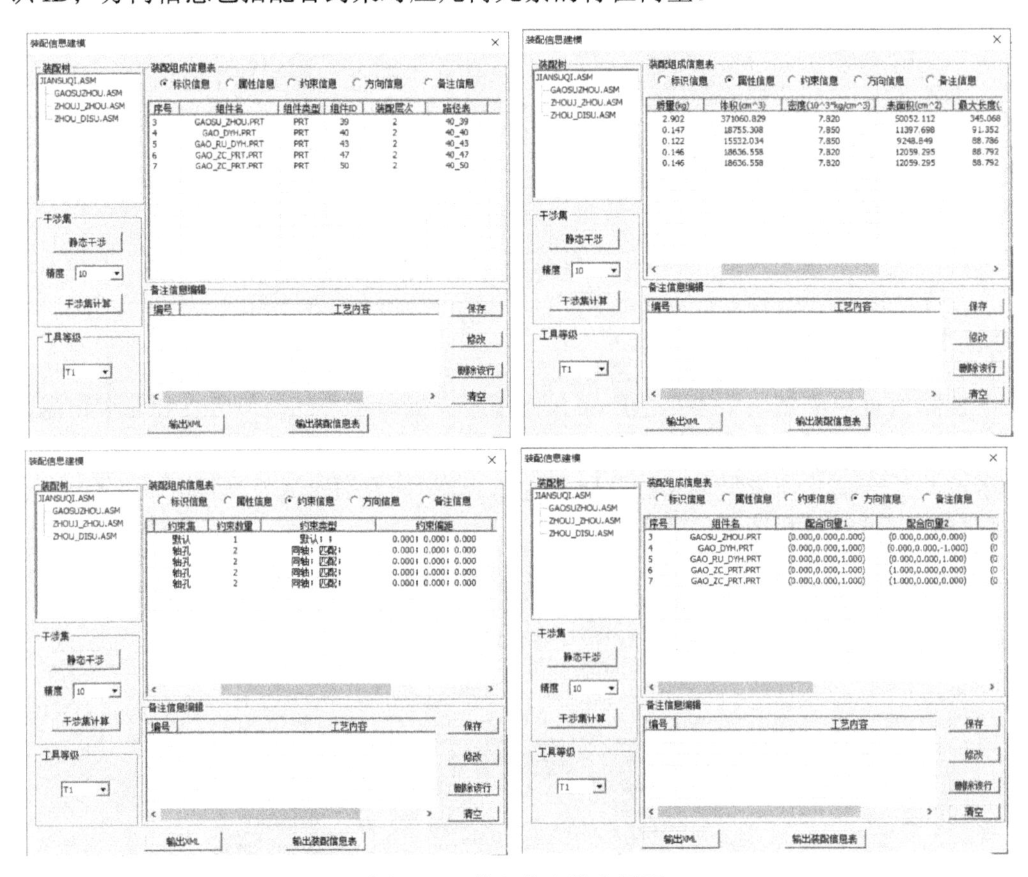

图10-6　装配信息提取界面

基于以上直接提取得到的信息，可进一步处理并间接获取的信息包括约束集类型、配合方向集、干涉集(包括干涉列表和阻碍列表)。其中约束集属于约束信息，配合方向集属于方向信息，干涉集属于备注信息。

为了准确有效地推理并获取干涉集信息，首先需要对产品进行全局静态干涉检测，如图10-7所示。静态下发生干涉主要包括两种情况：一种是设计装配缺陷导致的干涉；另一种是机构连接干涉。当产品几何模型存在设计或装配缺陷问题时，有可能会导致产品内组件或零件之间发生干涉，此时，通过全局静态干涉检测可以获取并高亮显示发生干涉的相关组件或零件。用户基于此可以对发生干涉的零部件进行设计或装配更改。机构连接干涉主要是由于装配机构零部件时忽略了螺纹或联结点的影响而造成的干涉。这种情况下，可以对相应的零件干涉进行忽略，并设置其干涉体积上限容差，以便在干涉集推理时判断是机构连接干涉还是由装配运动造成的干涉。

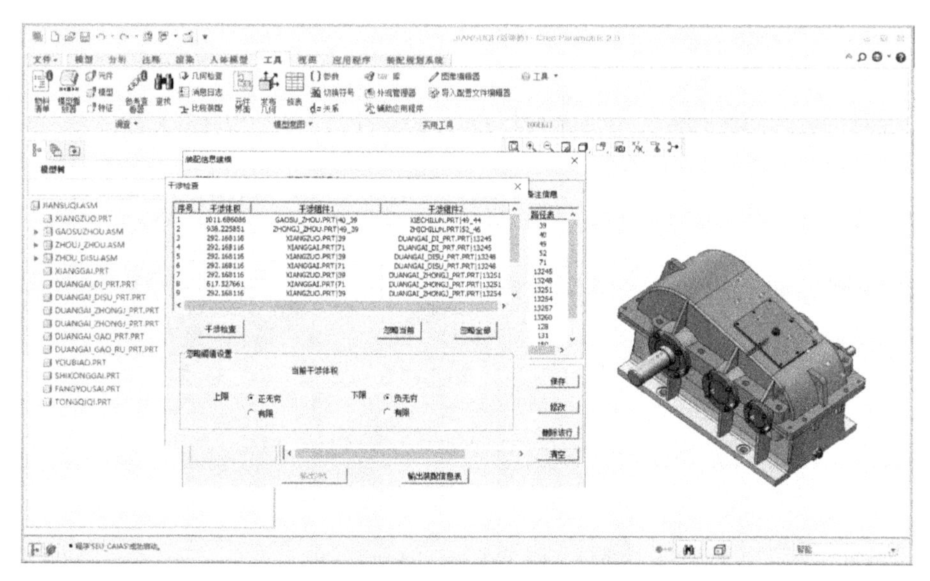

图 10-7　全局静态干涉检测

为了装配序列规划的需要以及后续工艺文件的编写，装配信息建模模块还支持用户自主添加或输入各零部件工具等级以及其他备注信息，如图 10-8 所示。

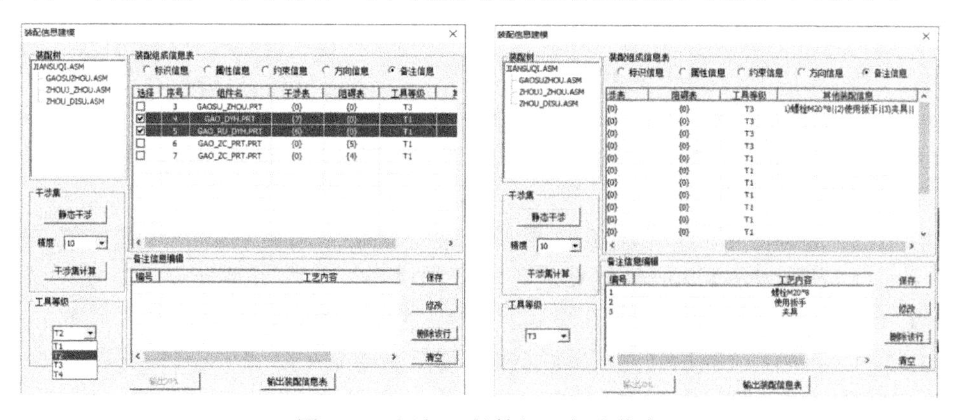

图 10-8　添加工具等级及备注信息

10.3.2　装配序列规划

在装配信息建模完成之后，就可进行装配序列的规划。图 10-9 为装配序列规划窗口，其可分为四个子功能模块：零部件选择、并行蚁群算法、相似重构计算和序列输出。

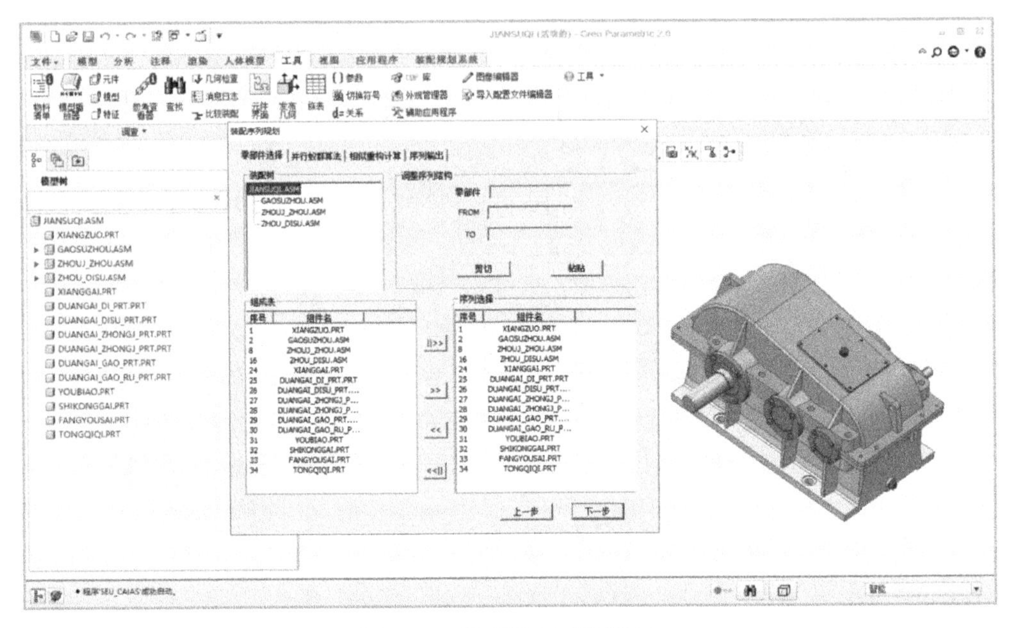

图 10-9　装配序列规划窗口

(1) 零部件选择。如图 10-10 所示，该子模块是对产品中的零部件进行筛选，排除不必要进行装配序列规划的零部件，如螺栓螺母、键等紧固件。

(2) 并行蚁群算法。该子模块是对并行蚁群算法的相关参数进行设置，并基于并行蚁群算法对需要进行装配序列规划的零部件进行计算。最后可得到 5 组独立求解的装配线性序列。如图 10-11 所示，可以根据用户的需要，自由选择和组合控制装配序列生成的影响因素，也可以根据子装配体的零件数量修改蚂蚁数量。可修改启发因子、期望因子等参数，设置迭代次数和联合更新点，设置目标函数和适应度函数中的影响因子权重等。

(3) 相似重构计算。如图 10-12 所示，该子模块可以对基于并行蚁群算法生成的序列进行查看，也可以根据需要进行排序的调整。首先对基于蚁群算法生成的 5 组装配线性序列基于特定规则算法进行相似计算，然后用户可以选择需要的几组序列进行重构计算，最后可生成非线性的同步并行序列，并以流程图的形式展现出来。

(4) 序列输出。如图 10-13 所示，该子模块是对前面子模块生成得到的多序列以及同步并行序列进行输出，可以根据用户的需求输出不同的格式。可提供的输出格式为 EXCEL、VISIO、XML 等。可提供的输出内容为线性多序列、同步并行序列、装配工艺模板等。

图 10-10　零部件选择子模块

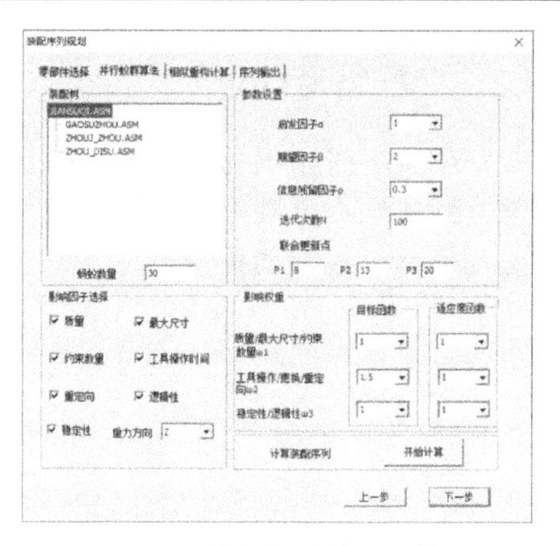

图 10-11　并行蚁群算法子模块

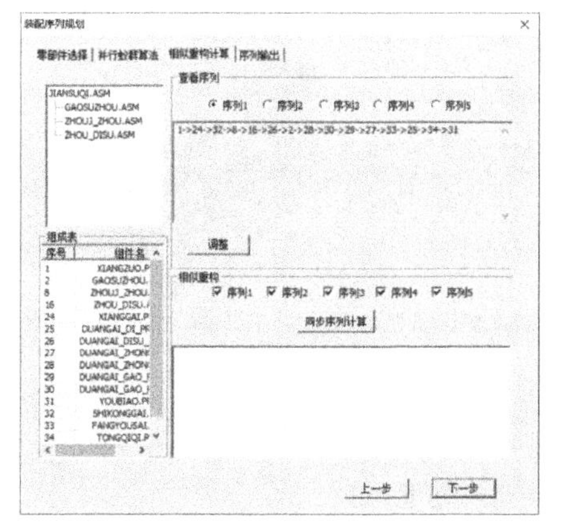

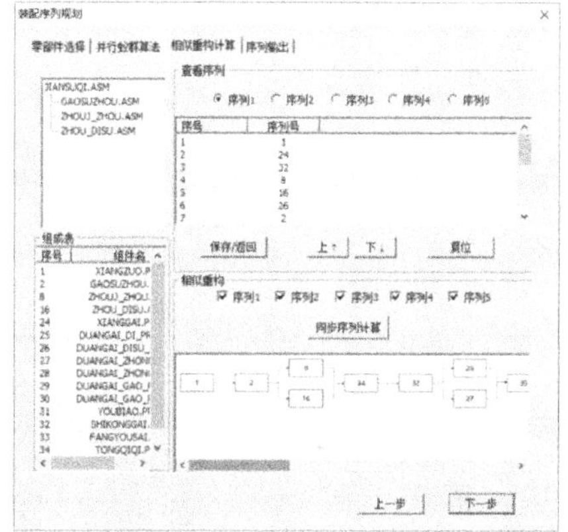

图 10-12　相似重构计算子模块

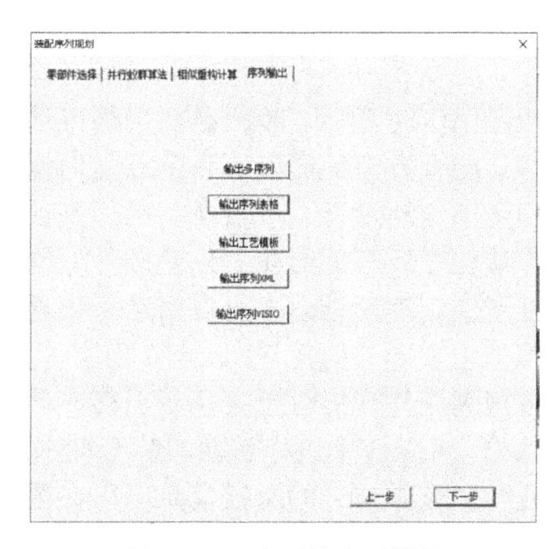

图 10-13　序列输出子模块

10.3.3　装配路径规划

在完成装配序列规划之后，可以基于得到的装配序列和干涉检测进行装配路径的推理。图 10-14 为装配路径规划窗口，其可分为三个子功能模块：装配体选择、装配路径推理、装配动画输出。

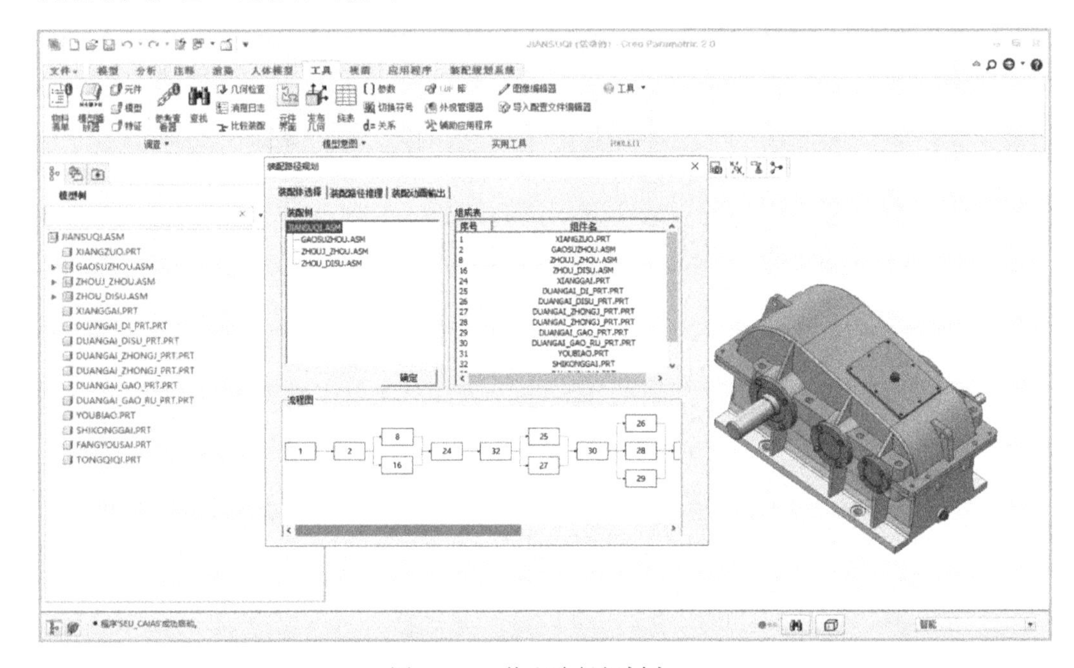

图 10-14　装配路径规划窗口

(1)装配体选择。如图 10-15 所示，装配路径规划的对象为单层次装配体，即规划对象中不包含更低层次的子装配体。因此该子模块用于选择需要进行装配路径推理的装配体。

(2)装配路径推理。如图 10-16 所示，装配路径规划可选择自动推理和手动推理两种方式。自动推理是基于配合方向集提供的多个方向向量进行自动推理求解。其又可分为单步自动推理和全部自动推理，单步自动推理是仅对当前零部件进行路径推理，全部自动推理即一次性对所有装配体中除基础件外的所有零部件进行路径推理。手动推理为单步推理形式。手动推理中可自由选择推理方向，该方向可自定义输出，也可以通过选择模型中零部件的几何面(计算其法向量或轴向量)或几何线来获取方向向量。装配路径规划同样支持自定义移动距离。

若当前零部件推理完成，可以查看该零部件的装配动画，若符合装配工艺需求，则可记录该路径信息，此外，该零部件的路径信息可以在图 10-16 的“拆卸路径”列表中直接更改或添加。

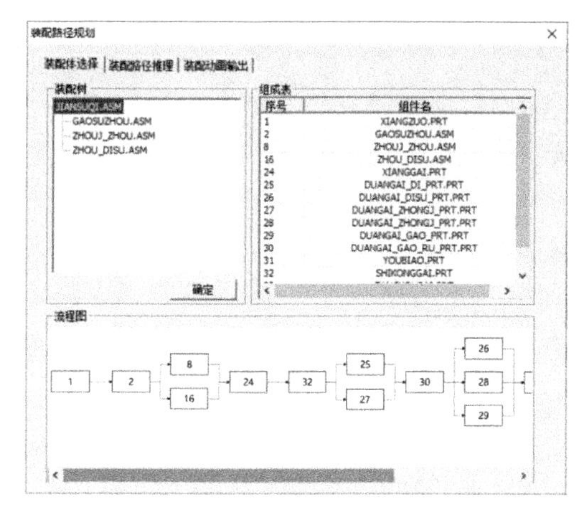

图 10-15　装配体选择子模块

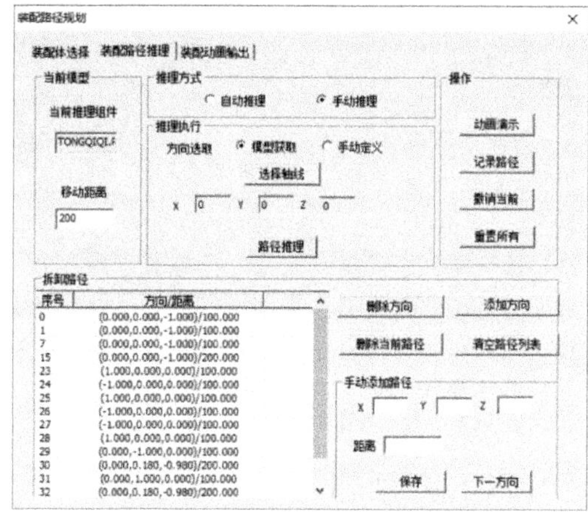

图 10-16　装配路径推理子模块

(3) 装配动画输出。如图 10-17 所示，在装配体中全部零部件的路径推理完成之后，可以在装配动画子模块中查看和演示完整的装配动画，并支持装配动画(AVI 文件)以及装配路径信息的输出。

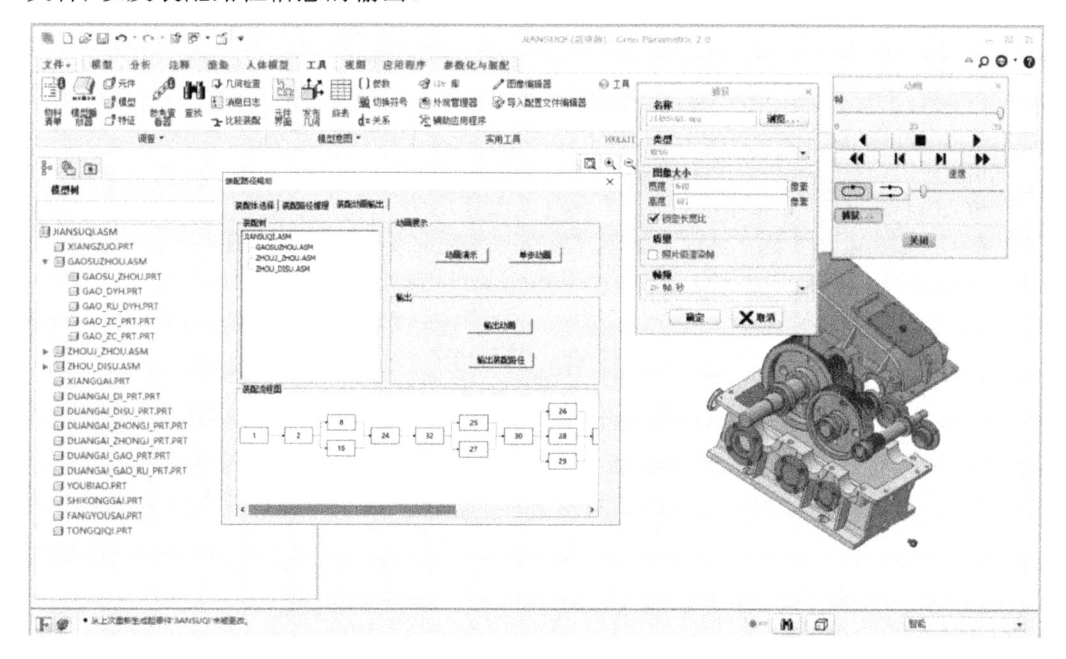

图 10-17　装配动画输出子模块

参考文献

[1] 钱新宇. 基于实例推理的虚拟装配序列规划研究[D]. 大连: 大连海事大学, 2011.

[2] 王秀伦. 现代工艺管理技术[M]. 北京: 中国铁道出版社, 2004.

[3] 顾廷权, 高国安, 徐向阳. 装配工艺规划中装配序列的生成与评价方法研究[J]. 计算机集成制造系统, 1998, 1: 25-27.

[4] 王峻峰, 鲁明上, 李世其, 等. 产品装配 MBD 数据集及其应用研究[J]. 制造业自动化, 2012, 3(1): 78-82.

[5] QUINTANA V, RIVEST L, PELLERIN R, et al. Will model-based definition replace engineering drawings throughout the product lifecycle? A global perspective from aerospace industry[J]. Computers in industry, 2010, 61(5): 497-508.

[6] 潘康华. 基于 MBD 的机械产品三维设计标准关键技术与应用研究[D]. 北京: 机械科学研究总院, 2012.

[7] ZHU W, BRICOGNE M, DURUPT A, et al. Implementations of model based definition and product lifecycle management technologies: a case study in Chinese aeronautical industry[J]. Ifac papersonline, 2016, 49(12): 485-490.

[8] 田富君, 田锡天, 耿俊浩, 等. 基于模型定义的工艺信息建模及应用[J]. 计算机集成制造系统, 2012, 18(5): 913-919.

[9] 田富君, 陈兴玉, 程五四, 等. MBD 环境下的三维机加工艺设计技术[J]. 计算机集成制造系统, 2014, 20(11): 2690-2696.

[10] 赵鸣, 王细洋. 基于体分解的 MBD 工序模型快速生成方法[J]. 计算机集成制造系统, 2014, 20(8): 1843-1850.

[11] XIONG D D, YANG H C, WAN N. Research on aerospace equipment machining process optimization based on MBD procedure model[J]. Advanced materials research, 2012, 538-541: 2772-2775.

[12] GENG J, TIAN X, BAI M, et al. A design method for three-dimensional maintenance, repair and overhaul job card of complex products[J]. Computers in industry, 2014, 65(1): 200-209.

[13] BOURJAULT A, LAMBERT J L. Design of an automated hand disk unit assembly system[C]. Proceedings of the 18th international symposium on industrial robots. Lausanne, 1988.

[14] HOMEM DE MELLO L S, SANDERSON A C. A correct and complete algorithm for the generation of mechanical assembly sequences[J]. IEEE transaction on robotics and automation, 1991, 7(2): 228-240.

[15] LEE S, YI C. Subassembly stability and reorientation[C]. IEEE international conference on robotics and automation. Atlanta, 1993.

[16] SHAH J, TADEPALLI R. Feature based assembly modeling[J]. Computers in engineering ASME, 1992(1): 253-260.

[17] 宋玉银, 蔡复之, 张伯鹏. 面向并行工程的产品装配模型[J]. 清华大学学报(自然科学版),

1999, 4: 50-53.

[18] ZHAO D, TIAN X, GENG J. A Comprehensive system for digital assembly precision simulation and optimization of aircraft[J]. Procedia cirp, 2016, 56: 243-248.

[19] 孙连胜，林晓青，刘金山，等. 航天产品数字化研制中三维模型轻量化技术途径研究[J]. 科技创新导报, 2016, 13(34): 8-11.

[20] 吴家家. 基于 MBD 的船用柴油机三维装配制造技术的研究[D]. 镇江：江苏科技大学, 2019.

[21] LOZANO-PEREZ T, WESLEY M A. An algorithm for planning collision-free paths among polyhedral obstacles[J]. Communications of the ACM, 1979, 22(10): 560-570.

[22] ZHU D, LATORABE J C. Constraint reformulation in a hierarchical path planner[C]. Processing of the IEEE international conference on robotics and automation. Cincinnati, 1990.

[23] KHATIB O. Real-time obstacle avoidance for manipulators and mobile robots//FU K S. Proceedings of IEEE international conference on robotics and automation[M]. Piscataway: IEEE Computer Society Press, 1985.

[24] CHEN L L, WOO T C. Computational geometry on the sphere with application to automated machining[J]. Journal of mechanical design, 1992, 114: 288-295.

[25] 李刚，马良荔，郭晓明. 交互式拆卸引导装配路径规划方法研究[J]. 计算机应用与软件, 2012(10): 254-255,296.

[26] 刘检华，宁汝新，万毕乐. 面向虚拟装配的复杂产品装配路径规划技术研究[J]. 系统仿真学报, 2007(9): 110-114.

[27] 崔汉国，吴昇，刘建鑫. 基于遗传算法的多目标虚拟装配路径规划[J]. 海军工程大学学报, 2009(6): 58-62.

[28] 何磊，曹虎，陈雷. 基于改进 A*算法的狭窄空间装配路径规划[J]. 航空制造技术, 2018, 61(12): 65-72.

[29] BAHUBALENDRUNI M, et al. Optimal assembly sequence generation through computational approach[J]. Sādhanā, 2019, 44(8): 1-9.

[30] BALDWIN D F. An integrated computer-aid for generating and evaluating assembly sequences for mechanical products[J]. IEEE transactions on robotics and automation, 1991, 7(1): 78-94.

[31] KARJALAINEN I, XING Y, CHEN G, et al. Assembly sequence planning of automobile body components based on liaison graph[J]. Assembly automation, 2007, 27(2): 157-164.

[32] 魏小龙，李原，陈姣. 基于知识规则与几何推理的非单调装配序列规划方法[J]. 锻压装备与制造技术, 2014, 49(4): 109-113.

[33] 钟艳如，姜超豪，覃裕初，等. 基于本体的装配序列自动生成[J]. 计算机集成制造系统, 2018, 24(6): 1345-1356.

[34] LI X, QIN K, ZENG B, et al. A dynamic parameter controlled harmony search algorithm for assembly sequence planning[J]. The international journal of advanced manufacturing technology, 2017, 92(9): 3399-3411.

[35] ZHANG Z, YUAN B, ZHANG Z, et al. A new discrete double-population firefly algorithm for assembly sequence planning[J]. Proceedings of the institution of mechanical engineers, Part B-Journal of engineering manufacture, 2016, 230(12): 2229-2238.

[36] CAMERON S. Collision detection by four-dimensional intersection testing[J]. IEEE transactions on robotics and automation, 1990, 6(3): 291-302.

[37] FOISY A, HAYWARD V. A safe swept volume method for collision detection[C]. Proceedings of the 6th international symposium of robotics research. Pittsburgh, 1993.

[38] 范昭炜, 万华根, 高署明. 基于图像的快速碰撞检测算法[J]. 计算机辅助设计与图形学学报, 2002, 14(9): 805-810.

[39] THIBAULT W C, NAYLOR B F. Set operations on polyhedra using binary space partitioning trees[C]. Proceedings of the 14th annual conference on computer graphics and interactive techniques. New York, 1987.

[40] NOBORIO H, FUKUDA S, ARIMOTO S. Fast interference check method using octree representation[J]. Advanced robotics, 1988, 3(3): 193-212.

[41] HELD M, KLOSOWSKI J T, MICHELL J S B. Evaluation of collision detection methods for virtual reality fly-throughs[C]. Proceedings of the seventh Canadian conference on computational geometry. Quebec, 1995.

[42] BERGEN G. Efficient collision detection of complex deformable models using AABB trees[J]. Journal of graphics tools, 1997, 2(4): 1-13.

[43] PALMER I J, GRIMSDALE R L. Collision detection for animation using sphere-trees[J]. Computer graphics forum, 1995, 14(2): 105-116.

[44] GOTTSCHALK S, LIN M C, MANOCHA D. OBB tree: a hierarchical structure for rapid interference detection[C]. Proceedings of the 23rd annual conference on computer graphics and interactive techniques. New York, 1996.

[45] KLOSOWSKI J T, HELD M, MITCHELL J, et al. Efficient collision detection using bounding volume hierarchies of k-DOPs[J]. IEEE transactions on visualization and computer graphics, 1997, 4(1): 21-36.

[46] 顾寄南, 黄娟. 装配仿真中碰撞干涉检查研究的综述[J]. 江苏大学学报(自然科学版), 2002(2): 17-21.

[47] TRAN P, GREWAL S. A data model for an assembly planning software system[J]. Computer integrated manufacturing systems,1997, 10(4): 267-275.

[48] DIAZ-CALDERON A. Measuring the difficulty of assembly tasks from tool access information[C]. International conference on assembly and task planning. Pittsburgh, 1985.

[49] JAYARAM S, CONNACHER H I, LYONS K W. Virtual assembly using virtual reality techniques[J]. Computer aided design, 1997, 29(8):575-584.

[50] 杨润党. 虚拟环境中交互式工位规划与装配过程仿真技术研究[D]. 上海: 上海交通大学, 2007.

[51] 程奂翀, 杨润党, 范秀敏, 等. 装配工位仿真中虚拟工具的研究与应用[J]. 中国机械工程, 2007, 18(19): 2329-2333.

[52] 吴燕. 虚拟环境下装拆工具库的构建、管理与交互实现[D]. 杭州: 浙江大学, 2006.

[53] 顾寄南, 张林鍹, 侯永涛, 等. 基于虚拟装配的装配工具与公差的信息建模研究[C]. 全球化制造高级论坛暨 21 世纪仿真技术研讨会论文集. 贵阳, 2004.

[54] AHMAD A, AL-AHMARI A M, ASLAM M U, et al. Virtual assembly of an airplane turbine engine[J]. IFAC-Papers on Line, 2015, 48(3): 1726-1731.

[55] DEWAR R G, CARPENTER I D, RITCHIE J M, et al. Assembly planning in a virtual environment[C]. Proceeding of portland international conference on management and technology.

Portland, 1997.
[56] GOMES DE SA A, ZACHMANN G. Virtual reality as a tool for verification of assembly and maintenance processes[J]. Computers and graphics, 1999, 23(3): 389-403.
[57] KITAMURA Y, YEE A, KISHINO F. A Sophisticated manipulation aid in a virtual environment based on the dynamic constraints among object faces[J]. Man and cybernetics, 1995(5): 4665-4672.
[58] 种勇民. 直观的准确的虚拟造型[D]. 西安: 西北工业大学, 2000.
[59] 夏平均. 基于虚拟现实的卫星装配工艺设计方法及其应用[D]. 哈尔滨: 哈尔滨工业大学, 2007.
[60] 高瞻, 张树有, 顾嘉胤, 等. 虚拟现实环境下产品装配定位导航技术研究[J]. 中国机械工程, 2002, 13(11): 901-904.
[61] 李曼丽, 闫少光, 代卫兵, 等. 航天器装配工艺流程可视化系统的研究[J]. 航天器环境工程, 2007(2): 113-115.
[62] 刘检华, 白书清, 段华, 等. 面向手工装配的计算机辅助装配过程控制方法[J]. 计算机集成制造系统, 2009, 15(12): 2391-2398.
[63] 张佳朋, 刘检华, 宁汝新, 等. 基于工作流的产品装配工艺生成及信息集成技术研究[J]. 机械科学与技术, 2010, 29(9): 1145-1151.
[64] 余丽娟. 多用户环境的虚拟协作学习平台设计与实现[D]. 成都: 电子科技大学, 2009.
[65] 田富君, 田锡天, 耿俊浩, 等. 基于轻量化模型的加工特征识别技术[J]. 中国机械工程, 2010(18): 2212-2217.
[66] 田富君, 田锡天, 李洲洋, 等. 基于轻量化模型的 CAD/CAPP 系统集成技术研究[J]. 计算机集成制造系统, 2010, 16(3): 521-526.
[67] SCHROEDER W J, ZARGE J A, LORENSEN W E. Decimation of triangle meshes[J]. ACM SIGGRAPH computer graphics, 1997, 26(2): 65-70.
[68] HELMAN J L, HESSELINK L. Visualizing vector filed topology in fluid flows[J]. IEEE computer graphics and applications, 1991, 11(3): 36-46.
[69] 张小兵. 大装配体智能 CAD 系统的开发及模型轻量化技术研究[D]. 上海: 上海交通大学, 2011.
[70] 殷明强, 李世其. 保持外观的 CAD 模型轻量化技术[J]. 计算机应用, 2013 (6): 1719-1722.
[71] 于小龙, 贾晓亮, 耿俊浩, 等. 基于轻量化模型的三维装配工艺文件生成方法[J]. 中国制造业信息化, 2011(13): 15-18.
[72] 田富君, 张红旗, 张祥祥, 等. 基于轻量化模型的三维装配工艺文件生成技术[J]. 制造业自动化, 2013(10): 46-50.
[73] 耿朝勇, 赵文军, 刘文忠, 等. 三维轻量化模型在制造工艺上的应用[J]. CAD/CAM 与制造业信息化, 2013(12): 90-92.
[74] 刘云华, 刘俊, 陈立平. 产品三维数据模型轻量化表示实现[J]. 计算机辅助设计与图形学学报, 2006, 18(4): 602-607.
[75] 刘荣来, 吴玉光. 三维标注信息的管理方法研究[J]. 图学学报, 2014(2): 313-318.
[76] 杨亮. 航天器典型产品三维模型轻量化转换技术研究[D]. 廊坊: 北华航天工业学院, 2015.
[77] 董天阳. 智能装配规划中的若干关键技术研究[D]. 杭州: 浙江大学, 2005.
[78] 刘晓军, 倪中华, 杨章群, 等. 三维装配工艺模型的数字化建模方法[J]. 北京理工大学学报,

2015, 35(1): 7-12.
[79] LIU X J, NI Z H, LIU J F, et al. Assembly process modeling mechanism based on the product hierarchy[J]. The international journal of advanced manufacturing technology, 2016, 82: 391-405.
[80] 李永立. VRML 环境下基于语义的产品装配设计技术研究[D]. 杭州: 浙江大学, 2002
[81] 夏之祥, 朱洪敏, 武殿梁. 虚拟装配操作中基于语义的推理方法研究[J]. 计算机集成制造系统, 2009(8): 1606-1613.
[82] 刘振宇, 谭建荣, 张树有. 基于语义识别的虚拟装配运动引导研究[J]. 软件学报, 2002(3): 382-389.
[83] 冯毅雄, 谭建荣, 郑兵. 基于语义关联与驱动的产品概念装配模型研究[J]. 机械工程学报, 2004(4): 114-118.
[84] DORIGO M, STUTZLE T. 蚁群优化 [M]. 张军, 胡晓敏, 罗旭耀, 等译. 北京:清华大学出版社, 2007.
[85] 于嘉鹏, 王健熙. 基于递归循环的层次化爆炸图自动生成方法[J]. 机械工程学报, 2016, 52(13): 175-188.
[86] ERICSON C. 实时碰撞检测算法技术[M]. 刘天慧, 译. 北京: 清华大学出版社, 2010.
[87] GOTTSCHALK S. Collision queries using oriented bounding boxes[D]. Raleigh: North Carolina State University, 2000.
[88] CHAND D R, KAPUR S S. An algorithm for convex polytopes[J]. ACM, 1970, 17(1): 78-86.
[89] 吴克勤, 杨冠杰. 空间点集卷包裹算法的优化实现[J]. 青岛海洋大学学报(自然科学版), 2003, 33(4): 627-633.
[90] YANG W, DING H, XIONG Y. Manufacturability analysis for a sculptured surface using visibility cone computation[J]. The international journal of advanced manufacturing technology, 1999, 15(5): 317-321.
[91] 杨文玉, 胡雯蕾, 熊有伦. 基于三维凸包的可变形离散网格模型[J]. 中国机械工程, 2004, 15(22): 66-69.
[92] 汪国昭, 杨勋年. 三维凸包的快速算法[J]. 浙江大学学报(自然科学版), 1999, 33(2): 3-6.
[93] BARBER C B, DOBKIN D P, HUHDANPAA H. The quickhull algorithm for convex hulls[J]. ACM transactions on mathematical software, 1996, 22(4): 469-483.
[94] LIU X J, XU X K, YI Y, et al. An assembling algorithm for fixture in an assembly process planning system[J]. Proceedings of the institution of mechanical engineers, Part B-Journal of engineering manufacture, 2020, 234(2): 095440542090484.
[95] 张杨, 刘晓军, 倪中华, 等. 三维装配工艺结构树与装配工艺流程映射方法[J]. 制造业自动化, 2015, 37(2): 127-131, 141.
[96] 孔炤, 倪中华, 刘晓军, 等. 一种基于后缀数组的三维机加工艺工序间模型轻量化文件压缩技术[J]. 机械制造与自动化, 2016, 45(4): 24-27.
[97] 严梽铭, 钟艳如. 基于 VC++和 OpenGL 的 STL 文件读取显示[J]. 计算机系统应用, 2009(3): 172-175.
[98] LUNA F. DirectX 9.0 3D 游戏开发编程基础[M]. 段菲, 译. 北京: 清华大学出版社, 2007.
[99] 姚坤, 刘希玉, 李菲菲. 基于 HOOPS 接口技术的 3D 造型的研究[J]. 计算机应用研究, 2006(11): 246-248.